当代世界中的数学

数林撷英（一）

朱惠霖 田廷彦○编

哈爾濱工業大學出版社
HARBIN INSTITUTE OF TECHNOLOGY PRESS

内 容 简 介

本书详细介绍了数学在各领域的精华应用，同时收集了数学中典型的问题并予以解答.本书可供高等院校数学类专业师生及数学爱好者参考阅读.

图书在版编目(CIP)数据

当代世界中的数学.数林撷英.一/朱惠霖，田廷彦编.—哈尔滨：哈尔滨工业大学出版社，2019.1(2020.11 重印)

ISBN 978－7－5603－7257－0

Ⅰ.①当… Ⅱ.①朱… ②田… Ⅲ.①数学—普及读物 Ⅳ.①O1－49

中国版本图书馆 CIP 数据核字(2018)第 026675 号

策划编辑 刘培杰 张永芹
责任编辑 刘立娟
封面设计 孙茵艾
出版发行 哈尔滨工业大学出版社
社 址 哈尔滨市南岗区复华四道街 10 号 邮编 150006
传 真 0451－86414749
网 址 http://hitpress.hit.edu.cn
印 刷 哈尔滨市工大节能印刷厂
开 本 787mm×1092mm 1/16 印张 12.5 字数 252 千字
版 次 2019 年 1 月第 1 版 2020 年 11 月第 3 次印刷
书 号 ISBN 978－7－5603－7257－0
定 价 38.00 元

序　言

如今，许多人都知道，国际科学界有两本顶级的跨学科学术性杂志，一本是《自然》(*Nature*)，一本是《科学》(*Science*).

恐怕有许多人还不知道，在我们中国，有两本与之同名的杂志①，而且也是跨学科的学术性杂志，只是通常又被定位为“高级科普”.

国际上的《自然》和《科学》，一家在英国，一家在美国②. 它们之间，按维基百科上的说法，是竞争关系③.

我国的《自然》和《科学》，都在上海，它们之间，却有着某种历史上的“亲缘”关系. 确切地说，从1985年(那年《科学》复刊)到1994年(那年《自然》休刊)这段时期，这两家杂志的主要编辑人员，原本是在同一个单位、同一幢楼、同一个部门，甚至是在同一个办公室里朝夕相处的同事！

这是怎么回事呢？

这本《自然》杂志，创刊于1978年5月. 那个年代，被称为“科学的春天”. 3月，全国科学大会召开. 科学工作者、教育工作者，乃至莘莘学子，意气风发. 在这样的氛围下，《自然》的创刊，是一件大事. 全国各主要媒体，都报道了.

这本《自然》杂志，设在上海科学技术出版社，由刚刚复出的资深出版家贺崇寅任主编，又调集精兵强将，组成了一个业务水平高、工作能力强、自然科学各分支齐备的编辑班子. 正是这个编辑班子，使得《自然》杂志甫一问世，便不同凡响；没有几年，便蜚声科学界和教育界④.

1983年，当这个班子即将一分为二的时候，上海市出版局经办此事的一位副局长不无遗憾地说，在上海出版界，还从未有过如此整齐的编辑班子呢！

一分为二？没错. 1983年，中共上海市委宣传部发文，将《自然》杂志调住上海交通大学. 为什么？此处不必说. 我只想说，这次强制性的调动，却有一项

---

① 其中的《自然》杂志，在创刊注册时，不知什么原因，将“杂志”两字放进了刊名之中，因此正式名称是《自然杂志》. 但在本文中，仍称其为《自然》或《自然》杂志. 此外，应该说明，在我国台湾，也有两本与之同名的杂志，均由民间(甚至个人)资金维持. 台湾的《自然》，创刊于1977年，系普及性刊物，内容以动植物为主，兼及天文、地理、考古、人类、古生物等，1996年终因财力不济而停办. 台湾的《科学》，正式名称《科学月刊》，创刊于1970年，以介绍新知识为主，“深度以高中及大一学生看得懂为原则”，创刊至今，从未脱期，令人赞叹.

② 英国的《自然》，创刊于1869年，现属自然出版集团(Nature Publishing Group)，总部在伦敦. 美国的《科学》，创刊于1880年，属美国科学促进会(American Association for the Advancement of Science)，总部在华盛顿.

③ 可参见 http://en.wikipedia.org/wiki/Science_(journal).

④ 可参见《瞭望东方周刊》2008年第51期上的“一本科普杂志的30年‘怪现象’”一文.

十分温情的举措，即编辑部每个成员都有选择去或不去的权利.结果是，大约一半人选择去交通大学，大约一半人选择不去，留在了上海科学技术出版社.

我属去的那一半.留下的那一半，情况如何，一时不得而知.但是到1985年，便知道了：他们组成了《科学》编辑部，《科学》杂志复刊了！

《科学》，创刊于1915年1月，是中国历时最长、影响最大的综合性科学期刊，对于中国现代科学的萌发和成长，有着独特的贡献.中国现代数学史上有一件一直让人津津乐道的事：华罗庚先生当年就是在这本杂志上发表文章而崭露头角的.《科学》于1950年5月停刊，1957年复刊，1960年又停刊.1985年的这次复刊，其启动和运作，外人均不知其详，但我相信，留下的原《自然》杂志资深编辑，特别是吴智仁先生和潘友星先生，无疑是起了很大的甚至是主要的作用的.复刊后的《科学》，由时为中国科学院副院长的周光召任主编，上海科学技术出版社出版.

于是，原来是一个编辑班子，结果分成两半(各自又招了些人马)，一半随《自然》杂志披荆斩棘，一半在《科学》杂志辛勤劳作.

《自然》杂志去交通大学后，命运多舛.1987年，中共上海市委宣传部又发文：将《自然》杂志从交通大学调出，“挂靠”到上海市科学技术协会，属自收自支编制.至1993年底，这本杂志终因入不敷出，编辑流失殆尽(整个编辑部，只剩我一人)，不得不休刊了.1994年，上海大学接手.原有人员，先后各奔前程.《自然》与《科学》的那种“亲缘”关系，至此结束.

这段多少有点辛酸的历史，在我编这本集子的过程中，时时在脑海里浮现，让我感慨，让我回味，也让我思索……

好了，不管怎么说，眼前这件事还是让人欣慰的：在近20年之后，《自然》与《科学》的数学部分，竟然在这本集子里“久别重逢”了！

说起这次“重逢”，首先要感谢原在上海教育出版社任副编审的叶中豪先生.是他，多次劝说我将《自然》杂志上的数学文章结集成册；是他，了解《自然》和《科学》的这段“亲缘”关系，建议将《科学》杂志上的数学文章也收集进来，实现了这次“重逢”；又是他，在上海教育出版社申报这一选题，并获得通过.

其次，要感谢哈尔滨工业大学出版社的刘培杰先生.是他，当这本集子在上海教育出版社的出版遇到困难时，毅然伸手相助，接下了这项出版任务①.

当然，还要感谢与我共同编这本集子的《科学》杂志数学编辑田廷彦先生.是他，精心为这本集子选编了《科学》杂志上的许多数学文章.

他们三人，加上我，用时下很流行的说法，都是不折不扣的“数学控”.我们

---

① 说来有趣，我与刘培杰先生从未谋面，却似乎有“缘”已久.这次选编这本集子，发觉他早年曾向《自然》杂志投稿，且被我录用，即收入本集子的《费马数》一文.屈指算来，那该是20年前的事了.

以我们对数学的热爱和钟情，为广大数学研究者、教育者、普及者、学习者和爱好者（相信其中也有不少的“数学控”）献上这本集子，献上这些由国内外数学家、数学史家和数学普及作家撰写的精彩数学文章.

这里所说的“数学文章”，不是指数学上的创造性论文，而是指综述性文章、阐释性文章、普及性文章，以及关于人物和史实的介绍性文章. 其实，这些文章，都是可让大学本科水平的读者基本上看得懂的数学普及文章.

按美国物理学家、科学普及作家杰里米·伯恩斯坦（Jeremy Bernstein，1929—　）的说法，在与公众交流方面，数学家排在最后一名[①]. 大概是由于这个原因，国际上的《自然》和《科学》，数学文章所占的份额，相当有限.

然而，在我们的《自然》和《科学》上，情况并非如此. 在《自然》杂志上，从1984年起就常设“数林撷英”专栏，专门刊登数学中有趣的论题；在《科学》杂志上，则有类似的“科学奥林匹克”专栏. 许多德高望重的数学大师，愿意在这两本杂志上发表总结性、前瞻性的综述；许多正在从事前沿研究的数学家，乐于将数学顶峰上的无限风光传达给我们的读者. 在数学这个需要人类第一流智能的领域，流传着说不完道不尽的趣事佳话，繁衍着想不到料不及的奇花异卉. 这些，都在这两本杂志上得到了充分的反映.

在编这本集子的时候，我们发觉，《自然》（在下文所说的时期内）和《科学》上的数学好文章是如此之多，多得简直令人苦恼：囿于篇幅，我们必须屡屡面对“熊掌与鱼”的两难，最终又不得不忍痛割爱. 即使这样，篇幅仍然宏大，最终不得不考虑分册出版.

现在这本集子中的近200篇文章，几乎全部选自从1978年创刊至1993年年底休刊前夕这段时期的《自然》杂志，和从1985年复刊至2010年年底这段时期的《科学》杂志. 它们被分成12个版块，每个版块中的文章，基本上以发表时间为序，但少数文章被提到前面，与内容相关的文章接在一起.

还要说明的是，在“数学的若干重大问题”版块中，破例从《世界科学》杂志上选了两篇本人的译作，以全面反映当时国际数学界的大事；在“数学中的有趣话题”版块中，破例从台湾《科学月刊》上选了一篇“天使与魔鬼”，田廷彦先生对这篇文章钟爱有加；在“当代数学人物”版块中，所介绍的数学人物则以20世纪以来为限.

这本集子中的文章，在当初发表时，有些作者和译者用了笔名. 这次选入，仍然不动. 只是交代：在这些笔名中，有一位叫“淑生”的，即本人也.

照说，选用这些文章，应事先联系作译者，征求意见，得到授权. 但有些作译

---

① 参见 Mathematics Today：Twelve Informal Essays，Springer-Verlag（1978）p. 2. Edited by Lynn Arthur Steen.

者，他们的联系方式，早已散失；不少作译者，由于久未联系，目前的通信地址也不得而知；还有少数作译者，已经作古，我们不知与谁联系. 在这种情况下，我们只能表示深深的歉意. 更有许多作译者，可说是我们的老朋友了，相信不会有什么意见，不过在此还是要郑重地说一声：请多多包涵.

在这些文章中，也融入了我们编辑的不少心血. 极端的情况是：有一两篇文章是编辑根据作者的演讲提纲，再参考作者已发表的论文，越俎代庖地写成的. 尽管我们做编辑这一行的，"为他人作嫁衣裳"，似乎是份内的事，但在这本集子出版的时候，我还是将要为这些文章付出过劳动、做出过贡献的编辑，一一介绍如下，并对其中我的师长和同仁、同行，诚致谢忱.

《自然》上的数学文章，在我 1982 年 2 月从复旦大学数学系毕业到《自然》杂志工作之前，基本上由我的恩师陈以鸿先生编辑；在这之后到 1987 年先生退休，是他自己以及我在他指导下的编辑劳动的成果. 此后，又有张昌政先生承担了大量编辑工作；而计算机方面的有关文章，在很大程度上则仰仗于徐民祥先生.

《科学》上的数学文章，在复刊后，先是由黄华先生负责编辑，直至 1996 年他出国求学；此后便是由田廷彦先生悉心雕琢，直到现在；其间静晓英女士也完成了一些工作. 当然，《科学》杂志负责复审和终审的编审，如潘友星先生、段韬女士，也是付出了心血的.

回顾往事，感悟颇多. 但作为这两本杂志的编辑，应该有这样的共同感受：一是荣幸，二是艰辛. 荣幸方面就不说了，而说到艰辛，无论是随《自然》杂志流离，还是在《科学》杂志颠沛，都可用八个字来概括："筚路蓝缕，以启山林".

是的，筚路蓝缕，以启山林！

如今，蓦然回首，我看到了：

一座巍巍的山，一片苍苍的林！

《自然》杂志原副主编兼编辑部主任

朱惠霖

2017 年 5 月于沪西半半斋

目录

完美正方形的故事[*][①]

四十多年前，在英国剑桥大学美丽的校园里，四位好朋友正在热烈地讨论着一个有趣的问题. 他们谁也没有想到，这一次讨论决定了他们终生的道路. 这四位好朋友是数学系的布鲁克斯(R. L. Brooks)、史密斯(C. B. A. Smith)、斯通(A. H. Stone)和化学系的塔特(W. T. Tutte). 他们所讨论的问题是能不能将一个正方形划分为若干个大小两两不等的正方形. 这个问题在20世纪30年代是一个热门的问题. 因为还没有找到这样的划分法，所以有人就猜想这样的划分法并不存在. 这四位朋友却想找到这样一种划分法，从而证明这个猜想是不对的. 一个由大小两两不等的正方形拼成的正方形，称为完美正方形. 所以，这个问题就称为完美正方形问题.

他们的讨论进行了好久，但是没有得到任何结果. 从此以后，在很长时间内，他们谁也没有再公开提这个问题.

过了几年，一天晚饭后，布鲁克斯请他的三位朋友到他家喝咖啡. 自从那次讨论以后，他并没有忘记这件事，一个人偷偷地在钻研. 现在他已经得到了一种划分的办法. 这一天，他想把这个办法告诉三位朋友，想来他们一定会大吃一惊的，但是当他宣布了这个办法以后，三位朋友的反应竟完全出乎他的意料. 原来史密斯和斯通也秘密地在合作解决这个问题，而且也已经得到了一种划分法. 而塔特，尽管平时他一直是四人中的

* 折枝:《完美正方形的故事》,《自然杂志》1982年第5卷第7期.

① 本文主要根据塔特教授1980年来华讲学的内容写成.

佼佼者，大多数问题总是他先得到答案，但今天他却拿不出答案来. 看来这一次塔特是落后了. 然而当他发表了他的意见后，却更使已经得到答案的朋友们惊叹不已.

塔特想得更远，他并不满足于找到一个完美正方形，他想的是要找到一个系统的办法来求出完美正方形与划分所得正方形的边长之间的关系. 他的想法是这样的：先考虑一些正方形怎样才能拼成一个矩形，拼成的矩形的边长与这些正方形的边长之间有什么关系. 由大小两两不同的正方形拼成的矩形，称为完美矩形. 如果完美矩形的问题解决了，那么一旦得到的矩形邻边相等，一个完美正方形就拼成了.

塔特提供了一种求完美矩形的办法，先假设好由正方形拼成矩形的形式. 例如，图 1 中由 12 个正方形按这样的排列拼成了一个矩形. 现在我们可以求出各个正方形和矩形 $ABCD$ 的边长. 每个正方形的边长用一个字母表示，写在这个正方形的中间. 先不妨设 $a=x, b=y$. 按照它们的排列，显而易见可以依次求得

$$e=y-x$$
$$d=a-e=2x-y$$
$$f=d-e=3x-2y$$
$$k=d+f=5x-3y$$
$$AD=a+d+k=8x-4y$$
$$g=AD-b=8x-5y$$
$$y=(a+b)-(k+g)=9y-12x$$
$$l=AD-(b+h)=20x-14y$$
$$i=l-h=32x-23y$$
$$j=l+i=52x-37y$$
$$c=i+j=84x-60y$$

现在，因为 $c+j=BC=AD$，所以

$$136x-97y=8x-4y$$

或

$$128x=93y$$

令 $x=93, y=128$，这个等式就成立了. 把它们代入上面各式中，就得到了一个由 12 个正方形拼成的边长为 232×353 的矩形.

因为划分成正方形的数目可能不同，各个正方形的排列形式又各种各样，所以就可以得到许许多多的完美矩形. 当然，有时候也会发现有两个小正方形的边长相同，但是在大多数情况下，得到的矩形确实是完美的.

塔特的这种方法当然比瞎凑要好得多，因此，这四位朋友就开始沿着这条道路去求许许多多的完美矩形. 然而，当工作一展开，他们就发现这条路也不好

走.因为在求边长之前,先要假定一种划分的方式,但是画出一种这样的方式很不容易.在预先不知道矩形和划分所得各正方形的边长的情况下,这样一个草图常常画得不成样子,以至于"对不起来".他们小心翼翼地使画出来的划分中的各个"正方形"尽可能地像一个真正的正方形.后来史密斯找到了图论这个有用的工具,才解决了这个困难.

我们用一些点来代表所考虑的各个对象,再用联结一对点的一条线来表示相应的两点间具有的某种关系.如果这种关系是有方向的,即如甲对乙有这种关系,而乙对甲未必有这种关系,则在表示关系的线上加上箭头(这时一条线称为一条弧)来指明这个关系的方向,这样就构成了一个图.例如,点代表一个会议的代表,线表示两位代表互相认识;或点代表球队,从甲队到乙队的一条弧表示甲队胜了乙队;等等.这种图解法简单、直观,有很多的应用,研究图的各种性质的数学分支就称为图论.在19世纪中期,著名物理学家基尔霍夫就用图论解决了一个重要的问题.基尔霍夫在研究电网络时得到了两组方程(称为基尔霍夫定律):第一组方程表示每个节点上流入电流的总和等于流出电流的总和;第二组方程表示在电网络的每一个回路上各条线的电位降的代数和等于这个回路的各条线上所有电源的电动势的和,特别是当回路上没有电源时,各条线的电位降的代数和为零.用这两组方程,加上电学的定律,就可以求出各点的电位与各条线上的电流.但是,第二组方程中方程的数目等于网络中回路的数目,这个数目常常是非常大的.基尔霍夫利用图论的方法证明了:在第二组方程中只要取 $m-n+1$ 个独立方程就够了.这里 m 是网络中的线数,n 是节点数.这样,就大大地简化了这个方程组.同时,基尔霍夫还找到了一种图论方法来具体地求出这 $m-n+1$ 个独立的方程.

尽管基尔霍夫与其他一些学者在利用图论方法解决某些实际问题时已经取得了很好的成果,但是,在这四位朋友考虑完美正方形问题的20世纪30年代,图论还没有形成一门完整的学科,它的重要性还没有被大多数人所认识.这时候,史密斯看出了图论可以为完美正方形问题服务.他发现,可以用一个图来简单地把一种划分方法表示出来.他用一个点来代表一个划分图上的每一条水平直线.例如,图1中的7条水平直线 AB,EF,GH,IJ,KL,MN,CD 分别用图2中的 v_1,v_2,v_3,v_4,v_5,v_6 和 v_7 这7个点来代表.夹在两条水平线之间的那一个正方形(如 EF 与 GH 之间的正方形 e)就用从代表上边的点到代表下边的点(如图2中的 v_2 到 v_3)的一条弧来代表.这样,图1的划分就成了图2中的这个图,这个图解称为史密斯图解.开始引入这种图解的目的,仅仅是为了方便表示而已.但是后来的研究表明,这种图解的引进在这个问题的研究过程中是一个转折点,因为这种图解使得完美矩形与基尔霍夫的两组方程建立了联系.

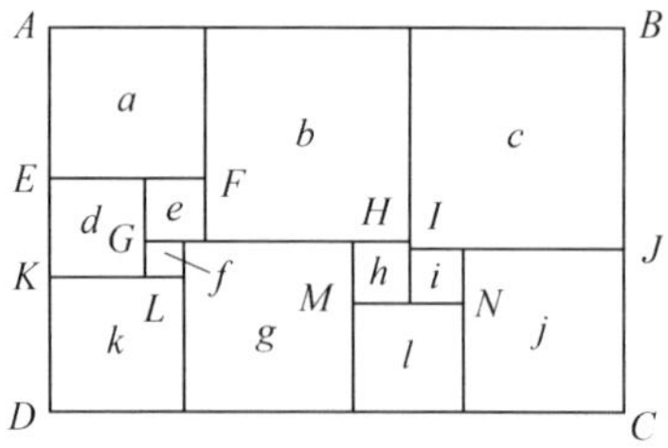

图 1

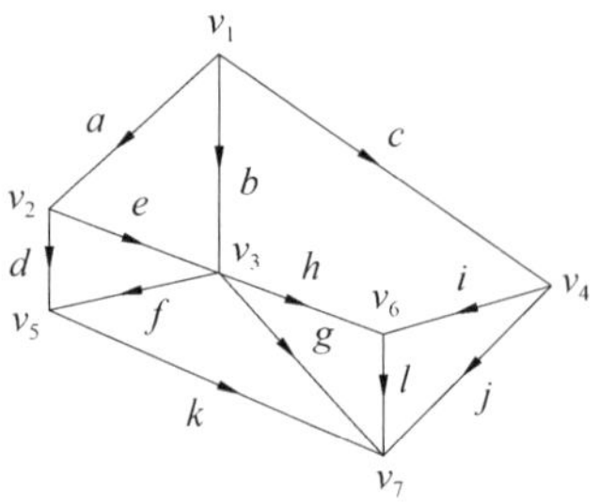

图 2

现在我们来看看基尔霍夫定律如何在史密斯图解中起作用.我们将史密斯图解看成一个电网络,代表顶边的点称为正极,代表底边的点称为负极.将每一条弧所代表的正方形的边长看成电流强度,它的方向是沿着箭头的方向.将每一条弧看作有单位电阻的导线,从而通过它的电流强度的值正好等于它两端的电位差的值.我们在图2中故意画得使各点与 v_7 的高度差正好等于各点所代表的水平线与底边的距离,实际上就是这一点相对于负极的电势.当我们了解了基尔霍夫定律在史密斯图解中成立以后,不这么画也可以,只要关心两点间有没有箭头相连就可以了.

这样一来,我们看到,从正极流出的电流之和(即以顶边的一部分为一边的正方形边长之和)就等于顶边的长,这个数当然也就是底边的长,或者说是流入负极的电流之和(即以底边的一部分为一边的正方形边长之和).在图1中,a,b 和 c 三个正方形边长之和当然等于 k,g,l 和 j 四个正方形边长之和.除了正极和负极,例如 v_3 这一点,b 和 e 两条弧是流到 v_3 的,它们的总电流是 b 和 e 两个正方形的边长的和,即 GH 的长.另外,f,g 和 h 这三条弧是从 v_3 流出的,它们的总电流也是 GH 的长.对别的点也是一样,即除了正极和负极,流入这点的总电流等于流出这点的总电流.于是基尔霍夫第一定律成立.再看这个网络中的一个回路,例如 $v_1v_3v_5v_2v_1$.因为 $b+f=a+d=v_1$ 与 v_5 的高度差,所以 $b+f-d-a=0$,即沿这个回路各条弧上电位差的代数和为零.这对每一个回路都成立.这就是基尔霍夫第二定律.

发现了史密斯图解与基尔霍夫定律的关系,使这四位朋友十分兴奋.他们一方面做理论上的推导,另一方面做了许多数值的例子.

又一次偶然的事件给了他们启发.史密斯将一个完美矩形(图3)画在硬纸片上,然后把它沿各正方形剪开.把这些小正方形重新拼成原来的矩形,这是一种很好的游戏.他很高兴自己发明了这样一种游戏,便把这一套正方形带到家里请他的妈妈拼成一个矩形.对于一个没有考虑过这方面的问题的人来说,这确实不是一件容易做到的事.但是,经过一番周折以后,他的妈妈告诉史密斯,她成功了.然而当史密斯过去一看,发现她的排列法竟与原来的完全不同(图4).同一套正方形竟然可以用两种不同的方法拼成同一个矩形,这是出乎他的意料的.

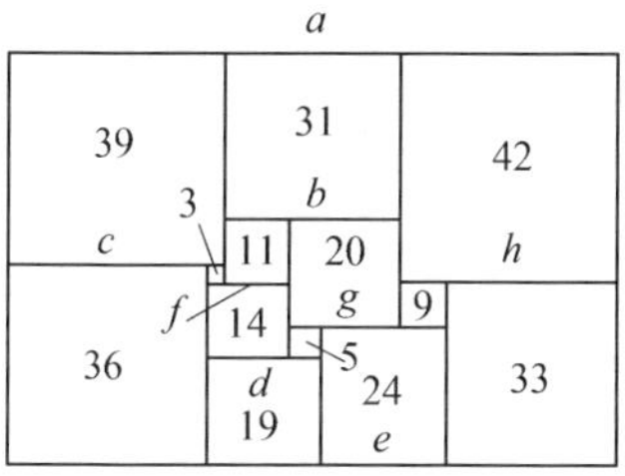

图 3

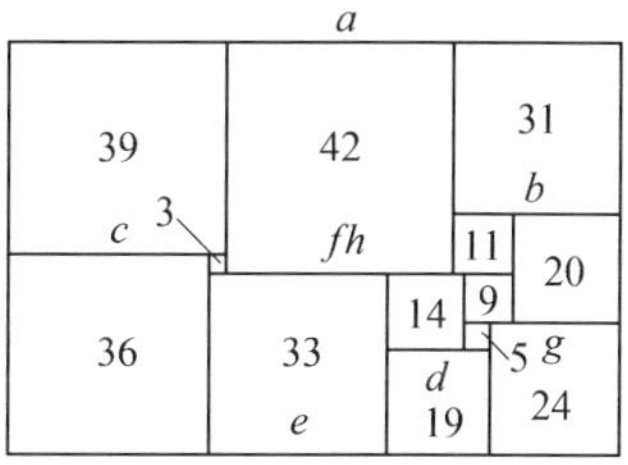

图 4

第二天,史密斯与他的朋友对这个“奇迹”做了理论上的分析.图 5 和图 6 是分别与图 3 和图 4 中完美矩形对应的史密斯图解.在图 5 中,我们看到 f 与 h 两点对应于图 3 中有同样高度的水平线,从而 f 与 h 有相同的电位.在一个电网络中,把两个有相同电位的点联结起来,并不影响各条线中的电流强度.而图 6 恰好就是把图 5 中 f 与 h 合在一处而得到的一个电网络.各条线上的电流强度与图 5 中一样,所以划分所得的正方形与图 3 中一样.

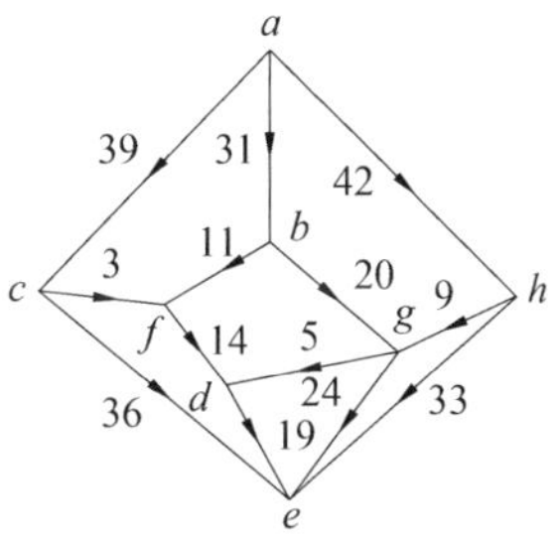

图 5

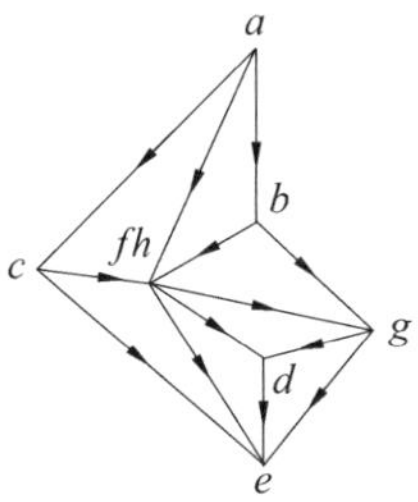

图 6

这个例子使他们猜想到,如果不是一个一个地考虑那些电网络,而是一对一对地考虑,或许会得到一些新的结果.

关键的时刻终于来到了.一些理论上的分析引导他们考虑了图 7 和图 8 所示的两个电网络.这两个电网络除了三角形外面的那条弧,形状是完全相同的.与这两个电网络对应,他们得到了两个同样是 2 261×3 075 的完美矩形,如图 9 和图 10 所示.凑巧的是,这两个完美矩形除了角上都有一个边长为 697 的正方形,其余的每一对正方形都是不同的.因此,只要将这两个矩形按图 11 的方式重叠这个相同的正方形,再在两个角上添上两个边长分别为 1 564 与 2 378 的正方形,一个完美正方形就得到了.这个完美正方形的边长为 4 639,它由 37 个小正方形组成.这个完美正方形的得到过程尽管也有凑巧的因素(例如,图 9 与图 10 中只有一个位置在角上的正方形重复,这一点是理论所不能预先保证的),但是毕竟是在理论的指导下找到的.

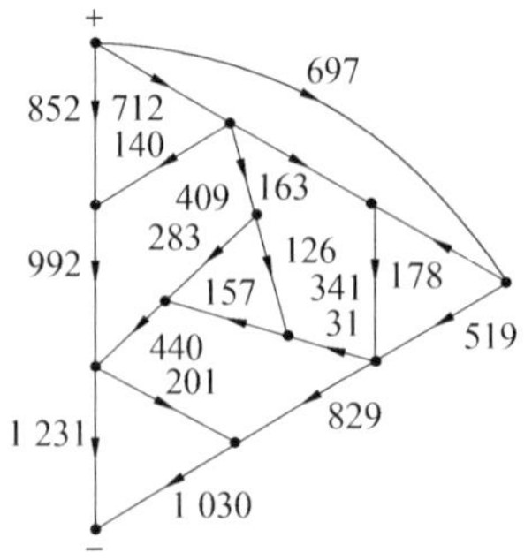

图 7

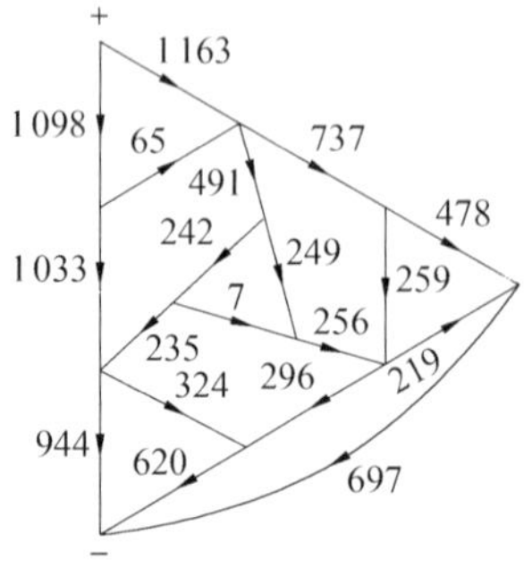

图 8

因为容易看出两个、三个或四个大小不同的正方形是拼不成一个大正方形的，所以人们自然要问：一个完美正方形最少要由几个正方形拼成？可惜这个问题还没有一种理论的方法可以用来回答，因此只好把所有的拼法一一试过.但是这样做需要的计算量太大了，在当时的情况下是不可能解决的.

近代，电子计算机的出现给这个问题带来了新的生机.依靠电子计算机的帮助，在 1978 年人们终于找到了唯一的一个由最少数目的正方形(21 个)组成的完美正方形.它画在图 12 中.

完美正方形的故事是图论发展史上的一段有趣的插曲.几十年来，图论已经发展成了一门内容十分丰富、应用十分广泛的数学分支.按照研究所使用的方法与研究问题的性质，形成了代数图论、拓扑图论、极值图论等好几个分支.每年有几百篇有关图论的论文发表在全世界各个数学刊物上.在许多学科中，都有由于应用图论的方法和结果而取得成功的例子.美国图论专家哈拉里(Harary)在他所著的《图论》中，列举已经应用图论的学科有物理、化学、通信科学、计算机技术、电气和土木工程、建筑学、运筹学、生物遗传学、心理学、社会学、经济学、人类学和语言学等.在数学中与图论有密切关系的有群论、矩阵论、数值分析、概率论、组合学和拓扑学等.与此同时，涌现了许多著名的图论专家.从事完美正方形问题研究的那四位朋友也走上了研究组合数学与图论的道路.特别是塔特，他终于放弃了他的化学生涯而专门研究起图论来.现在，他已经成为世界上最著名的图论学者.他的工作涉及了图论中几乎所有的重要专题.他的成果在许多专题研究中起主导作用.以至在 1977 年为他六十寿辰举行的国际图论会议上，英国图论专家纳什－威廉姆斯(Nash-Williams)在介绍塔特的工作时说："组合数学家们有时谈起他们的感想，觉得他们的几乎每一种想法，…… 都是塔特在二十年前就已经研究过了的."[①]

① 见 *Graph Theory and Related Topics*，P. XXV.

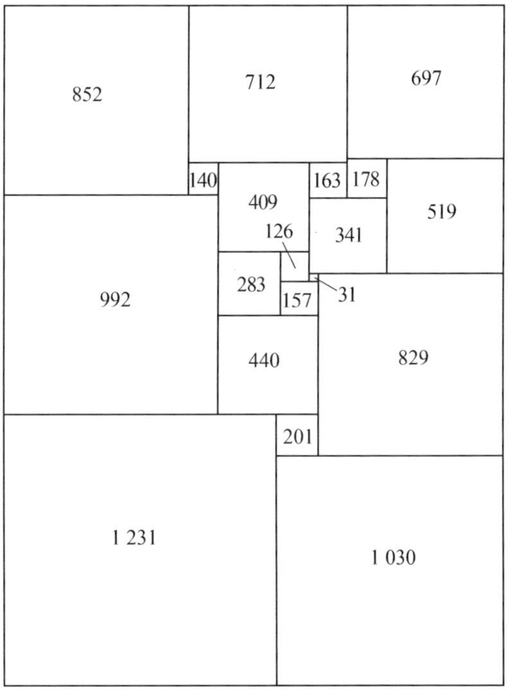
852
712
697
140
409
163
178
519
126
341
992
283
157
31
440
829
201
1 231
1 030

图 9

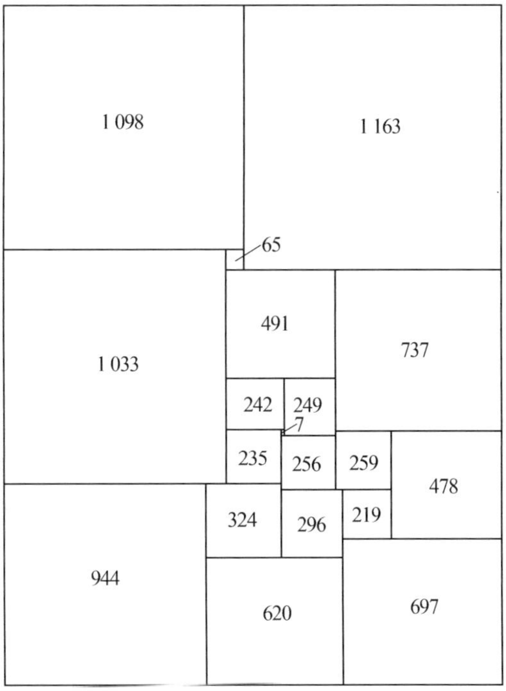
1 098
1 163
65
491
1 033
737
242
249
7
235
256
259
478
324
296
219
944
620
697

图 10

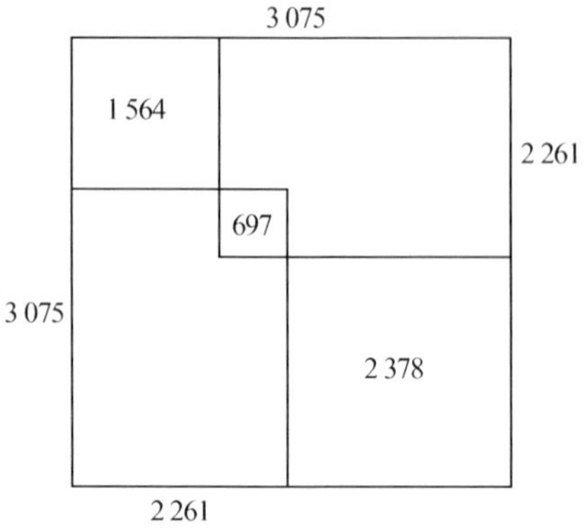

图 11

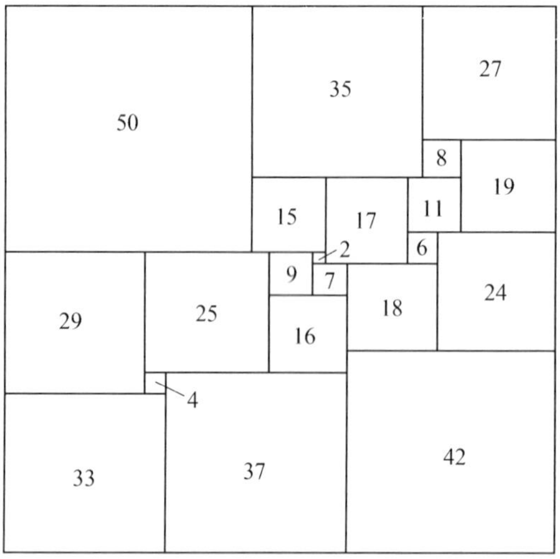

图 12

如果没有这个完美正方形问题，塔特也许还在从事他的化学研究. 在这个意义上，可以说一个问题造就了一位数学家. 因此，我们不会忘记完美正方形问题对图论发展的贡献.

象棋对策初步*

古老的象棋与现代数学结合起来，构成了象棋对策论这一门边缘科学．它经历了一个曲折的发展过程，当大型电子计算机问世以后，又赋予了它新的生命．本文仅就象棋对策论的初步概念做一简介．

一、历史的回顾

说起来也很有趣：对策论起源于对象棋的研究．1912 年，数学家策墨洛在第五届国际数学会议上发表了《关于集合论在象棋博弈理论中的应用》的著名论文，第一次把数学与象棋联系起来．他证明在一盘棋中必存在下列三种着法之一：(1) 不依赖对方如何行动，我方总能保证取胜；(2) 不依赖我方如何行动，对方总能保证取胜；(3) 不依赖对方如何行动，自己总能保证达到和局．这篇论文被公认为是用数学方法研究对策现象的第一篇文章，从此产生了现代数学的一个分支 —— 对策论．

但在以后的三十多年里，对策论主要被应用到军事与经济领域中，对于象棋博弈则几乎无人问津．因为策墨洛只是论证了人所共知的下棋有三种可能的结局的问题，而对于指导局中人如何做出决策，达到斗争胜利或不败，却毫无帮助．直至 1950 年，美国著名科学家克劳德·沙农提出评价棋局形势优劣

* 黄少龙：《象棋对策初步》，《自然杂志》1983 年第 6 卷第 1 期．

的估值函数，把象棋问题转化为数学问题，可对各种待审局面进行计算，互相比较，使局中人做出最优化选择. 这就从原则上解决了下棋的核心问题，使象棋对策理论出现重大突破.

沙农的象棋数学模型还是比较粗糙的. 虽然他已经考虑到棋子的价值、重叠兵、孤立兵、落后兵、车的通路、子力活动性等因素的影响，但如何精确评定它们的分值，仍然是一个复杂的问题，需要具备较高的象棋技术水平. 另外，棋局变化浩繁，仅头10个回合就存在10^{24}种不同局面，若凭人力计算每个局面的估值函数，要花费多长时间才能做出一步棋的决策啊，这个问题不解决，就会使象棋对策论失去实际意义.

幸而历史提供了有利的条件：(1)20世纪50年代以来象棋蓬勃发展，人们掌握了它的大量规律，对象棋的数学模型不断改进完善，使计算结果与棋局实际斗争状况之间的误差减少了；(2) 大型高速电子计算机问世并迅速发展，使象棋对策中的计算困难初步得到解决；(3) 现代数学的发展，提供了棋路网络中实现最优化的方法，可以剔除次要的棋路变化，使计算简化.

于是，关于象棋对策论的研究又大大向前发展了. 近十年来，人们的注意力集中于弈棋程序的编制，其实质问题仍然是象棋数学模型的改善. 这项研究已纳入人工智能科学领域，从1974年至今，举行过三届世界电脑象棋冠军赛，近几年又连续举行了人机对抗赛. 美国的弈棋程序“象棋4.6”曾击败几位国际大师与特级大师，轰动一时. 1979年，第六届世界人工智能会议宣布，以巨额奖金授予五年内能击败世界象棋冠军的电子计算机程序编制者.

以上所述都是对国际象棋而言，但笔者已将对策论用于中国象棋. 由于篇幅限制，只做概论，有关定理或方法的具体论证从略.

二、棋路网络与选优

象棋属于两人阵地对策，可以把棋局演变的各种可能性绘成阵地图，称为棋路网络. 鉴于棋局变化极多，可抛弃其中明显错误的棋路，剩下主干网络.

图1是一个很简单的象棋残局，红方局中人先行，有四种主要着法：

(1) 炮八进四，将5进1，肯定和棋；

(2) 炮八平五，马3进5，炮五平一，马5进3，帅五退一，将5进1，肯定和棋；

(3) 炮八平五，马3进5，前炮进三，士4进5，帅五平六，红方胜；

(4) 炮八平五，马3进5，前炮进三，士6进5，帅五平四，红方胜.

根据以上着法，做出这个残局的主干网络如图2. 原点R_1表示开始轮到红方走棋，对应图1棋局，其后每一点对应一定的棋局，点R表示轮到红方走棋，点B表示轮到黑方走棋. 这是一个树状有序集合.

网络图提供了大量的可能性,但实际对弈时只能选择其中的一条棋路.理论上可以证明:对于任何一局象棋的对策,必存在最优棋路,沿着它的发展,双方走出最正确的步法,达到理想的结局,但这条最优棋路不一定是唯一的.

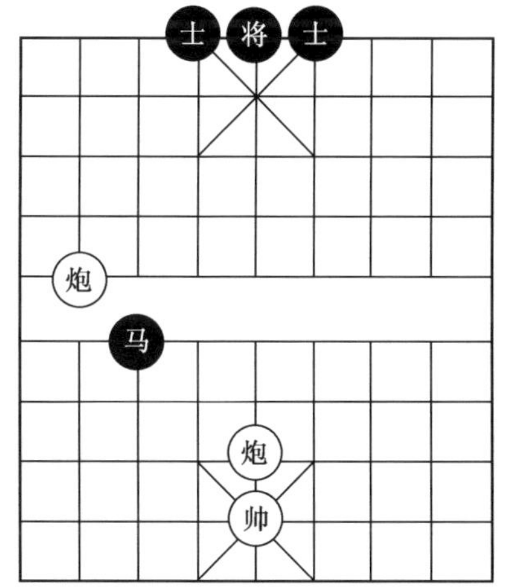

图 1

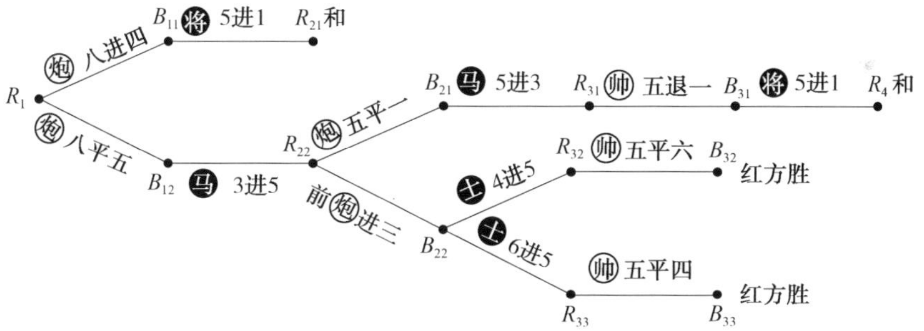

图 2

因此,象棋对策的基本要求是选择最优棋路,但如何选优呢?从图 2 看,有两种办法:

(1) 剪裁选优法,即对网络终端的结局得分进行比较,剪掉次要棋路,结果留下最优棋路.在图 2 中,先比较 B_{32} 与 B_{33},两者都是红方胜,因此点 B_{22} 没有必要剪裁.接着比较 R_4 与 B_{32},B_{33},对于点 R_{22} 来说,轮到红方走棋,当然愿意选择 B_{32},B_{33} 的结局,剪掉 $R_{22}B_{21}R_{31}B_{31}R_4$ 这段棋路.再退回原点 R_1,轮到红方走,比较 R_{21} 与 B_{32},B_{33} 的结局,剪掉 $R_1B_{11}R_{21}$ 这段棋路,最后剩下最优棋路 $R_1B_{12}R_{22}B_{22}R_{32}B_{32}$ 或 $R_1\cdots B_{33}$,两者都是最优的;

(2) 缓步选优法，即在未完全掌握整个网络的条件下，局中人从原点出发试探各种路子，不但要为自己设想一系列步法，还要猜想对方的步法，当发现某方某步法走错以后，允许缓步，重新寻求尽可能有利的理想设局. 这样经过很多次缓步思考，终于找到最优棋路.

图 1 残局，设已知为红方先胜. 红方局中人从图 2 原点 R_1 出发，先设想走炮八进四，结果发展到 R_{21} 和棋，不符合正确答案. 于是便缓步退回 R_1，重新设想走炮八平五，但到达点 R_{22} 时，假定红方选择炮五平一，结果到达 R_4 又是和棋. 再缓步退到 R_{22}，改走前炮进三，并到达 B_{32} 获胜. 但黑方不甘心失败，缓步退回点 B_{22} 改走士 6 进 5，最后到达 B_{33} 仍然红方胜. 所以最优棋路是 $R_1 \cdots B_{32}$ 或 $R_1 \cdots B_{33}$.

三、局面的数学模型

以上选优法只适用于临终残局，即局中人能够掌握整个网络规律的情况. 在实际对弈的开、中局阶段，一般都难以分析到结局，这时为了比较各个待审局面的优劣以做出选择，就要求对棋局进行数值估量.

棋局是由双方棋子按一定分布构成的，现先从单个棋子开始研究，然后到单方全部棋子，再到双方力量对比.

每个棋子都具有一定的战斗能力，称为棋子的能量，它取决于两个因素：一是棋子的兵种特征，二是棋子处于棋盘中的环境.

根据象棋规则，各个兵种的棋子由于行棋与吃子方法不同而威力各异，这种取决于兵种本身特征的固有战斗能力，反映棋子本身的价值，称为固有能，用 e_0 表示，它与棋局状态无关.

实际上，棋子总是处在某种棋局环境之中，它的能量 e 的值随棋局状态而变，可认为等于固有能与附加能的和

$$e = e_0 + \Delta e$$

附加能 Δe 反映棋子在不同的位置、环境下引起战斗能力变化的那一部分能量.

根据中国象棋理论，笔者提出棋子的固有能与附加能的数学模型如下.

先假定未过河兵(卒) 的固有能为 1 分，然后把其他棋子与它比较，得出相应的分值.

过河兵(卒) 比未过河时威力大多了，能威胁对方的强子，但攻击能力只限于近距离范围，它的固有能接近未过河兵(卒) 的二倍，可取作 2 分.

仕(士)、相(象) 的主要任务是维护帅(将) 的安全，兼有助攻作用. 通常一只过河兵(卒) 兑一个仕(士) 或相(象) 接近等价交换，因此仕(士)、相(象) 的固有能与过河兵(卒) 大体相当，可评为 2 分.

马最多能控制棋盘上 8 个点,攻击力比兵(卒)强得多,但威力只作用在中距离范围内.一般来说,马比两只过河兵(卒)的力量略强一点,所以它的固有能可评为 4 分.

炮有远距离作战的效力,但对近距离地域,有时反而不能起控制作用.所以炮与马各有所长,二者实力接近,炮兑马属于等价交换,炮的固有能可评为 4 分.

车比以上棋子的威力都大,对纵横线最多能控制到 17 个点,机动性也很强,一步能走出 9 条线.一般来说,车兑马炮接近于等价交换.它的固有能应为马、炮固有能的和,即可评为 8 分.

帅(将)本身威力不大,亦有助攻作用,但它的价值却最大,应超过其余棋子价值的总和,因为其余所有棋子都可牺牲以换取胜利或求和,唯独帅(将)不能主动抛弃,现在计算出其余棋子(五个兵(卒)、两个仕(士)、两个相(象)、两个马、两个炮、两个车)的固有能总和为 45 分.为简便起见,建议评定帅(将)的固有能为 50 分.

现将各棋子固有能的分值列表,如表 1:

表 1

兵种	帅(将)	车	炮	马	相(象)	仕(士)	兵(卒)
固有能 e_0	50	8	4	4	2	2	1

关于附加能的评定要复杂得多,它分为动能 e_k 与势能 e_p 两部分

$$\Delta e = e_k + e_p$$

动能表示棋子的可移动程度,它影响到棋子的战斗能力.例如,图 3 的红车放在棋盘中央,当去掉其余所有棋子时,它有 17 种可能步法,因此它的最大可移动步数 $l_0=17$.但由于双方棋子的障碍,以及对方棋子的威胁,红车实际上能到达的空位只有 d4,f4,h4 这三个位置,因此实际可移动步数 $l=3$.可见红车在这里远没有达到最充分的自由,从而限制了它的威力的发挥.

由以上定义,车马炮放在棋盘中央时,最大可移动步数是恒值,如表 2:

表 2

兵种	车	炮	马
l_0	17	17	8

实际可移动步数则随棋局及棋子而异.计算时,凡棋子走到某一空位被对方白白吃掉(图 3 红车到 e5,g4),或造成吃亏性兑子(图 3 红车到 i4 兑马),或由于该步棋而引起其他棋子损失者,统属于实际不可移动,不应计算在 l 值之内.当棋子移动遇到对方障碍棋子而可把它吃掉(图 3 红车吃掉 e6 黑卒),或兑子者,不属于动能计算范围,应归入势能计算范围内.

因此，把动能定义为

$$e_k = \frac{l}{l_0}$$

根据上式，图 3 红车的动能 $e_k = \frac{3}{17}$.

象棋理论认为，车马炮三种强子的机动性对于攻与守都有明显作用，而其余棋子则影响不大，所以我们只计算车马炮的动能.

势能 e_p 包括控制势能 e_{p1} 与威胁势能 e_{p2} 两部分

$$e_p = e_{p1} + e_{p2}$$

控制势能表示我方全部棋子控制对方阵地中部区域（图 4 粗线框内）的能力. 凡棋子控制力达到这范围之内的空位者，便可得分.

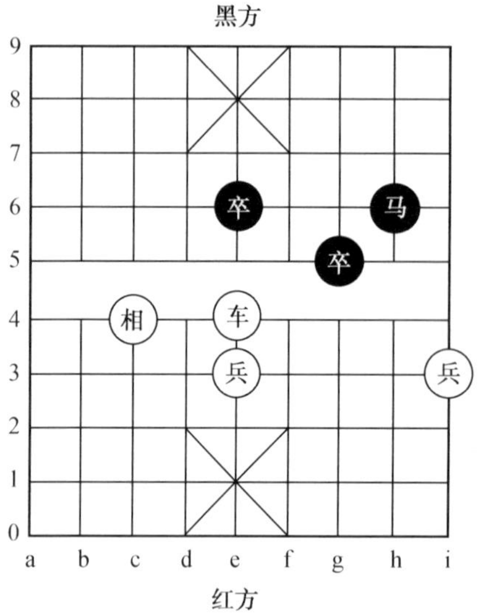

图 3

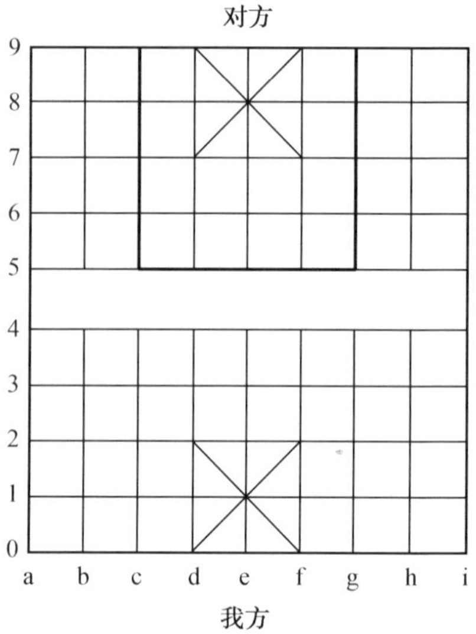

图 4

当控制对方主将原位时，得分最高；控制主将周围位置时，得分较高；控制九宫内其余位置时，得分低些；控制九宫外则更低. 试评出有关位置的得分值，如表 3：

表 3

控制空位	e9	e8	d9	f9	d8	d7	e7	f8	f7	其他
e_{p1}	1	0.5	0.5	0.5	0.2	0.2	0.2	0.2	0.2	0.1

计算 e_{p1} 时注意，当某一空位只被我方单方面控制时，取该位置全部分值；当空位被双方同时控制时，取该位置对应分值之半；当棋子力量所及不是空位而是对方棋子时，不计算，应归入威胁势能范围.

威胁势能表示我方棋子威胁对方棋子的能力，威胁的方式包括捉子（叫将亦属捉子)、有利兑子等.

图 5 红兵捉炮,红兵的固有能是 1 分,当吃掉炮后黑方损失固有能 4 分,像这样以弱子威胁强子,势能是较大的,因此把对方固有能的损失与我方棋子固有能之比定义为威胁势能

$$e_{p2}=\frac{e_0(\text{对方损失})}{e_0(\text{我方})}$$

根据上式计算,图 5 红兵捉炮的威胁势能为 4. 另外,图 5 红相威胁黑车,吃后被黑马吃回,属于有利兑子. 计算时所谓对方损失的含义,应指双方都丢子的情况下对方相对损失,现在黑方损失一个车,红方损失一个相

$$e_0(\text{黑方相对损失})=e_0(\text{黑车})-e_0(\text{红相})$$

所以

$$e_{p2}=\frac{e_0(\text{对方损失})-e_0(\text{我方损失})}{e_0(\text{我方})}$$

根据上式计算,红相踏车的威胁势能为 3.

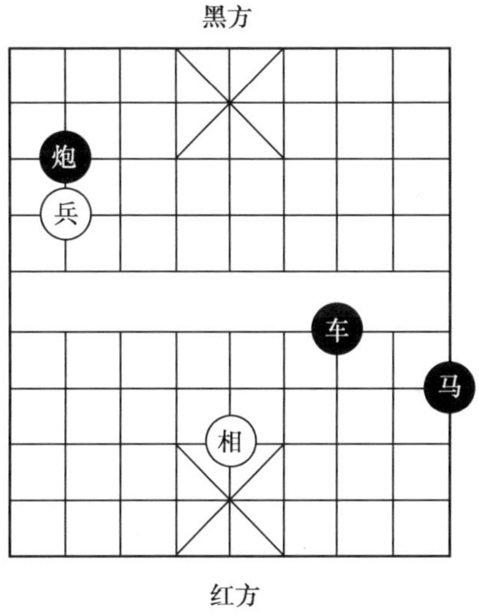

图 5

当多子威胁一子或一子威胁多子时,分别计算. 对于等价兑子或吃亏性兑子,则不计算威胁势能,因为这种情况下对于对方并无威胁.

以上主要讨论单个棋子的能量,如果把单方全部棋子的能量加起来,所得的和称为内能 E.

为了方便,通常先算单方全部棋子总固有能 $E_0=\sum_{i=1}^{n}e_{0i}$,总动能 $E_k=\sum_{i=1}^{n}e_{ki}$,总控制势能 $E_{p1}=\sum_{i=1}^{n}(e_{p1})_i$,总威胁势能 $E_{p2}=\sum_{i=1}^{n}(e_{p2})_i$,$n\leqslant 16$,然后得

$$E = \sum_{i=1}^{n} e_i = E_0 + E_k + E_{p1} + E_{p2}$$

四、局面价值

内能表示某方全部棋子的总战斗力，但它并不能反映某方在棋局中所处地位的优劣．只有双方内能的差才表示棋局斗争的力量对比，称为局面价值 V．例如红方的局面价值

$$V_R = E_R - E_B$$

当 $V_R > 0$，即 $E_R > E_B$ 时，表示红方优势；

当 $V_R = 0$，即 $E_R = E_B$ 时，表示双方均势；

当 $V_R < 0$，即 $E_R < E_B$ 时，表示红方劣势．

同理，可以站在黑方的立场判断棋局中所处的地位优劣，来定义黑方的局面价值

$$V_B = E_B - E_R$$

并得到关系式

$$V_R + V_B = 0$$

上式表明，象棋属于两人零和对策，通常只需求出红方局面价值即可．

根据上述模型，象棋对弈好比两种具有固有能、动能、势能的粒子群互相发生非弹性碰撞的过程，但能量并不守恒，是一个耗散结构．这个模型把象棋变成了数学．用数学的眼光来看，帅(将)、车、炮、马、相(象)、仕(士)、兵(卒)等棋子只不过是能量不同的元素，棋盘给它们提供移动位置的空间范围，每一步棋又使它们的能量值发生变化．对弈，就是在两个局中人指挥下，进行一场以我方内能压倒对方内能的竞赛．

关于这个模型的正确性，要看它是否符合象棋的实际情况，下面以 1980 年蚌埠邀请赛辽宁郭长顺(红)对上海于红木(黑)的对局为例来说明．该局着法是：

(1) 炮二平五，马 2 进 3；(2) 马二进三，马 3 进 7；(3) 车一平二，车 9 平 8；(4) 兵三进一，卒 3 进 1；(5) 炮八进四，象 7 进 5；(6) 炮八平七，炮 2 进 2；(7) 车二进六，车 1 平 2；(8) 马八进七，卒 7 进 1；(9) 车二平三，马 7 退 5；(10) 车九平八，车 2 进 3；(11) 兵三进一，车 2 平 3；(12) 车八进五，卒 3 进 1；(13) 马七退五，车 3 平 4；(14) 车八平四，卒 3 进 1；(15) 马三进四，卒 3 平 4；(16) 炮五平二，炮 8 平 7；(17) 马四进二，车 8 平 9；(18) 车四进三，卒 4 进 1；(19) 马二进三，卒 4 进 1；(20) 马五进三，卒 4 进 1；(21) 帅五进一，马 3 进 4；(22) 炮二进七，车 9 平 8；(23) 马三进二，马 5 进 3；(24) 马二退三，士 4 进 5；(25) 马三进五，马 4 进 3；

(26) 帅五平四,黑方主动认输.

为了计算结局得分，试补充拟出余下着法为:(26) ××××，士 6 进 5;(27) 车三进三,士 5 退 6;(28) 车三平四,红胜.

现由上述模型提出的公式,分别计算每个回合结束时红方的局面价值,列成表 4,并由此画出局面价值随着棋步(回合数) 而变化的曲线,如图 6,可据以分析对弈过程中棋局形势优劣的变化.

表 4

回合	1	2	3	4	5	6	7	8	9
V_R	−0.1	0	0.4	0.2	0.7	0.3	0.7	0.5	0.4
回合	10	11	12	13	14	15	16	17	18
V_R	0.6	−1.8	1.3	−1.3	−0.1	−0.3	−0.2	0.9	1.4
回合	19	20		21	22	23	24	25	27.5
V_R	0.4	−48.8		0.9	−2.3	5.2	4.1	4.2	9.3

这盘棋在10回合以前,属于布局阶段,棋局状态基本上是平稳的,所以图6曲线比较平坦些.接着是兑子与对攻阶段,曲线呈现一定幅度的波动,反映棋局不稳.第 20 回合,局面价值突然降到很大的负值,这并不说明红方失败,而是因为黑卒吃仕叫将,势能虽大,只是瞬间现象(图中用虚线表示),很快就恢复正常.第 23 回合起,红方优势扩大,局面价值猛增,直至得胜.

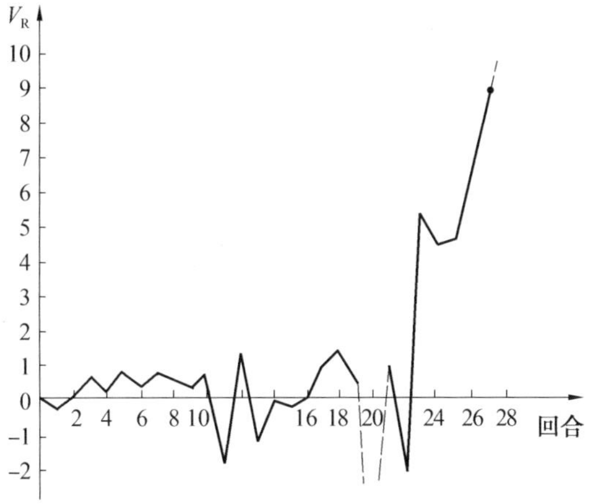

图 6

计算结果表明与象棋理论分析大体一致,因此本文提出的象棋数学模型基本上是正确的.

图的着色
—— 从四色定理谈起*

图论是一门应用十分广泛且饶有趣味的数学分支.说到图论中的难题,最著名的莫过于四色问题了.这个具有一百多年历史的数学难题,经过好几代数学家的不断努力,终于在1976年由美国伊里诺斯大学的阿佩尔(K. Appel)和哈肯(W. Haken)用电子计算机花了1 200个小时予以解决.现在,我们可以把它称为四色定理了.同数学中其他的著名难题一样,四色问题得到解决的意义并不仅止于解决了一个数学上的悬案,更重要的是在攻克这个堡垒的过程中,数学家们发展了许多新的数学方法,开辟了许多新的研究方向.这些新的方法甚至可以十分有效地应用于同原来这个难题相隔很远的数学领域,而这些新的方向则促使人们对各种数学对象进行更深入的研究.本文所要介绍的就是图论中因四色问题而引起的一个研究专题 —— 图的着色.

一、图的概念和四色定理

什么是图?这里所谓的图是由有限个点及点对之间的某些连线组成.如果用V表示点的集合,用E表示线的集合,那么

* 刘振宏:《图的着色 —— 从四色定理谈起》,《自然杂志》1984年第7卷第4期.

一个图可用元素偶(V,E)表示，通常记为$G=(V,E)$. 如果把图的点视为离散对象，线视为离散对象之间的关系，那么图就是离散对象之间关系的抽象.

例如，把图1中的点视为人，把两个点之间的连线视为对应的两个人彼此认识，那么这个图就表示5个人之间的相互认识的情况.

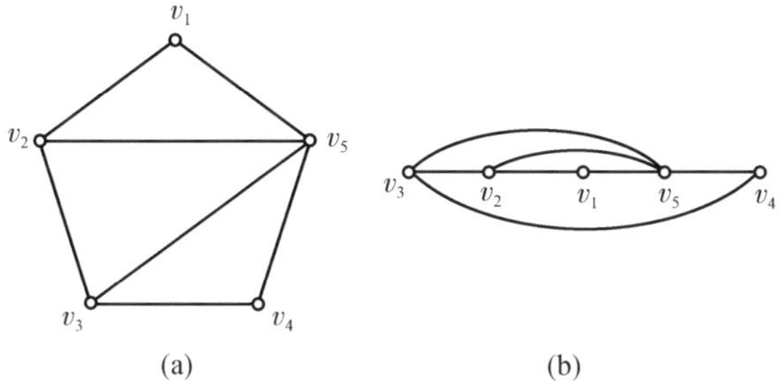

图1 “相同”的图

由图的定义可见，这里的图与几何中的图不同：在几何图中，点的相对位置及线的长短曲直是不能任意改变的；而在我们所定义的图中，点的相对位置及线的曲直长短无关紧要. 例如图1中的两个图被认为是完全“相同”的.

由此可见，同一个图有各种各样的画法. 如果一个图能画在平面上，使得任何两条线除端点外是不相交的，那么这个图被称为是可平面的. 例如图2(a)是可平面的，因为它可以画为(b).

如果平面上的一个图的任何两条线除端点外是不相交的，那么这图就被称为平面图. 例如图2(b)是平面图.

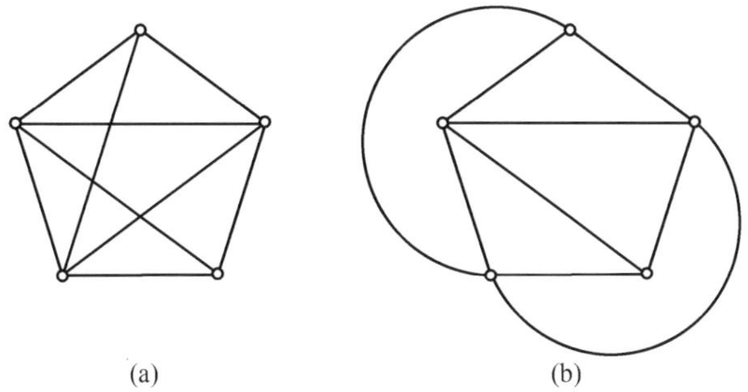

图2 可平面的图和平面图

如果把一个平面图画在一张无限大的纸上，然后沿图中每一条线剪开，那么这张纸可能被剪成几块，每一块就被称为这个图的一个面，其中无限大的一块被称为无限面. 例如图3(a)可剪为图3(b)与图3(c)的几块，其中图3(c)为所示封闭曲线以外的无限面.

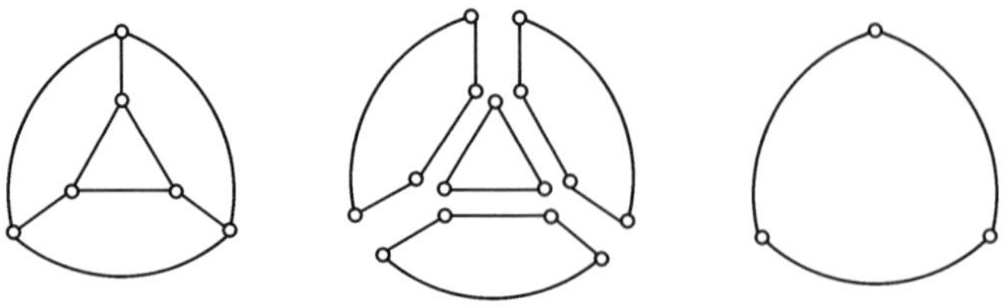

(a)　(b)　(c)

图 3　平面图的面

所谓四色定理是说任何一个平面图的面总可以用 4 种颜色来着色(或染),使任何两个相邻(有公共边界线)的面具有不同的颜色. 这也就是人们所熟知的,至多用 4 种颜色,就可以在一张地图上着色,使得任何两个相邻的国家具有不同的颜色.

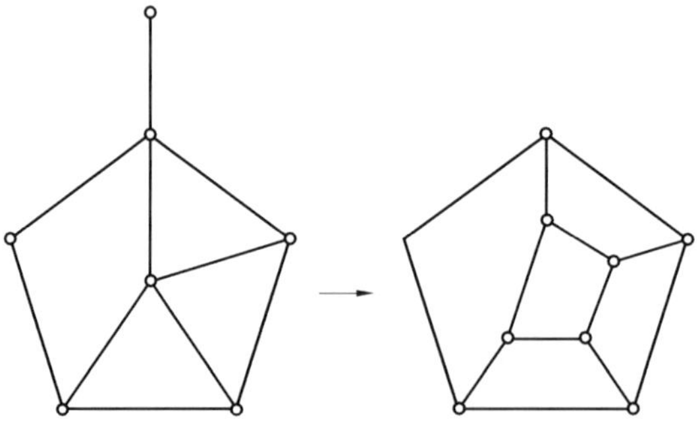

G　G'

图 4　将一般平面图化为三次平面图

一个图,如果它的每一个点恰是 3 条线的端点,则称为三次图. 不难看出,任何一个平面图G,总可以通过下述方法变为一个三次平面图G':若G的中点v是 d 条线($d \neq 3$) 的端点,则当 $d > 3$ 时,用一个 d 边形代替 v;若 $d=2$,则在 G 中把点 v 去掉,把与 v 关联的两条线视为一条线;若 $d \leqslant 1$,则去掉点 v 及与 v 关联的线,如图 4 所示. 显然这样得到的G'是三次平面图,并且若G'的面可以用 4 种颜色去染,使得相邻两个面具有不同的颜色,那么 G 的面也可以用 4 种颜色去染,使任何相邻两个面具有不同的颜色. 因此,要证明平面图是四色可染的,只要证三次平面图是四色可染的即可.

二、面着色 — 线着色

我们已经把平面图的面着色问题化为三次平面图的面着色问题. 更进一步,还可以把三次平面图的面着色问题化为三次平面图的线着色问题. 我们有下述的结论:

设 G 是一个三次平面图且无地峡线(地峡线是指这样一条线,从 G 中去掉这条线后,G 就分为两个无公共点的子图),则当且仅当 G 的线可以用 3 种颜色去染,使得任何两条相邻(有公共端点)的线具有不同的颜色时,G 的面是四色可染的.

事实上,若 G 的面是四色可染的,设这 4 种颜色为 $\alpha,\beta,\gamma,\varepsilon$. 我们构造一个四元群(有群论基础知识的读者将会知道,此即克莱茵四元群),如表 1:

表 1

$\oplus$	α	β	γ	ε
α	ε	γ	β	α
β	γ	ε	α	β
γ	β	α	ε	γ
ε	α	β	γ	ε

因为 G 是三次的,且无地峡线,所以 G 的任何两个相邻的面有唯一的一条公共边界线,并且每一条线是唯一的两个相邻面的公共边界线. 因此我们可以按下法对 G 的线进行着色:若线 e 是具有颜色 x 和具有颜色 y 的两个面的公共边界线,则将 e 染为颜色 $x\oplus y$. 因为 $x\neq y$,所以 $x\oplus y\neq\varepsilon$,这样一来,与每一点关联的 3 条线,恰好染 3 种不同的颜色 α,β 和 γ,即 G 的线是三色可染的.

反之,若 G 的线是三色可染的,那么用 $E(\alpha)$,$E(\beta)$ 和 $E(\gamma)$ 分别表示 G 中染 α 色、β 色和 γ 色的线的集合,显然 $E(\alpha)$,$E(\beta)$ 和 $E(\gamma)$ 是 G 中线的集合的一个分划. G 中由 $E(\alpha)\cup E(\beta)$ 所组成的子图用 $G_{\alpha\beta}$ 表示. 因为 G 是三次的,所以 $G_{\alpha\beta}$ 由一些没有公共点的圈组成,从而可以用两种颜色 A 和 B 对 $G_{\alpha\beta}$ 的面进行着色,使得任何相邻的两个面具有不同的颜色. 同样考察图 $G_{\alpha\gamma}$,设用 C 和 D 两种颜色对 $G_{\alpha\gamma}$ 的面进行着色,这样一来,G 的每一个面都染了两种颜色,或 AC 色,或 AD 色,或 BC 色,或 BD 色. 令 $\alpha=AC$,$\beta=AD$,$\gamma=BC$,$\varepsilon=BD$,不难看出 G 中任何相邻的两个面具有不同的颜色.

由上可见,平面图的四色问题可以化为三次平面图的线三着色问题. 但这并不是因为线着色问题比面着色问题容易,而是因为线着色问题可推广到一般图上. 对任一个图 G(不必是平面图),问最少需要多少种颜色来染 G 的线,使得 G 中任何两条相邻的线具有不同的颜色. 所需的最少颜色种数,称为 G 的线色数.

一般图的线着色问题是有它的实际背景的,例如,设有 n 个商人参加一个商品交易会,其中某些商人之间预定要进行双边会谈,每次会谈的时间都是一天,当然,不冲突的会谈可以同时进行,问最少需要多少天时间把全部会谈进行完. 我们用 n 个点代表这 n 个商人,用两点之间的连线代表对应的两个商人之间预定要进行的会谈，这样就构成了一个图. 容易看出，所需的最少天数就是这个图的线色数.

三、面着色—点着色

平面图的面着色问题，也可以化为平面图的点着色问题. 给定一个平面图 $G=(V,E)$，构造另一个平面图 G^* 如下：在 G 中每一个面 f_i 内，取一点 x_i 作为 G^* 的点，若 G 中的线 e 是面 f_i 和 f_j 的公共边界线，则在 x_i 和 x_j 之间连一条线(当 e 是地峡线时，f_i 和 f_j 是同一个面)，这样就得到了图 G^*，称为 G 的对偶图，如图 5 所示.

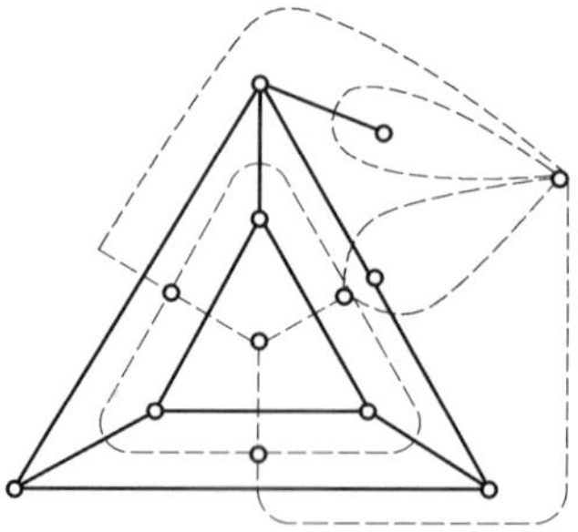

图 5　G 和它的对偶图 G^*(实线表示 G，虚线表示 G^*)

显然，若 G 无地峡线，则当且仅当 G^* 中的点可以用 k 种颜色进行着色，使得任何相邻(有线相连)的两个点具有不同的颜色时，G 的面可以用 k 种颜色着色，使得任何相邻两个面具有不同的颜色.

因此，平面图的面着色问题又等价于平面图的点着色问题. 同样，点着色问题并不比面着色问题容易，但点着色问题可以推广到一般图上. 对任何一个简单图 G(任一对点之间最多有一条线，任何一条线的两个端点不重合的图)，问最少需要多少种颜色来染 G 的点，使得 G 中任何相邻的两个点具有不同的颜色. 所需的最少颜色种数，称为 G 的点色数.

一般简单图的点着色问题同样也有它的实际背景. 例如，设有一个学术报告会计划进行 m 个学术报告，由于听众并不是对每个报告都感兴趣，可将这些报告分成若干组，每组的各个报告分别在几个演讲厅里同时进行. 为了保证每位听众不至于因为他所感兴趣的报告分在同一组而不得不放弃听讲其中一些报告，问最少要分成多少组. 我们用 m 个点代表这 m 个报告，用两点之间的连线代表至少有一位听众对相应的两个报告都感兴趣，这样就构成了一个图，容易看出，最少的分组数就是这个图的点色数.

四、线着色—点着色

上面我们已经看到了平面图的面着色问题与线着色、点着色问题之间的关系，那么线着色问题与点着色问题又有什么关系呢？

设$G=(V,E)$是一个简单图，构造一个图$\widetilde{G}$如下：$\widetilde{G}$中每一个点对应于G中的一条线，当且仅当G中两条线相邻时，$\widetilde{G}$中与这两条线对应的两个点之间有线相连，我们称$\widetilde{G}$为G的线图.

显然，当且仅当G中的线可以用k种颜色去染，使得相邻的两条线具有不同的颜色时，$\widetilde{G}$中的点可以用k种颜色去染，使得任何相邻两个点有不同的颜色. 因此一个图的线着色问题，可以化为它的线图的点着色问题. 由此可见，如果图的点着色问题解决了，那么线着色和面着色问题也就自然解决了. 然而，图的点着色问题至今还没有一个好方法，下面介绍一个可用于不太大的图的方法——色多项式方法.

五、色多项式方法

所谓G的λ合格着色，是指用λ种颜色对G的点进行染色，使得每一个点染一种颜色，而任何相邻的两个点染不同颜色的一种染色方案.

给定一个简单图$G=(V,E)$和λ种不同的颜色，一个自然的问题是：有多少种不同的λ合格着色？如果用$P(G,\lambda)$表示λ合格着色数，则显然$P(G,\lambda)$是λ的增函数，并且G的点色数就等于使$P(G,\lambda)>0$的最小正整数λ. 因此，如果能写出$P(G,\lambda)$的表达式，那么图G的点色数就不难求得了.

首先看一些特殊图的$P(G,\lambda)$的表达式.

例 1 若G是n个点的完全图(每一对不同的点之间都有连线的简单图)，则

$$P(G,\lambda)=\lambda(\lambda-1)(\lambda-2)\cdots(\lambda-n+1)$$

显然，使$P(G,\lambda)>0$的最小正整数λ的值为n，即n点完全图的点色数为n.

例 2 若G为n个点的树，即G连通(每一对不同的点之间都有一系列首尾相接的线使之相连)，且每条线都是地峡线，则

$$P(G,\lambda)=\lambda(\lambda-1)^{n-1}$$

而使$P(G,\lambda)>0$的最小正整数$\lambda=2$，即n点树的点色数为2.

例 3 若G是由k个互不连接的图$G_1,G_2,\cdots,G_k$组成，则

$$P(G,\lambda)=\prod_{i=1}^{k}P(G_i,\lambda)$$

对于一般简单图 G，$P(G,\lambda)$ 有下述的递推关系：设 u 和 v 是 G 中两个不相邻的点，把在 G 中 u 和 v 之间连一条线后所得的图记为 G'_{uv}，把在 G 中将 u 和 v 合并为一点且去掉平行线（当两个点之间有多于一条的连线时，多余的线称为平行线）后所得的图记为 G''_{uv}，则有

$$P(G,\lambda)=P(G'_{uv},\lambda)+P(G''_{uv},\lambda)$$

事实上，G 的所有 λ 合格着色方案可分为两类：一类是将 u 和 v 染不同的颜色，另一类是将 u 和 v 染相同的颜色。前一类的 λ 合格着色数恰是 G'_{uv} 的 λ 合格着色数，后一类的 λ 合格着色数恰是 G''_{uv} 的 λ 合格着色数。

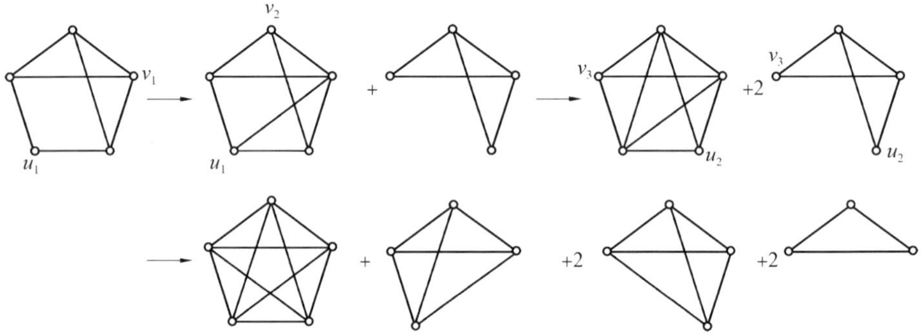

图 6　通过连线和并点把一个简单图化为一些完全图

因为任何一个简单图总可以通过一系列的连线和并点的方法化为一些完全图，而完全图的 λ 合格着色数的表达式可以写出来，所以 $P(G,\lambda)$ 的表达式可以求出。图 6 展示了把一个简单图化为一些完全图的过程。由递推公式得这个简单图的色多项式

$$\begin{aligned}P(G,\lambda)=&\lambda(\lambda-1)(\lambda-2)(\lambda-3)(\lambda-4)+\\&3\lambda(\lambda-1)(\lambda-2)(\lambda-3)+\\&2\lambda(\lambda-1)(\lambda-2)=\\&\lambda^5-7\lambda^4+19\lambda^3-23\lambda^2+10\lambda\end{aligned}$$

使 $P(G,\lambda)>0$ 的最小正整数 λ 的值为 3，即该图的点色数为 3。由此可见，$P(G,\lambda)$ 是 λ 的多项式函数，所以人们称 $P(G,\lambda)$ 为 G 的色多项式。进而可见，$P(G,\lambda)$ 可以表示为若干个完全图的色多项式之和，并且 G 的点色数就等于这些完全图中具有最少点数的那一个完全图的点数。这样一来，色多项式就为我们提供了一个求图的点色数的方法。当然这个方法的计算量是很大的，然而当 G 中的线相当稠密时，计算量并不大得可怕。当图中的线相当稀疏时，我们可以利用下述的递推公式

$$P(G,\lambda)=P(G'_e,\lambda)-P(G''_e,\lambda)$$

其中 e 为联结 G 中两个不同的点 u 和 v 的线，G'_e 表示从 G 中去掉线 e 后所得的

图，G''_e 表示从 G 中去掉线 e，将 u 和 v 合并为一点且去掉平行线后所得的图. 由于任何一个简单图总可以通过一系列的去线和并点，化为一些完全图和一些树，因此 $P(G,\lambda)$ 的表达式也可以写出来. 图 7 展示了把一个简单图化为一些完全图和树的过程. 易得这个简单图的色多项式

$$P(G,\lambda)=\lambda(\lambda-1)^4-3\lambda(\lambda-1)^3+2\lambda(\lambda-1)^2+\lambda(\lambda-1)(\lambda-2)=\lambda^5-7\lambda^4+18\lambda^3-20\lambda^2+8\lambda$$

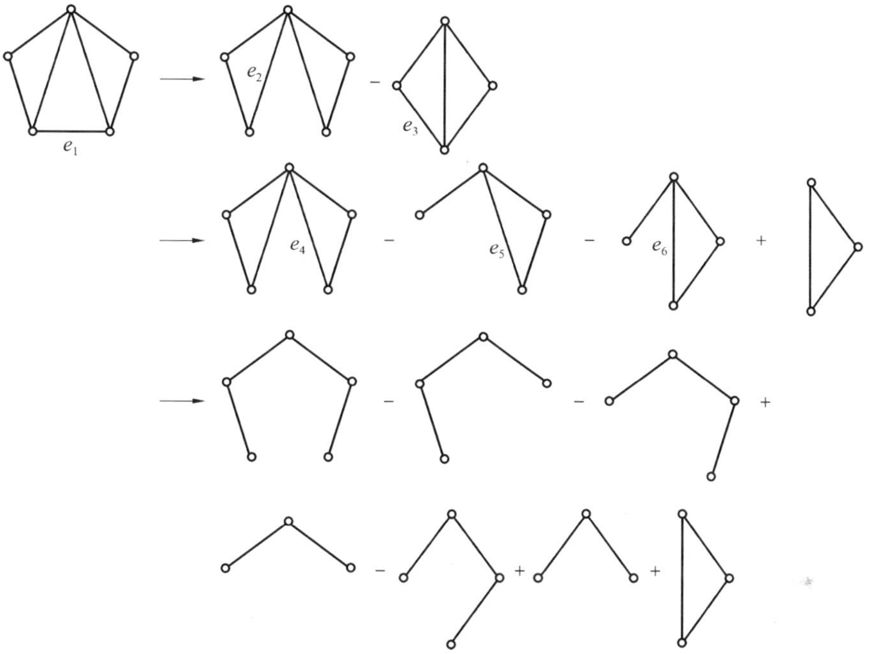

图 7　通过去线和并点把一个简单图化为一些完全图和树

当然，上述两种方法也可以结合起来使用. 另外，为了简化这些计算，我们还可以找出一些特殊图的色多项式，以备在上述计算过程中直接使用.

例 4　若 G 可以表示为两个图 X 和 Y 的并，并且 $X\cap Y$ 是完全图，则

$$P(G,\lambda)=\frac{P(X,\lambda)P(Y,\lambda)}{P(X\cap Y,\lambda)}$$

我们利用数学归纳法来证明这个公式. 不妨设 Y 为连通图，当图 Y 中的线全在图 X 中时，则 $Y=X\cap Y$ 为完全图，因此结论成立.

设 Y 中至多有 $m-1$ 条线不在 X 中时结论成立($m\geqslant 1$)，则当 Y 中有 m 条线不在 X 中时，不妨设线 e 在 Y 中而不在 X 中，于是有

$$P(Y,\lambda)=P(Y'_e,\lambda)-P(Y''_e,\lambda)$$

此时由于图 Y'_e 和 Y''_e 至多有 $m-1$ 条线不在 X 中，且 $Y'_e\cap X=Y''_e\cap X=Y\cap X$，由归纳假设有

$$P(G'_e,\lambda)=\frac{P(X,\lambda)P(Y'_e,\lambda)}{P(X\cap Y,\lambda)}$$

$$P(G''_e,\lambda)=\frac{P(X,\lambda)P(Y''_e,\lambda)}{P(X\cap Y,\lambda)}$$

所以

$$P(G,\lambda)=P(G'_e,\lambda)-P(G''_e,\lambda)=\frac{P(X,\lambda)P(Y,\lambda)}{P(X\cap Y,\lambda)}$$

例如，设 G 为图 8 中的(a)，那么它可表示为(b) 和(c) 的并，且(b) 和(c) 的交为完全图(d). 因此，由图 9 易知

$$P(G,\lambda)=\frac{[\lambda(\lambda-1)(\lambda-2)]^3}{[\lambda(\lambda-1)]^2}=\lambda^5-7\lambda^4+18\lambda^3-20\lambda^2+8\lambda$$

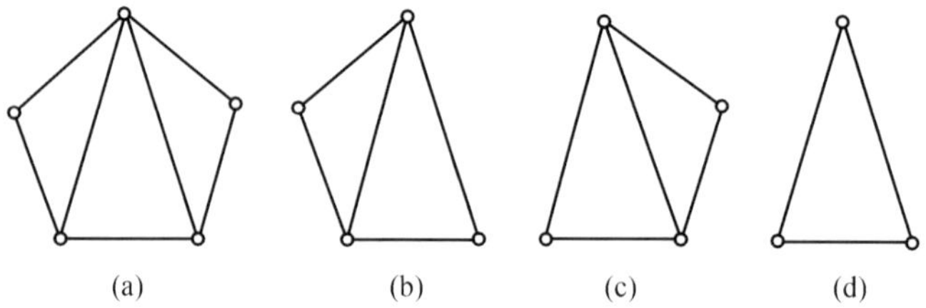

图 8　图的并与交

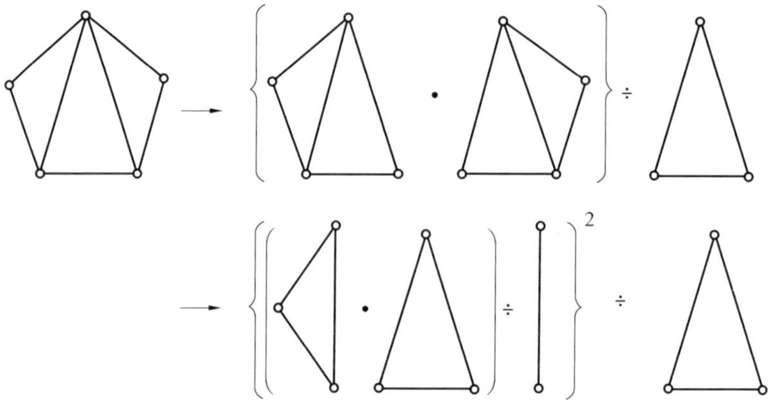

图 9　通过图的并与交求色多项式

例 5　设 G 是 $n(n\geqslant 3)$ 个点的圈，则

$$P(G,\lambda)=(\lambda-1)^n+(-1)^n(\lambda-1)$$

当 $n=3$ 时，显然 G 是 3 个点的完全图，因此

$$P(G,\lambda)=\lambda(\lambda-1)(\lambda-2)=(\lambda-1)^3+(-1)^3(\lambda-1)$$

结论成立.

设结论对 $n-1(n\geqslant 4)$ 个点的圈成立. 当 G 为 n 个点的圈时，设 e 是 G 的一条连线，应用递推关系得

$$P(G,\lambda)=P(G'_e,\lambda)-P(G''_e,\lambda)$$

显然,G'_e 是 n 个点的树,而 G''_e 是 $n-1$ 个点的圈,因此由归纳假设得

$$P(G''_e,\lambda)=(\lambda-1)^{n-1}+(-1)^{n-1}(\lambda-1)$$

从而得

$$P(G,\lambda)=\lambda(\lambda-1)^{n-1}-(\lambda-1)^{n-1}-(-1)^{n-1}(\lambda-1)=$$
$$(\lambda-1)^n+(-1)^n(\lambda-1)$$

利用圈的色多项式可直接得出车轮图 W_n 的色多项式为

$$P(W_n,\lambda)=\lambda[(\lambda-2)^n+(-1)^n(\lambda-2)]$$

图 10 是 $n=7$ 时的车轮图.

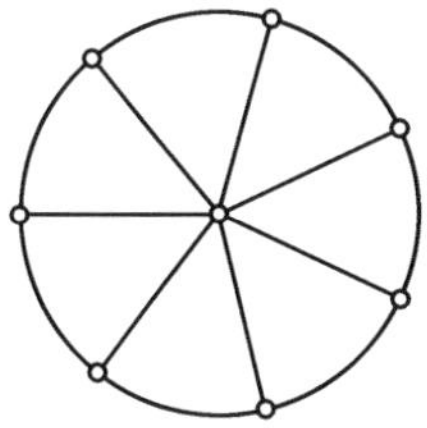

图 10　车轮图 W_7

总之,利用一些特殊图的色多项式,可以简化给定图的色多项式的计算.尽管如此,对于具有成千上万个点的图而言,计算量也是不可接受的,因此人们希望给定一个图 G 后,能通过检查 G 的某些简单特性,直接把 $P(G,\lambda)$ 写出来,于是人们对色多项式的系数与图的某些特征量之间的关系进行了研究.通过研究,人们发现了下述的规律.

假设 G 有 n 个点,m 条线和 P_0 个连通分图,那么 $P(G,\lambda)$ 具有下述性质:

(1)$P(G,\lambda)$ 是 λ 的 n 次多项式,最高次项为 λ^n,λ^n 的系数为 1;

(2)$P(G,\lambda)$ 的最低次项为 λ^{P_0};

(3)$P(G,\lambda)$ 中,从 λ^n 到 λ^{P_0} 的各项系数是正负交错的,并且 λ^{n-1} 的系数为 $-m$.

这三条结论可以对 m 使用归纳法并借助于递推公式加以证明.但只有这三条结论还是写不出一般简单图 G 的 $P(G,\lambda)$ 的表达式,因此还需要深入地研究 $P(G,\lambda)$ 中各项系数与 G 的某些特征量的关系.

另外,也可按某些性质把图进行分类,然后对每一类图的色多项式进行讨论.

例如,最近有人得到下述结果.设 $\mathscr{D}$ 为所有大于或等于两个点的简单连通图的集合,我们把 $\mathscr{D}$ 中的图分为三类:

$\mathscr{D}_1$ 为具有割点的连通图的集合(如果从图中去掉一个点及与它关联的线后,剩下的图就不连通了,则这个点称为割点).

$\mathscr{D}_2$ 为无割点且不包含与 K_4 同胚的子图的连通图的集合(K_4 为四个点的完全图).

$\mathscr{D}_3$ 为无割点且包含与 K_4 同胚的子图的一切连通图的集合.

因为 $\mathscr{D}$ 中的图是连通的,所以 $\mathscr{D}$ 中任何一个图 G 的色多项式 $P(G,\lambda)$ 中必含有因子 $\lambda-1$,因此,若令 $\lambda=w+1$,则

$$P(G,\lambda)=P(G,w+1)=w(w^{n-1}+b_{n-2}w^{n-2}+\cdots+b_1w+b_0)$$

可以证明:

(ⅰ) $G\in\mathscr{D}_1$ 当且仅当 $b_0=0$;

(ⅱ) $G\in\mathscr{D}_2$ 当且仅当 $|b_0|=1$;

(ⅲ) $G\in\mathscr{D}_3$ 当且仅当 $|b_0|\geqslant 2$.

虽然对色多项式的研究已有七十多年的历史,但重要的结果并不很多,因此用色多项式的方法解决一般图的点色数问题,仍然是渺茫的. 这就促使人们采取另外的途径,即对图的色数进行估计. 关于这方面的结果一般图论中均有介绍,在此就不赘述了.

规尺作图问题的余波*

一把生了锈的圆规，张不大，合不拢，只能画半径固定的圆，用它能干些什么呢？能画出半径很小的圆弧吗？已知A，B两点，能找出点C使得$\triangle ABC$是正三角形吗？能找到线段AB的中点吗？在这些问题中，有些不过是智力测验式的游戏，有些则使用一点初等几何的技巧便可解决，但有些问题的解决却至今尚未见端倪，其难度是出人意料的. 比如说，若$AB=\frac{2}{\sqrt{7}}$，用一把只能画单位圆的圆规可以找出AB的中点，但如果AB的长度是超越数，例如$AB=\frac{\pi}{2}$，也许就不可能用只能画单位圆的圆规找到AB的中点. 但到目前为止这仍是一个尚未证明的猜测.

在初等几何里，作图只许用圆规和无刻度的直尺，这已是中学生的常识. 这个习惯的约定始于古希腊. 由于"三大难题"(三等分任意角、二倍立方、化圆为方) 的广泛传播，有关规尺作图的许多问题和知识赢得了成千上万的数学爱好者的青睐，经过两千多年的持续探索，特别是由于像高斯、伽罗瓦等数学奇才的出色工作，终于弄清了规尺作图的可能界限，证明了所谓"三大难题" 其实是三个"不可能用规尺完成的作图题". 这中间的曲折过程以及有关的巧妙论证，已成为众多数学科普

* 张景中：《规尺作图问题的余波》，《自然杂志》1984 年第 7 卷第 12 期.

读物所津津乐道的话题.如果有人现在还要把宝贵的光阴虚掷于“用规尺三等分任意角”的“研究”上,那只能说明他缺乏数学常识而且不肯虚心学习而已.

但是,这古老的规尺作图问题却尚有余波未平.变换一下条件,又产生出新的有趣的问题.从下面介绍的某些内容中,数学爱好者说不定还能找到一试身手的用武之地呢!

一、柏拉图的圆规太松

关于圆规和直尺的用法,公元前 3 世纪的古希腊数学家欧几里得在他的巨著《几何原本》中做了严格的说明.他提出两条基本的作图法则:

1. 过不同的两点可作一直线;

2. 以任意一点 O 为圆心,以任意两点 A,B 间的距离为半径,可作一圆.

这两条法则,实际上只能用理想的圆规和直尺才能实现.比方说,直尺要足够长,圆规的跨度要能放得很大又要能收得很小.事实上,这都是办不到的.能否用受到某些条件限制的圆规、直尺来实现这两条法则,这里面自然有文章可做.

其实,就拿法则 2 来说,欧几里得的先辈就不是这样规定的.在古希腊哲学家柏拉图的有关著述中,圆规的用法是:

2^*.已知 A,B 两点,则以 A 为圆心,以 A 到 B 的距离为半径,可作一圆.

细心的读者不难发现法则 2^* 与法则 2 的区别.按照法则 2,我们可以用圆规在另外两点所在的地方量它们的距离,再拿回来画圆;按照法则 2^*,这可不行,当你用圆规的针尖和笔尖量好两点之间的距离之后,不许把圆规拿走,只能就地画圆.

怎么来理解这种规定呢?大概是柏拉图认为他的圆规太松,担心圆规的双脚离开纸面之后不能使量好的距离保持不变吧.确实,就地把圆画出来,笔尖自点 B 起,转一圈又回到点 B,这也是对圆规开度保持不变的一种检验呢!

欧几里得把法则 2^* 改成法则 2,是不是意味着他抛弃了柏拉图的松圆规,换了可靠的圆规呢?

并非如此.经过仔细研究不难看到:凡是用法则 2 可以完成的工作,用法则 2^* 也可以完成.你能干的,我也能干;圆规虽松,效用不减.

那么,已知平面上的 A,B,O 三点,如何运用法则 2^*,画一个以 O 为圆心,以 AB 为半径的圆呢?

作法很简单(图 1):

(1) 分别以 A,O 为圆心,以 AO 为半径作圆,取两圆交点之一为 C;

(2) 分别以 B,C 为圆心,以 BC 为半径作圆,取两圆交点之一为 D,使

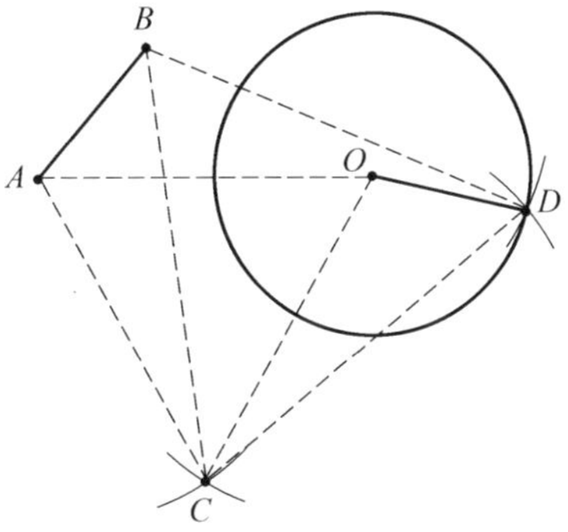

图 1

$\triangle BCD$ 的旋转方向与 $\triangle ACO$ 的旋转方向一致(在图 1 中均取逆时针方向);

(3) 以 O 为圆心,以 OD 为半径作圆,此圆即为所求.

道理也很明显:$\triangle ACO$ 和 $\triangle BCD$ 都是等边三角形,$AC = CO$,$BC = CD$,$\angle ACB = \angle ACO - \angle BCO = \angle BCD - \angle BCO = \angle OCD$,故 $\triangle ACB \cong \triangle OCD$,因而 $OD = AB$. 这就把 AB 搬过来了.

这样一来,"松圆规"可以代替好圆规. 欧几里得把法则 2^* 改成法则 2,规则变得简单了,但规尺作图的能力界限并没有变化.

二、对作图工具的种种限制

后来,数学爱好者们各具匠心,研究了规尺作图规则的许多变化,例如下述几种.

(一) 短直尺与小圆规

前面已经提到,按欧几里得《几何原本》中的法则,作图用的直尺可以无限长,圆规的半径可以任意大,这实际上是办不到的. 那么,用普通的短直尺与小圆规,能不能完成法则 1 与 2 所规定的工作呢?

答案是肯定的. 长直尺和大圆规能干的,短直尺和小圆规也能干.

也许读者要问:大半径的圆弧和小半径的圆弧形状不一样,小圆规怎能画得出大半径的圆弧来?

这需要说明. 当然,小圆规画不出大半径的圆弧来. 但是,几何图上的基本元素是点. 所谓"大圆规和长直尺能干的,小圆规和短直尺也能干",指的是作出某些所要的点来. 例如,给了相距很远的两点 A,B,用大圆规可以分别以 A,B 为圆心,以 AB 为半径画圆交于 C,D 两点. 用小圆规虽不能画出这两条弧,但只要能找出 C,D 这两个点,就承认它完成了大圆规的这项工作.

以下所说的作图,都是这个意思,指的是找出某些符合一定条件的点.

(二) 只用一件工具 —— 圆规

规尺作图要用到两件工具 —— 圆规和直尺. 如果只用其中之一行不行呢?

有人已经证明：只要有一把圆规，就能完成规尺作图的一切任务.

规尺作图题成千上万，怎能一一证明都可以只用一把圆规来做呢？实际上，只要证明用圆规能完成下列两项基本任务就够了：

1. 已知 A，B 两点和 $\odot O$，求直线 AB 和 $\odot O$ 的交点；

2. 已知 A，B，C，D 四点，AB 不与 CD 平行，求直线 AB，CD 的交点.

经过不多的几步，然而是巧妙的几步，就能只用圆规完成这两项工作.

但是，如果只用直尺，而不用圆规，就有很多图不能作了，这一点也是已被证明了的.

(三) 短直尺与定圆规

进一步的研究发现，只要有一把固定半径的圆规和一把短直尺也就够了.

这种半径固定的圆规，美国几何学家佩多(D. Pedoe，一译匹多）把它形象地叫作“生了锈的圆规”. 只用一把生了锈的圆规能干些什么？本文后面将用更多的篇幅来讨论这个问题.

(四) 最简单的工具

又有人发现，只要平面上有一个预先画好的圆以及它的圆心，再有一把长直尺，便能作出一切可用规尺完成的图来. 这大概可算是最简单的初等几何作图工具了吧.

关于以上几个结论的证明，不少书刊都有介绍. 有兴趣的读者可参看较近的文章，例如文[1].

三、定圆规作图的几则趣题

柏拉图的圆规太松，这并不妨碍我们用它作图，但反过来可不一样了. 佩多教授的圆规由于生锈而太紧，只能画固定半径的圆，用起来可远不是那么得心应手. 你将发现，即使用它做一件很简单的事，也颇费周折.

为了说起来简便，不妨设这个锈圆规只能画半径为 1 的圆. 关于它，有这样一则有趣的智力测验：你能用这个半径固定为 1 的圆规画一个半径为 $\frac{1}{2}$ 的半圆吗？

这问题过于离奇，看来是不可能的.

实际上却做得到. 但圆规的用法要变通一下：把桌子紧靠墙壁，第一张纸摊在桌子上，第二张纸钉在墙上. 圆规的针脚扎在第一张纸上点 O 处. 如果点 O 到墙的距离 $d<1$，你在第一张纸上画圆，必然要碰壁，碰了壁还硬要画，圆规的笔

尖就会上墙. 这时你将发现, 在第二张纸上画出了一个半圆, 它的半径是$\sqrt{1-d^2}$, 比 1 要小(图 2).

如果在第一张纸上先定出三个点 O, A, B, 使 $\triangle OAB$ 是正三角形, 边长 $AB=1$, 再让 AB 和桌子靠墙的边线重合, 这时画出的半圆, 半径恰好是$\frac{1}{2}$.

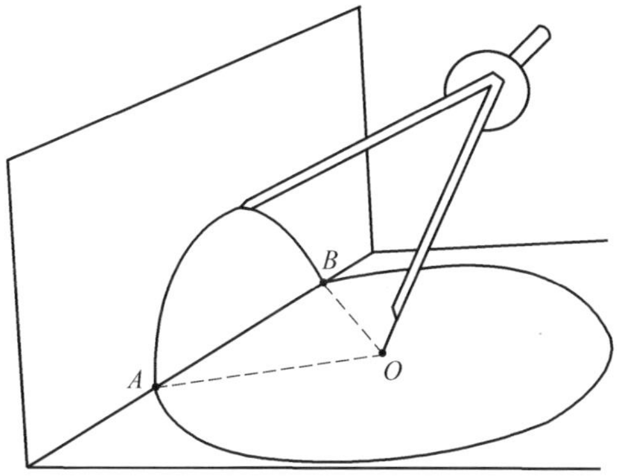

图 2

这类"空间作图", 花样还有很多. 你甚至可以用圆规画出直线段来! 这并不奇怪:在普通的圆柱形茶缸底部放一个不大不小的圆卡片, 再在茶缸内壁贴一张纸, 把圆规的针脚扎在圆卡片的中心, 在内壁的纸上画圆, 画好后把纸揭下来看看, 所画的圆变成了直线!

但是, 欧几里得是不许这么干的. 传统的几何作图, 不包括这种"空间作图". 我们还是规规矩矩, 回到平面上来吧.

先看一个简单的例子.

定圆规作图问题之一　给了 A, B 两点, 试确定一串点 A_0, A_1, $\cdots$, A_{n+1}, 使它们满足:

(ⅰ) $A_0=A$, $A_{n+1}=B$;

(ⅱ) $A_0A_1=A_1A_2=\cdots=A_nA_{n+1}=1$.

不妨想象我们的圆规是这样一位芭蕾舞演员, 她每跳一舞步, 两脚尖的距离不多不少总是 1 m. 能不能帮她设计一套舞步, 使她从点 A 出发而准确地到达点 B 呢?

如果你从 A 开始, 凭目力判断一步一步地向 B 走去, 成功的机会将是极少的.

有一个窍门: 只要你确定了 A_0, A_1, $\cdots$, A_{n-1}, 使 $A_iA_{i+1}=1(i=0,1,\cdots,n-2)$, 并且 A_{n-1} 到 B 的距离不超过 2 就好办了. 分别以 A_{n-1}, B 为圆心作圆, 因为定圆规的半径是 1, 两圆至少有一个公共点(交点或切点), 把这个公共点取作 A_n 就是了(图 3).

但是, 凭目力去确定 A_{n-1}, 毕竟不符合作图规则. 这不难解决: 从 A 出发画出由边长为 1 的正三角形顶点组成的"蛛网点阵"(图 4). 在蛛网点阵里, 总会找到一个离 B 很近的点作为 A_{n-1}. 像这样的蛛网点阵, 或许每个有圆规的孩子都曾在游戏之中画过呢.

别看这个作图题简单, 它却是定圆规作图的一个基本手段. 此外, 它本身也

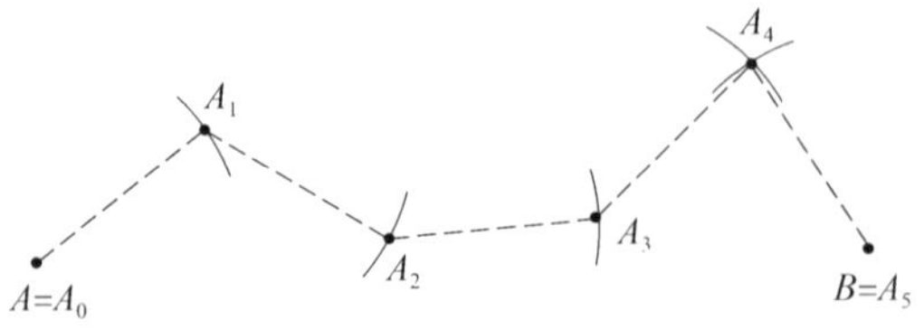

图 3

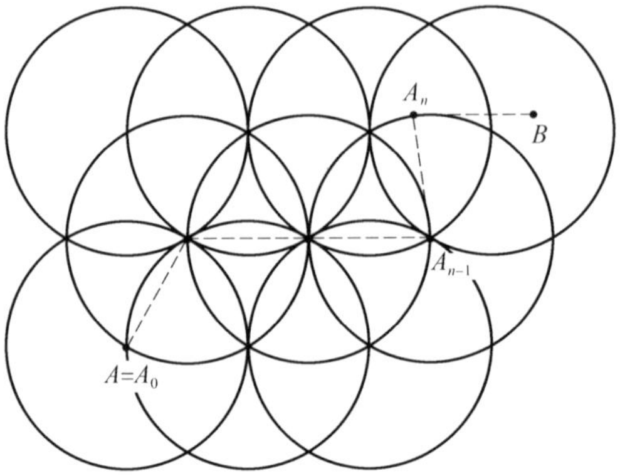

图 4

有深究的余地.比如,怎样使插入的点 $A_1,A_2,\cdots,A_n$ 的个数最少?这便是一个难题.

定圆规作图问题之二　已知 A,B,C 三点,求作第四点 D,使四边形 $ABCD$ 是平行四边形.

这个问题似难实易.可以由简到繁分三种情况解决:

第一种情况:若 $AB=BC=1$,好办,分别以 A,C 为圆心作圆交于点 D,即得.

第二种情况:若 $AB=1,BC\neq1$,则可以在 B,C 之间插入 n 个点 $B_1,B_2,\cdots,B_n$,使 $B_iB_{i+1}=1(i=0,1,\cdots,n;B_0=B;B_{n+1}=C)$,然后对 n 进行数学归纳.

$n=0$,即 $BC=1$,刚才已做过了.

若已作出平行四边形 ABB_nA^*,再作一个平行四边形 A^*B_nCD,则 $ABCD$ 是所求的平行四边形(图 5).

第三种情况:若 $AB\neq1,BC\neq1$,则在 B,A 间插入 $A_1,A_2,\cdots,A_m,A_{m+1}=A$,在 B,C 间插入 $B_1,B_2,\cdots,B_n,B_{n+1}=C$,使 $A_iA_{i+1}=1,B_jB_{j+1}=1(i=0,1,\cdots,m;j=0,1,\cdots,n;B=A_0=B_0)$,然后对 m 进行数学归纳.

$m=0$,即 $AB=1$,在第二种情况中已完成了.

设我们已作出平行四边形 A_mBCC_m,再作平行四边形 AA_mC_mD,便得到平行四边形 $ABCD$(图 6).

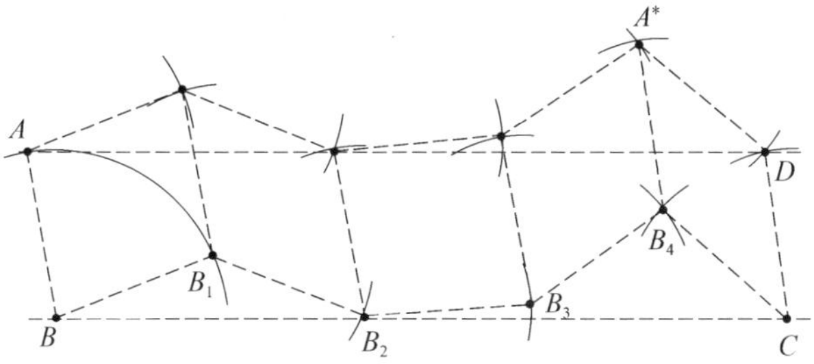

图 5

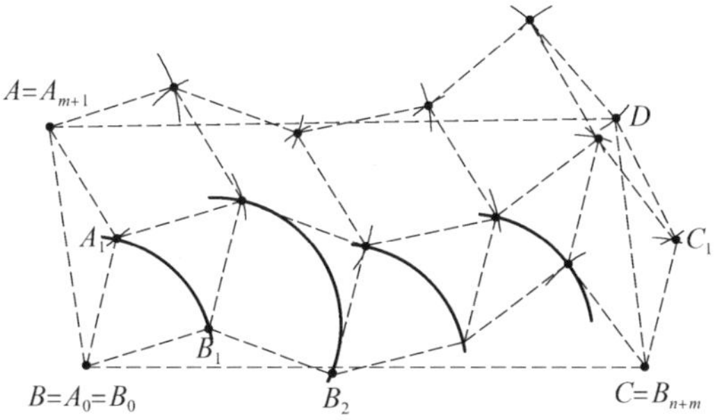

图 6

不要小看这种作平行四边形的方法.有了这一手,我们就可以把平面上的一个图形平移到同平面上任意指定的地方.

或许由于太简单,这两则作图题一直不被人们注意,但它们却在解决佩多教授的"生锈圆规"作图问题中立下了汗马功劳.

四、佩多教授的"生锈圆规"作图问题

几年之前,美国几何学家,年逾七旬的佩多教授在加拿大的一份杂志《数学问题》(*Crux Mathematicorum*)上,提出了下述的定圆规作图问题.佩多自己把它叫作"生锈圆规"作图问题.

定圆规作图问题之三　已知 A,B 两点,求另一点 C,使 $\triangle ABC$ 是正三角形.

注意,A,B 之间没有直线相连,否则就十分容易了.

如果 $AB \leqslant 2$,很快就有人做出了答案.

当 $AB=2$ 时,谁都会做.不妨设 $AB<2$,这时,作五个圆便能把点 C 找出来(图 7):

(1) 分别以 A,B 为圆心作圆,两圆交于 E,D 两点;

(2) 以 D 为圆心作圆,交 $\odot A$,$\odot B$ 于四点.取不在已作出的圆内且位于 AB

所在直线同一侧的两点为 F,G.

(3) 分别以 F,G 为圆心作圆,两圆交于 D,C 两点,则 $\triangle ABC$ 即为所求.

证明是容易的:设 $\angle ADB=\alpha$,则 $\angle GDF=240^\circ-\alpha$,于是 $\angle GCF=\angle GDF=240^\circ-\alpha$,从而有 $\angle ACG+\angle BCF=\angle ACG+\angle GAC=180^\circ-\angle AGC=180^\circ-(60^\circ+\angle DGC)=120^\circ-\angle DGC=120^\circ-(180^\circ-\angle GDF)=\angle GDF-60^\circ=240^\circ-\alpha-60^\circ=180^\circ-\alpha$,所以 $\angle ACB=\angle GCF-\angle ACG-\angle BCF=240^\circ-\alpha-(180^\circ-\alpha)=60^\circ$.

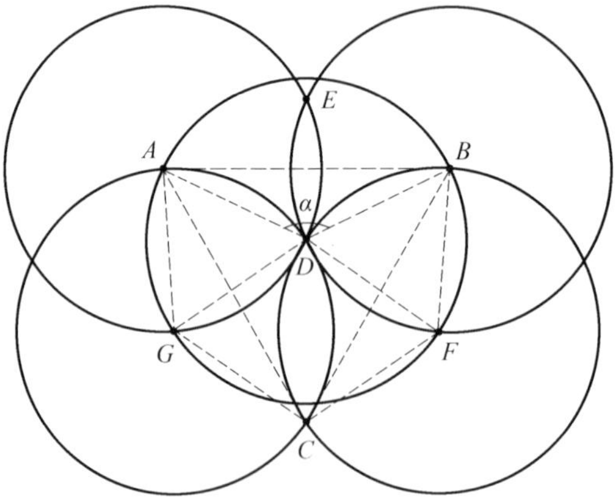

图 7

这个五圆构图,首先是佩多的一个学生画出来的,佩多替他找到了证明. 对于这个图,佩多大为惊叹:几何学已有两千多年的历史,而这么一个简单的作图却一直不为人们所知!

还有一种作法要画六个圆,但证明起来却简单得多(图 8):

(1) 分别以 A,B 为圆心作两圆交于 D,E.

(2) 分别以 D,E 为圆心作圆,$\odot B,\odot D$ 交于点 G,$\odot B,\odot E$ 交于点 F. G,F 两点的选择使 $\triangle BDG$ 和 $\triangle BEF$ 旋转方向

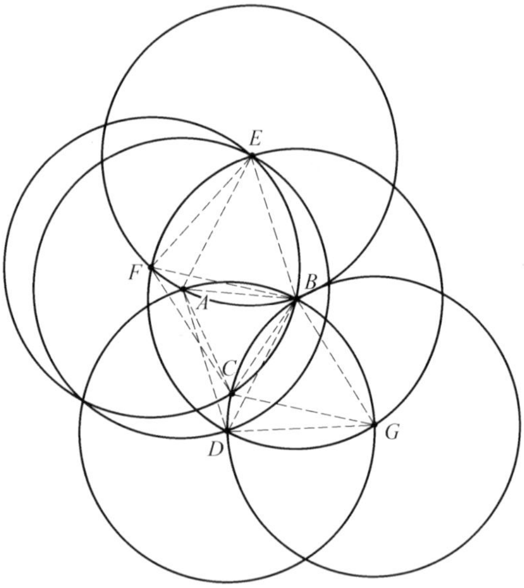

图 8

一致.如图 8,都取逆时针方向.

(3) 取 $\odot F$ 与 $\odot G$ 交点 C,只要使 $\triangle BAC$ 顺时针旋转,此点即为所求.

证明时只要注意到:菱形 $ADBE$ 绕 B 逆时针旋转了 60° 变成 $CGBF$,而对角线 AB 转 60° 之后变成 CB.

当 $AB>2$ 时,$\odot A$ 与 $\odot B$ 不再相交,这个作图题是否可能完成呢？经过两年多时间,这一征解问题未获解决.正当人们开始猜想这是不可能的时候,佩多教授从中国访美学者常庚哲的信中获悉:中国有三位数学工作者,给出了这一问题的两种正面解答[2,3].佩多非常高兴地将其中一个方法写成短文介绍给《数学问题》的读者们[4],他认为这件事是令他极为满意的数学经验之一[5].

下面的解法是综合了文[2,3]中两个方法的思想而得到的,较为简单而易于理解.

设 B^* 是点 B 附近的一个点,$B^*B<2$.如果能作出正 $\triangle AB^*C^*$,则正 $\triangle ABC$ 自然容易作出.理由如下(图 9):

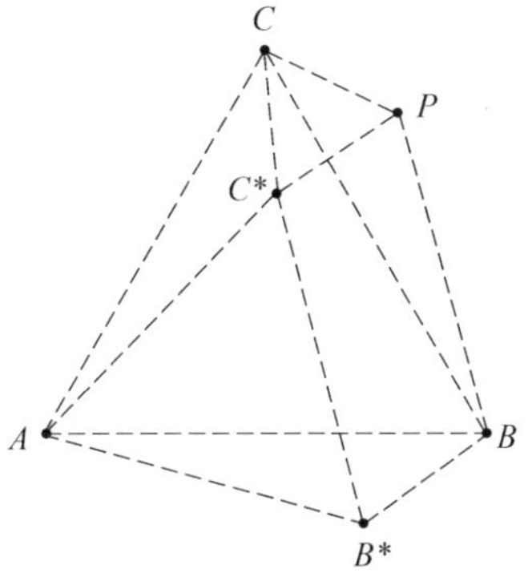

图 9

按上一节的方法,作平行四边形 C^*B^*BP,则 $C^*P\parallel B^*B$.因为 $C^*P=B^*B<2$,故可作正 $\triangle C^*PC$,使 $\triangle C^*PC$ 的旋转方向与 $\triangle AB^*C^*$ 一致.于是 $\angle AC^*C=240^\circ-\angle PC^*B^*=60^\circ+\angle C^*B^*B=\angle AB^*B$,$AB^*=AC^*$,$B^*B=C^*C$,因此 $\triangle AB^*B\cong\triangle AC^*C$,可见 $AB=AC$,并且 $\angle CAB=\angle C^*AB^*-\angle BAB^*+\angle CAC^*=\angle C^*AB^*=60^\circ$,问题便解决了.

现在要问:怎样才能找到这个“近似解”正 $\triangle AB^*C^*$ 呢?

这又要请蛛网点阵帮忙.很明显,以点 A 为中心作蛛网点阵,一定可以在点阵中找到与点 B 比较接近且满足 $BB^*<2$ 的点 B^*.下面指出,就在同一个点阵中,可以轻而易举地找出点 C^*,使 $\triangle AB^*C^*$ 为正三角形,而且这样的点 C^* 有两个.

事实上,蛛网点阵中的点,除点 A 自己之外,都分布在一些以点 A 为中心的边长为正整数的正六边形的边上(图 10).设 B^* 是边长为 k 的那个正六边形上的点(图 10 中画出 $k=3$ 的情形),自 B^* 沿这个正六边形周界向两个方向各走 k 个单位距离,便得到所要的点 C^* 和 C_1^*. 显然,$\triangle AB^*C^*$ 和 $\triangle AB^*C_1^*$ 都是正三角形.

图 10

至此,佩多教授的"生锈圆规"作图的问题便完全解决了.

综上所述,我们可以看到,定圆规至少可以完成以下两类作图:

(ⅰ) 把平面上的有限点构成的图形平移到指定的位置,即平移结果使这些点中某个点和预给的一个点重合;

(ⅱ) 把有限点集绕某一固定点旋转 60° 后得到的点集作出来.

此外,还能不能干点别的什么呢?

五、尚未解决的难题

佩多教授还提出了这样的问题:

给了 A,B 两点,只用一个定圆规,能不能找出线段 AB 的中点?

这个问题似易实难. 我们猜想:如果定圆规的半径与 AB 的长度之比是超越数,这个作图题是不可能完成的. 较简单的说法是:当圆规只能作单位圆时,若 $AB=\alpha$ 为超越数,则不可能用它找出 AB 的中点.

所谓 α 为超越数,就是说 α 不是任何一个整系数代数方程的根. 不是超越数的数叫代数数. 有理数、有理数的方根,如 $\sqrt{2}$,$\sqrt{7}$ 都是代数数,而 π,e 都是超越数. 可以证明,超越数比代数数多得多,而且几乎所有的实数都是超越数.

另一方面,存在无穷多个不大于 2 的代数数 $\alpha_1,\alpha_2,\cdots,\alpha_n,\cdots$,使得当 $AB=\alpha_n$ 时,可以用半径为 1 的定圆规作出 AB 的中点来. 从下面的讨论中我们就可以看到这一点.

应当把问题的提法弄清楚一点. 比如说:在作图中偶然碰上了 AB 的中点,当然不算是找到了中点. 怎样才算用半径为 1 的定圆规找到了 AB 的中点呢?

定义 1 设 M 为平面上的点集,以 M 中的点为圆心的单位圆之间的交点和切点的集合记为 $M'=\{z \mid 有\ x,y\in M, x\neq y, 使\ \|x-z\|=\|y-z\|=1\}$,其中 $\|x-z\|$ 为点 x 与 z 之间的距离. 我们把 $M\cup M'$ 记作 $F(M)$,$F(M)$ 叫作 M 的派生点集. 记 $F(F(M))=F^2(M)$,$F^{n+1}(M)=F(F^n(M))$,记 $F^\infty(M)=\bigcup\limits_{n=1}^{\infty}F^n(M)$. 若 M 为有限集,则 $F^\infty(M)$ 叫作以 M 为基的狭义可作集. 此时若 $x\in F^\infty(M)$,则称 x 是以 M 为基狭义可作的.

显然,若 x 是以 M 为基狭义可作的,则我们必有一定的方法,从有限点集 M 出发,用定圆规把 x 找出来.

但反过来是不对的. 例如,当 $M=\{A,B\}$,$AB>2$ 时,显然 $F^\infty(M)=M$,因而正 $\triangle ABC$ 的顶点 C 不是以 M 为基狭义可作的. 然而我们却有办法用定圆规把 C 找出来.

因而再引入广义可作的概念.

定义 2 设 $A=\{A_1,A_2,\cdots,A_k\}$,$X=\{X_1,X_2,\cdots,X_l\}$ 是平面上的两个有限点集,$M=A\cup X$. 如果 $P\in F^\infty(M)$,且有 $\varepsilon>0$,使对 X 的任一个 ε 扰动 $Y=\{Y_1,Y_2,\cdots,Y_l\}$(即 $\|Y_i-X_i\|<\varepsilon, i=1,2,\cdots,l$)有 $P\in F^\infty(A\cup Y)$,则称 P 是以 A 为基广义可作的.

关于广义可作与狭义可作之间的关系,有如下定理.

定理 若有 $A_i,A_j\in A$,使 $A_iA_j<2$,$A_iA_j\neq 0,1$,且 P 以 A 为基广义可作,则 P 以 A 为基狭义可作.

这个定理的证明并不难,主要利用此时 $F^\infty(A)$ 在平面上的稠密性,由此可得:

推论 若 P 是以 A 为基广义可作的,则存在单点集 X,使 P 是以 $A\cup X$ 为基狭义可作的.

由上述定理,若 $AB<2$,且 $AB\neq 0,1$,则能否用定圆规找出 AB 的中点这一问题,可化为下面较为确定的问题:以 A,B 为圆心作单位圆,以它们的交点为圆心再作圆,再以新产生的交点为圆心作圆,如此不断作下去,就得到一个仅与 A,B 有关的可数点集 $M_{A,B}$. 问题在于,AB 的中点 O 是否属于 $M_{A,B}$?

下面对这个问题做一初步探讨. 可以看到,它竟与某些丢番图方程有关.

以直线 AB 为 x 轴,AB 的中点为原点 O,建立笛卡儿坐标系. 设 $AB=\lambda<2$,$\lambda\neq 0,1$. 我们知道,正 $\triangle ABC$ 的顶点 C 是可以用定圆规找出来的. 以 $\triangle ABC$ 为基础向四周继续重复地作边长为 λ 的正三角形的顶点,形成一个包含 A,B 在内的蛛网点阵(图 11). 不难算出,点阵中点的坐标的一般形式为$\left(\frac{k\lambda}{2},\frac{\sqrt{3}\lambda m}{2}\right)$,

其中 k,m 为整数，$k+m$ 为奇数. 将所有这样的点组成的集合记为 M_1. 以下记 $M_{n+1}=F(M_n)$，$n=1,2,\cdots$，就得到一系列越来越大的点集. 若存在某个 n_0 使原点 $O\in M_{n_0}$，则我们一定可以用半径为 1 的定圆规找到点 O，即 AB 的中点. 如前所述，无论按狭义或广义的理解，AB 的中点都是可作的，否则就是不可作的.

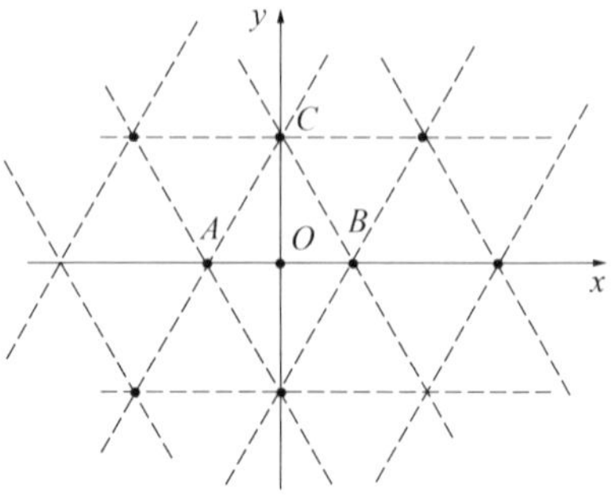

图 11

但是，具体分析点集 M_n 的构成，却是一项极为繁重的工作. 我们试从 $n=1,2,3$ 做起，看看会有什么结论.

由于 $k+m$ 为奇数，显然 $O\notin M_1$.

$O\in M_2$ 的充要条件是存在 $P\in M_1$，使 $PO=1$，即有整数 k,m 使

$$\frac{k^2\lambda^2}{4}+\frac{3m^2\lambda^2}{4}=1\quad(k+m\ \text{为奇数})\qquad(*)$$

也就是必须有

$$\lambda^2=\frac{4}{k^2+3m^2}\quad(k+m\ \text{为奇数})$$

这告诉我们，当 λ 取某些特殊值时，容易用半径为 1 的定圆规找出 $AB(AB=\lambda)$ 的中点. 例如 $\lambda=\frac{2}{\sqrt{3}},\frac{2}{\sqrt{7}},\frac{2}{\sqrt{13}}$，等等. 总之，当 λ 取定之后，若丢番图方程($*$)有解，则 $O\in M_2$，即可用定圆规找出 AB 的中点.

显然，若 λ 为超越数，$O\in M_2$ 是不可能的.

接下去问，$O\in M_3$ 又要什么条件呢？那就需要有 $P\in M_2$，使 $PO=1$.

不妨设 $P\notin M_1$，则 P 是以 M_1 中某两点为圆心的单位圆的交点. 设 Q_1，$Q_2\in M_1$，使 $PQ_1=PQ_2=PO=1$，即 $\triangle Q_1Q_2O$ 的外接圆半径为 1，因而有等式

$$4\triangle Q_1Q_2O=Q_1O\cdot Q_2O\cdot Q_1Q_2$$

这里 $\triangle Q_1Q_2O$ 表示这个三角形的面积. 将此式两端平方后利用解析几何里的公式，并设 Q_1,Q_2 的坐标分别为$\left(\frac{k_1\lambda}{2},\frac{\sqrt{3}\lambda m_1}{2}\right)$和$\left(\frac{k_2\lambda}{2},\frac{\sqrt{3}\lambda m_2}{2}\right)$，代入后整理得

$$48(k_1m_2-k_2m_1)^2=\lambda^2(k_1^2+3m_1^2)(k_2^2+3m_2^2)\cdot\left[(k_1-k_2)^2+3(m_1-m_2)^2\right]$$

这样，又得到一个含参数 λ 的丢番图方程. 不难计算出对于 λ 的又一串值，有 $O\in M_3$. 很显然，若 λ 为超越数，这个丢番图方程也不可能有解.

这样看来，当 λ 为超越数时，O 不属于 M_3.

一般而言，若 $O\in M_n$，则可以导出一些变元数不超过 2^{n-1} 的丢番图方程.

如果这些方程中出现参数 λ,则当 λ 为超越数时它们不可能有解. 由此可见,当 λ 为超越数时,要使点集 M_n 中包含 O,这些方程中至少应当有一个方程,其中不出现 λ,并且它是有解的.

已经证明,丢番图方程有没有解的问题是不可判定的,即没有一个统一的算法可以解决这个问题. 而我们这里还涉及更复杂的问题:导出一系列变数愈来愈多的含参数 λ 的丢番图方程,而且要弄清楚这些方程中是否有这样的方程,经整理后其中不出现 λ.

很难想象由某个 n 对应的 $O \in M_n$ 所导出的方程竟会不含 λ,因此我们猜测:当 λ 为超越数时,对任意的 n,都有 $O \notin M_n$.

目前,还看不到解决这个问题的途径. 但或许在某一天,一位业余数学家会找到出人意料的巧妙方法给出这个难题的解答.

参考资料

[1] 李克正. 初等数学论丛:第 1 辑. 上海:上海教育出版社,1980.

[2] 肖韧吾. 数学通讯,1983(2):26.

[3] 张景中,杨路. 初等数学论丛:第 6 辑. 上海:上海教育出版社,1983.

[4] D. Pedoe. Crux Mathematicorum,1982,8(3):79.

[5] D. Pedoe. Queen's Quarterly,1983,90(2):449.

“生锈圆规”作图问题的意外进展*

用一把两脚开度不能变化的“生锈圆规”，能不能找出联结任意两点 A，B 的线段的中点来？答案是：能！这个消息将会使提出这一趣味难题的美国几何学家佩多教授感到高兴和意外. 用生锈圆规所能干的事，远比人们原来想象的要多：用它能找出直线上所有的有理点，甚至所有整系数二次方程的根；用普通圆规可以作出的正多边形，用它也能作出. 也许更使佩多教授感到意外的是，这些结论并非由专业数学工作者所获得. 我国一位正在自学的普通待业青年，做出了这个也许是近百年来在尺规限制作图方面最引人注目的贡献.

知名数学家提出的难题被不知名的年轻人所解决，这样的事例在历史上并不罕见. 大家比较熟悉的人物：巴斯卡、高斯、阿贝尔、伽罗瓦……，都曾在年轻时就为数学大厦的建筑做出了使人难忘的贡献. 我国当代的许多数学家，也有不少在年轻时就完成了引人注目的研究工作.

数学的发展越来越快，世界上可以称为数学家的人日益增多. 数学家们在孜孜不倦地工作，使数学成果越来越多，文献资料浩如烟海，几年前有人估计，美国《数学评论》(*Mathematical Review*) 上每年摘引的新定理，有 20 万条之多. 数学宫殿，现在好比是“侯门深似海”. 想研究数学，想发现一些别人尚未发现的定理，比起几百年前，甚至几十年前，都要艰难得多. 没有受过高

* 张景中：《“生锈圆规”作图问题的意外进展》，《自然杂志》1986 年第 9 卷第 4 期.

等教育的青年，想在数学领域一显身手，机会比前人确实是要少了.

机会虽少，但并非全然没有. 在有些所需预备知识不多的数学分支(这些分支有古老的，也有年青的)中，确有一些问题，可能被一些思想活跃并能刻苦钻研的年轻人攻克，尽管他们没有经过“正规”的高深数学课程的训练. 本文所要介绍的，正是这样一个事例.

一、佩多的中点问题

笔者在本刊7卷12期的文[1]中介绍了美国几何学家佩多教授所提出的“生锈圆规”作图问题. 所谓“生锈圆规”，就是两脚开度固定了的圆规. 以下设它的固定开度为1，并称它为单位定规. 显然，用它只能画半径为1的圆周.

佩多教授提出的问题并不多，一共两个，看上去也很简单. 也许他想如果连这两个问题都找不到解答，那么再多提也没意义，反而冲淡了人们对这两个问题的兴趣. 这两个问题是：

(1) 已知A,B两点，只用单位定规，如何找到另一点C，使$\triangle ABC$为正三角形？

(2) 已知A,B两点，只用单位定规，如何找到线段AB的中点①？

两个问题中的前一个，已被我国数学工作者于1983年解决[1-4]. 对此，佩多教授非常高兴[5]. 前不久，他在私人通信中说，很希望听到第二个问题的解答，无论是肯定还是否定.

笔者在文[1]中谈到了这个尚未解决的问题，并在文章的末尾这样说：“或许在某一天，一位业余数学家会找到出人意料的巧妙方法给出这个难题的解答.”但没有想到，仅仅一年之后，这一天真的到来了.

解答这一难题的，是山西省的一位自学青年，名叫侯晓荣. 他不但证明了只用单位定规能找出线段AB的中点，从而肯定地回答了佩多教授的第二个问题，而且获得了更为丰富的成果. 他的证明用的是代数方法，如果把他的代数推演过程“翻译”成作图步骤，其复杂性将使多数读者难以忍受. 为使更多的数学爱好者领略个中趣味，杨路同志与笔者找到了一个简明的方法. 在本文中我们将把它呈献给读者.

---

① 应当强调一下：平面上只给出A,B两点，没有给出线段AB. 如果有线段AB，问题会变得容易得多.

二、我们已经会用生锈圆规做些什么

到文[1]发表时，人们已经会用单位定规做一些事了. 这是继续前进的基础. 现在我们把已经会做的几件事列出来，作为引理. 这对下一步讨论会带来方便.

引理 1(单位定规作图法之一)　已知 A,B 两点，可以作出[①]一串点 A_0，$A_1,\cdots,A_{n+1}$，使它们满足：

(ⅰ) $A_0=A,A_{n+1}=B$；

(ⅱ) $A_0A_1=A_1A_2=\cdots=A_nA_{n+1}=1$.

引理 1 也可简单地表达为：对任意两点 A,B，可以用步长为 1 的点列把它们联系起来. 以后，我们还需要用步长为 d 的点列来联系两个点 A,B. 这个步长 d 能够取哪些数值，当然是我们感兴趣的问题. 下面逐步来研究它. 要知道，由于圆规张不开，对于离得较远的点，就有鞭长莫及之苦. 怎么办呢？用等步长的点列联系起来，这是一个基本手段.

引理 2(单位定规作图法之二)　已知 A,B,C 三点，可以作出第四点 D，使四边形 $ABCD$ 是平行四边形($ABCD$ 可以是退化的平行四边形).

引理 3(单位定规作图法之三)　已知 A,B 两点，可以作出第三点 C，使 $\triangle ABC$ 是正三角形.

引理 3 是对佩多第一个问题的回答. 有了引理 3，我们可以从任两个已给的点 A,B 出发，作出以正三角形为基本构形的蛛网点阵来. 因而得到如下推论.

推论 1　已知 A,B 两点，对任给的整数 $k>1$，可以作出直线 AB 上的点 C_1，使点 B 在点 A,C_1 之间，并且 $AC_1=kAB$(图 1).

推论 2　已知 A,B 两点，对任给的整数 $k\geqslant 0$，可以作出位于 AB 的垂直平分线上的点 C_2，使点 C_2 到直线 AB 的距离是 $\left(k+\frac{1}{2}\right)\sqrt{3}AB$. 换句话说，可以作出点 C_2，使 $\triangle ABC_2$ 是等腰三角形，而且 $AC_2=BC_2=\sqrt{3k^2+3k+1}\cdot AB$(图 1).

推论 3　已知 A,B 两点，且 $AB=a<\frac{1}{n}$，则可以作出点 D，使 $DA\perp AB$，且 $DA=\sqrt{1-n^2a^2}$(图 2).

推论 4　已知 A,B 两点，且 $AB=a\leqslant\frac{2}{2n+1}$，则可以作出点 C，使 $AC=$

---

① 在本文中，凡是“可以作出”或“可作”等，如无特别说明，均指用单位定规可作.

$BC=\sqrt{1-n(n+1)a^2}$（图 3）.

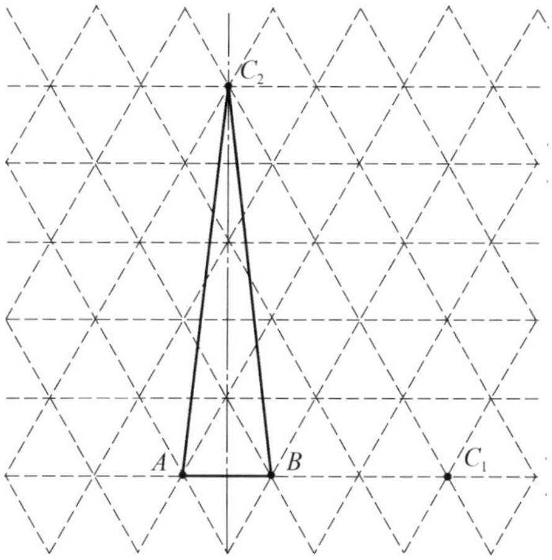

图 1　推论 1（$k=3$）和推论 2（$k=2$，$AC_2=BC_2=\sqrt{19}AB$）的证明示意图

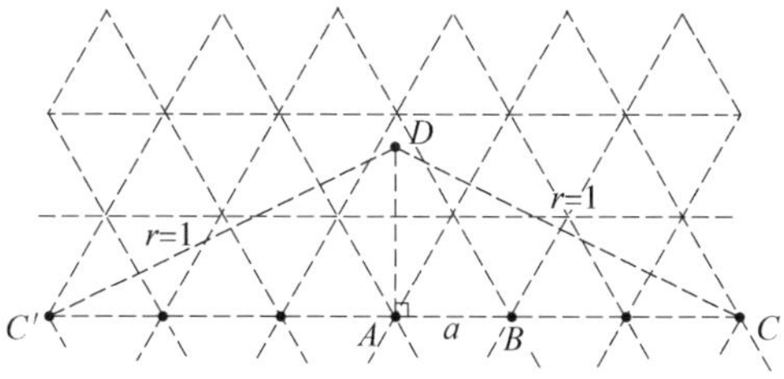

图 2　推论 3（$n=3$）的证明示意图

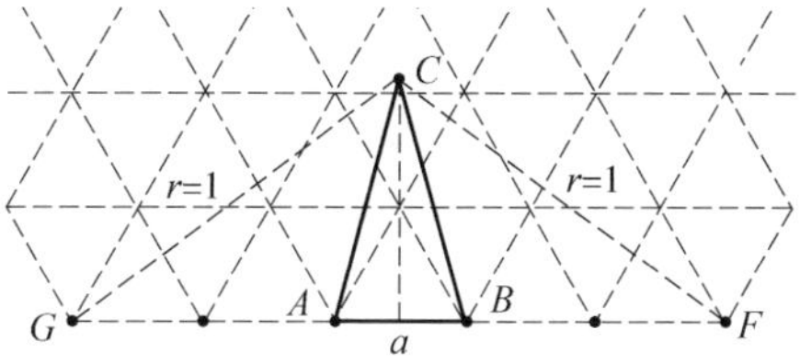

图 3　推论 4（$n=2$）的证明示意图

推论 1 是显然的. 推论 2～4 的证明，只要分别看看图 1～3，用勾股定理便可得到.

三、佩多中点问题的解答

《朱子治家格言》里有一句话："得意不宜再往." 意思是：占便宜的事，一次就可以了，"再往"说不定反而吃亏. 但是在数学里，恰恰相反. 成功了的方法，大家老想一用再用,“得意”之后,总想“再往”. 让我们回忆一下解决佩多第一个问题的步骤:首先设法作出不太大的正三角形 —— 用的是“五圆构图法”(图4,即文[1]中的图7),然后才解决一般情况下的问题. 让我们试一试,对第二个问题能否如法炮制?

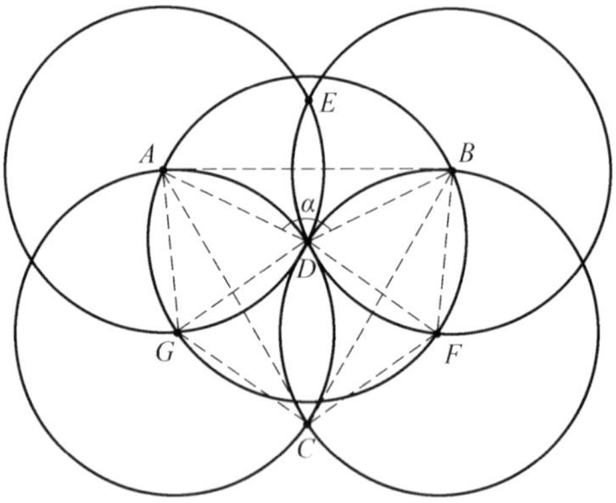

图4　五圆构图法

假设 A,B 之间的距离不太大,怎样找出线段 AB 的中点呢? 我们可以这样设想:如果以 AB 为底作一个 $\triangle ABC$,而且可以作出 AC,BC 的中点 M,N,再作出点 P,使四边形 $MCNP$ 是平行四边形,那么点 P 就是线段 AB 的中点了(图5).

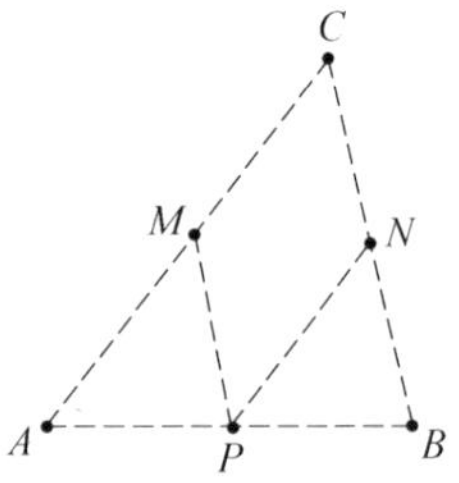

图5　找出线段 AB 中点的设想

这个设想看起来似乎行不通:要找出 AB 的中点,却要先找出 AC,BC 的中点. 但这里有一个区别:AB 的长度是任意给定的,而点 C 的位置也是任意的,从而 AC,BC 的长度可以由我们选择. 因此我们希望找到一个适当的长度 d,当任意两点的距离为 d 时,可以作出联结这两点的线段的中点;另外,对于距离不太远的 A,B 两点,可以作出点 C,使 AC,BC 的长度均为 d(这就隐含了 $AB < 2d$,即 A,B 间的距离的确不能太大).

寻找这样的长度 d,颇不容易. 在侯晓荣的一般代数讨论启发之下,笔者找到了三个符合要求的 d:$\frac{1}{\sqrt{17}}$,$\frac{1}{\sqrt{19}}$,$\frac{1}{\sqrt{51}}$,其中最后找到的 $\frac{1}{\sqrt{19}}$,所对应的作图步骤最简单. 就在找到 $\frac{1}{\sqrt{19}}$ 的同一天,侯晓荣也找到了这样的一个 d:$\frac{1}{\sqrt{271}}$,相应的作图方法也不太复杂. 可惜 $\frac{1}{\sqrt{271}}$ 与单位定规的两脚开度1相比太小了,实际作图是比较困难的.

图 6 告诉我们怎样用单位定规作出由两个相距为$\frac{1}{\sqrt{19}}$的点 A,B 所连成的线段的中点,具体步骤是:

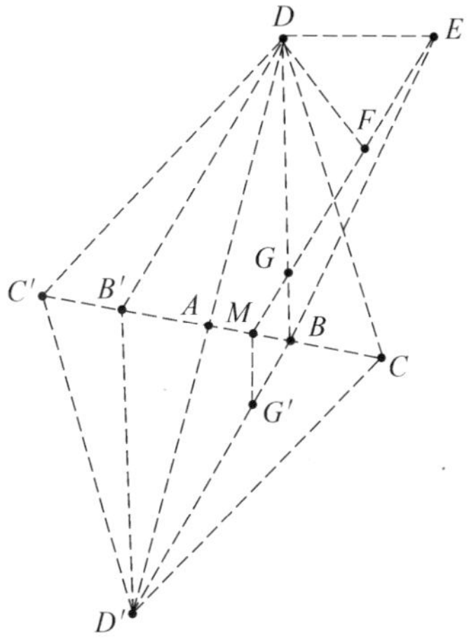

图 6　$AB(=\frac{1}{\sqrt{19}}$ 中点 M 的作法)

(1) 由推论 1,作出点 C,B',C' 使 $B'C'=B'A=AB=BC=\frac{1}{\sqrt{19}}$.

(2) 分别以点 C,C' 为圆心作单位圆交于点 D 和 D',则 DD' 垂直平分 CC',且 $DA=D'A=\sqrt{\frac{15}{19}}$. 于是 $BD=\frac{4}{\sqrt{19}}$.

(3) 由推论 3,取 $BD=a$,$n=1$,可作出点 E,使 $ED\perp DB$,且 $ED=\sqrt{1-a^2}=\sqrt{\frac{3}{19}}$.

(4) 作出点 F,使 $\triangle DEF$ 为正三角形. 由推论 1,可作点 G 使 $GF=FE$,且 G,F,E 共线. 显然 G 在 BD 上,并且 $DG=\sqrt{3}DE=\sqrt{3}\times\sqrt{\frac{3}{19}}=\frac{3}{\sqrt{19}}$,因而 $GB=BD-DG=\frac{1}{\sqrt{19}}$.

(5) 同样在 BD' 上作出点 G',使 $BG'=BG=\frac{1}{\sqrt{19}}$. 再作点 M,使四边形 $GBG'M$ 是平行四边形,则 M 在 AB 上.

因为 $\triangle B'DB\backsim\triangle MGB$,所以

$$\frac{MB}{B'B}=\frac{GB}{DB}=\frac{\frac{1}{\sqrt{19}}}{\frac{4}{\sqrt{19}}}=\frac{1}{4}$$

$$MB=\frac{1}{4}B'B=\frac{1}{2}AB$$

这样,我们就作出了 $ab(=\frac{1}{\sqrt{19}})$ 的中点 M.

现在我们要对距离小于$\frac{2}{\sqrt{19}}$的两点 A,B,设法作出点 C,使 AC,BC 的长度为$\frac{1}{\sqrt{19}}$. 为此,我们要用到下面这个十分有用的“半径变化定理”.

引理 4(半径变化定理)(单位定规作图法之四)　已知 A,B,C^* 是等腰三角形的三个顶点,$AC^*=BC^*\leqslant 2$,则可作出点 C,使 $\triangle ABC$ 为等腰三角形(当

$BC^*=2$ 时，$\triangle ABC$ 退化为线段)，且

$$AC=BC=\frac{AB}{BC^*}$$

证明　如图 7，分别以 B,C^* 为圆心作圆，取对 A 来说在 BC^* 另一侧的交点为 P；分别以 A,C^* 为圆心作圆，取对 B 来说在 AC^* 另一侧的交点为 Q；再分别以 P,Q 为圆心作圆，交于 C^*,C 两点. 由对称性，可知直线 C^*C 垂直平分 AB.

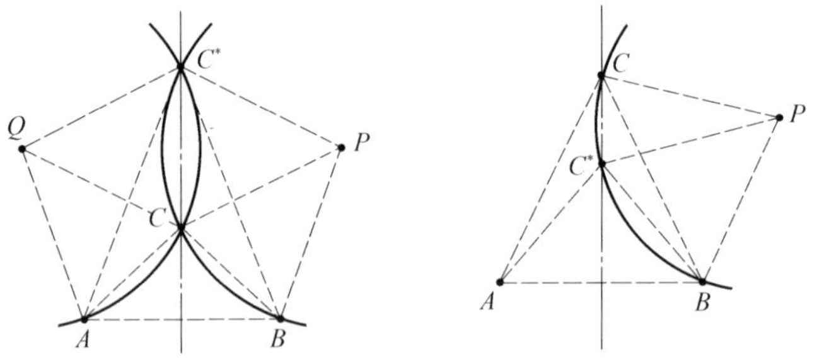

(a) 情形1　　(b) 情形2 (点Q没有画出)

图 7　半径变化定理

情形 1(C 在 $\triangle ABC^*$ 内)：

由

$$\angle ACB=2(\angle CC^*B+\angle CBC^*)=\angle CPB+\angle CPC^*=\angle C^*PB$$

得

$$\triangle ACB\backsim\triangle C^*PB$$

情形 2(C 在 $\triangle ABC^*$ 外)：

由

$$\angle ACB=2\angle C^*CB=\angle C^*PB$$

也得

$$\triangle ACB\backsim\triangle C^*PB$$

于是总有

$$\frac{AC}{AB}=\frac{PC^*}{BC^*}=\frac{1}{BC^*}$$

即

$$AC=BC=\frac{AB}{BC^*}$$

引理 4 相当于给了我们这样一把生锈圆规：它两脚的固定开度是 $\frac{AB}{BC^*}$，即可以分别以 A,B 为圆心，以 $\frac{AB}{BC^*}$ 为半径作圆交于 C.

设 $AB<\frac{2}{\sqrt{19}}$，把图 7 中的 $\triangle ABC^*$ 取成与图 1 中的 $\triangle ABC_2$ 相似，即 $BC^*=\sqrt{19}AB<2$，由半径变化定理，图 7 中所得到的点 C 满足

$$AC=BC=\frac{AB}{BC^*}=\frac{1}{\sqrt{19}}$$

这就圆满地解决了所提出的问题：任给两点 A,B，只要 $AB<\frac{2}{\sqrt{19}}$，就能作出以 AB 为底、腰长为 $\frac{1}{\sqrt{19}}$ 的等腰三角形的顶点 C 来. 图 8 表现了整个作图过程.

现在我们用图 6 所示的方法作出 AC，BC 的中点，再用图 5 给出的设想，就可以作出 $AB(<\frac{2}{\sqrt{19}})$ 的中点了.

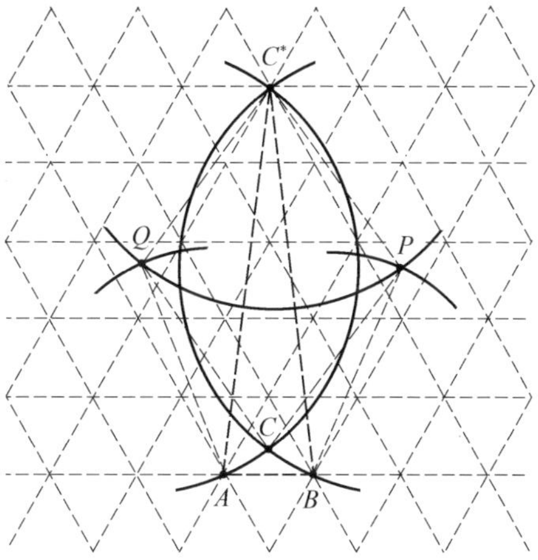

图 8　以 $AB(<\frac{2}{\sqrt{19}})$ 为底、腰长为 $\frac{1}{\sqrt{19}}$ 的等腰三角形的顶点 C 的作法

最后，一个尚待完成的步骤就容易多了. 设已给了 A,B 两点，它们可能相距甚远. 我们用老办法：作一个"蛛网点阵"来控制点 B(图 9). 先在点 A 的近旁取一点 D，使 $AD\leqslant\frac{1}{\sqrt{19}}$；接着作出点 E，使 $\triangle ADE$ 是正三角形；然后像铺瓷砖一样一块接一块地用全等于 $\triangle ADE$ 的正三角形向点 A 的周围扩张，构成一个"蛛网点阵". 这些正三角形的顶点可以看成某个斜角坐标系下的所谓"格点"(坐标为整数的点). 四个格点形成一个小菱形. 点 B 总要落在某个小菱形内或它的周界上. 小菱形的四个顶点

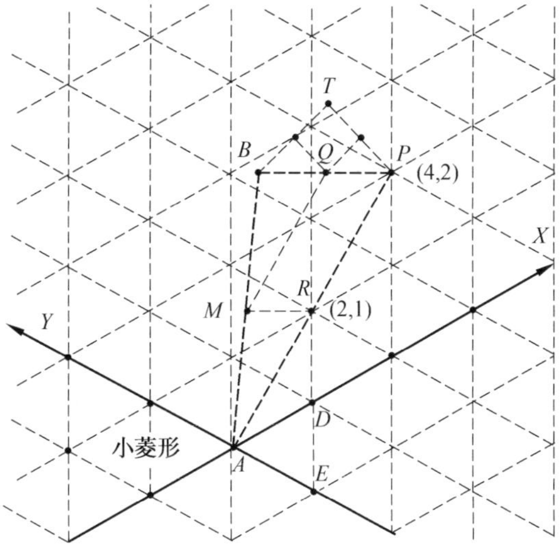

图 9　佩多中点问题的解答

中，总有一个顶点 P，它的坐标是一对偶数$(2m,2k)$，这样，点 $R(m,k)$ 就是 AP 的中点. 显然 $BP < \frac{2}{\sqrt{19}}$，于是可作出点 T 使 $BT = PT = \frac{1}{\sqrt{19}}$. 然后分别作出 BT，PT 的中点，进而作出 BP 的中点Q. 最后作出点M使四边形$QPRM$为平行四边形，则点 M 就是 AB 的中点. 这就得到：

定理 1（单位定规作图法之五） 已知 A，B 两点，可以作出线段 AB 的中点 M.

这是我们期待已久的，更是佩多教授期待已久的结论.

四、同变定理

请注意一下上一节作图过程中的图 8，它是什么？不是别的，正是佩多所惊叹的"五圆构图"(图 4) 的变种！在"五圆构图"中，两个边长为 1 的全等三角形"诱导"出了第三个正三角形；在图 8 中，两个腰长为 1 的全等等腰 $\triangle AQC^*$，$\triangle BPC^*$"诱导"出了一个与它们相似的等腰 $\triangle ACB$. 把正三角形换成相似的等腰三角形，使我们得到了有效的新手段. 这一点给我们以启发. 在文[1] 的图 9 中，也有三个正三角形. 这里作为图 10 画出来了：从 $\triangle AB^*C^*$ 和 $\triangle C^*PC$ 这两个正三角形出发，作出点 B，使四边形 B^*C^*PB 是平行四边形，就得到了正 $\triangle ABC$.

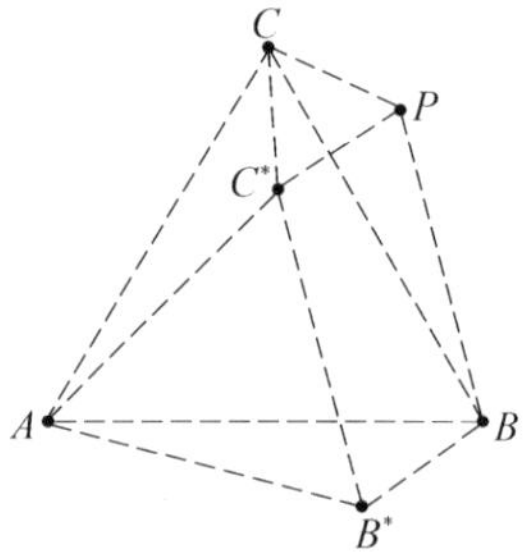

图 10　由正三角形"诱导"出正三角形

把前两个正三角形换成彼此相似的三角形，是否也能通过平行四边形作图得到第三个相似三角形呢？

果然如此！如图 11，已知 $\triangle AB^*C^* \backsim \triangle B^*BP$，且 $A-B^*-C^*$ 沿 $\triangle AB^*C^*$ 周界绕行的方向与 B^*-B-P 沿 $\triangle B^*BP$ 周界绕行的方向相同(这里都是逆时针方向)，则以点 C^*，B^*，P 为基础作平行四边形 C^*B^*PC，必有 $\triangle ABC \backsim \triangle AB^*C^*$.

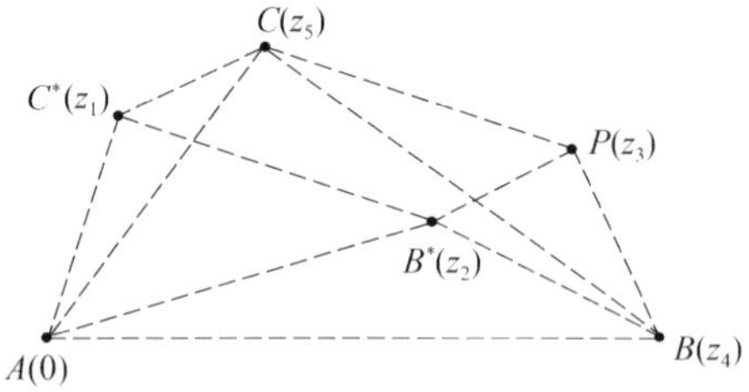

图 11　由相似三角形"诱导"出相似三角形

先证明 $\triangle AC^*C \backsim \triangle CPB \backsim \triangle AB^*B$. 在 $\triangle AC^*C$ 和 $\triangle AB^*B$ 中，已有

$$\frac{AC^*}{C^*C} = \frac{AC^*}{B^*P} = \frac{AB^*}{B^*B} \quad (\text{因 } \triangle AB^*C^* \backsim \triangle B^*BP)$$

只要再证明

$$\angle AC^*C=\angle AB^*B$$

因为

$$\angle AB^*C^*+\angle BB^*P=\angle AB^*C^*+\angle B^*AC^*=180^\circ-\angle AC^*B^*$$

而

$$\angle C^*B^*P=180^\circ-\angle CC^*B^*$$

故

$$\angle AB^*B=360^\circ-\angle AB^*C^*-\angle BB^*P-\angle C^*B^*P=$$
$$360^\circ-(180^\circ-\angle AC^*B^*)-(180^\circ-\angle CC^*B^*)=$$
$$\angle AC^*B^*+\angle CC^*B^*=\angle AC^*C$$

所以

$$\triangle AC^*C\backsim\triangle AB^*B$$

同理可证

$$\triangle CPB\backsim\triangle AB^*B$$

从而得

$$\frac{AC^*}{AC}=\frac{AB^*}{AB},\frac{B^*C^*}{BC}=\frac{PC}{BC}=\frac{AB^*}{AB}$$

这就证明了 $\triangle ABC\backsim\triangle AB^*C^*$.

注意这个结论当 $\triangle AB^*C^*$ 退化时仍成立. 例如,当 C^*,P 分别是 AB^* 和 B^*B 的中点时,C 是 AB 的中点,如图 5 所示.

上面的证明依赖于图,如果你熟悉平面向量的复数表示法,就可以有一个十分简单而且不依赖于图的证法.

设 A 是复平面上的原点. 分别用 z_1,z_2,z_3,z_4 顺次表示 C^*,B^*,P,B,于是 $\triangle AB^*C^*\backsim\triangle B^*BP$,且它们顶点的绕行方向一致这一几何事实可以简单地用复数式表示为

$$\frac{z_1}{z_2}=\frac{z_3-z_2}{z_4-z_2}=z^*$$

设 C 为 z_5,则四边形 C^*B^*PC 是平行四边形这一几何事实可以表示为

$$z_5-z_1=z_3-z_2$$

于是

$$\frac{z_5}{z_4}=\frac{z_5-z_1+z_1}{z_4-z_2+z_2}=\frac{z_3-z_2+z_1}{z_4-z_2+z_2}=$$
$$\frac{z^*(z_4-z_2)+z^*z_2}{z_4-z_2+z_2}=z^*$$

因此

$$\frac{z_5}{z_4}=\frac{z_1}{z_2}$$

其几何意义就是 $\triangle ABC\backsim\triangle AB^*C^*$,且它们的顶点有相同的绕行方向. 以上推理在 $\triangle AB^*C^*$ 退化成为线段时仍成立,这时 z^* 为实数. 因而有如下引理.

引理 5(单位定规作图法之六) 已知点 A,B,B^*,C^*,P,使 $\triangle AB^*C^*\backsim\triangle B^*BP$ 且 $A-B^*-C^*$ 与 B^*-B-P 在各自周界上有相同的绕行方向,则

可作点 C,使 $\triangle ABC \backsim \triangle AB^*C^*$,并且 $A-B-C$ 与 $A-B^*-C^*$ 在各自周界上有相同的绕行方向. 当 $\triangle AB^*C^*$ 退化时,上述结论仍成立.

由引理 5,运用数学归纳法,容易证明如下推论.

推论 5(同变定理) 已知点列 $A_0, A_1, A_2, \cdots, A_{n+1}$ 和 $P_0, P_1, \cdots, P_n, A_0 = A, A_{n+1} = B$,使得诸 $\triangle A_iP_iA_{i+1}$ 彼此相似且 $A_i - P_i - A_{i+1}(i=0,1,2,\cdots,n)$ 在各自周界上有相同的绕行方向,则可作点 C,使 $\triangle ACB \backsim \triangle A_0P_0A_1$,而且 $A-C-B$ 与 $A_0-P_0-A_1$ 在各自周界上有相同的绕行方向(图 12).

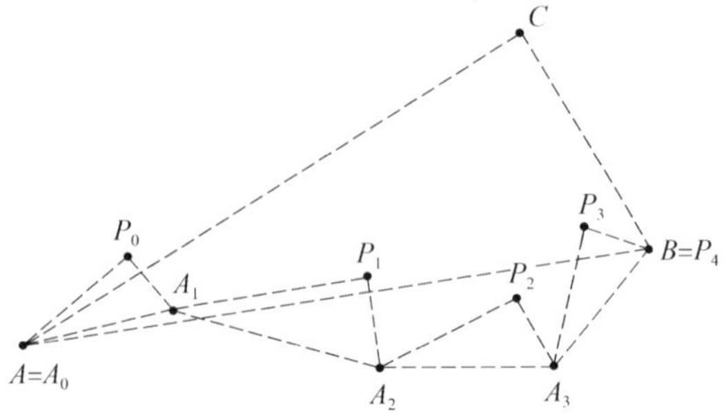

图 12　同变定理

把推论 5 叫作"同变定理",意思是大三角形与这些小三角形一同变化. 由引理 1,任两点之间可以用步长为 1 的点列联系起来,而用单位定规作边长为 1 的正三角形是最容易的了,因此由同变定理立刻就推出佩多教授第一个问题的肯定解答.

五、正方形与 n 等分点作图

用单位定规作图,无非是确定点的位置. 已知 A,B 两点去确定第三点 C,也就是求作点 C 使 $\triangle ABC$ 相似于某个给定的三角形. 有了同变定理,自然会想到,如果:

(ⅰ) 当 $AB=d$ 时,可作 $\triangle ABC \backsim \triangle PQR$;

(ⅱ) 对任给的两点 A,B,可用步长为 d 的点列把它们联系起来.

则对任给的 A,B 两点,总能作 $\triangle ABC \backsim \triangle PQR$.

那么,可以用步长为多大的点列把任意两点联系起来呢?

让我们来看图 9. 事实上,在图 9 中总可以取 $AD=\frac{1}{\sqrt{19}}$. 方法是:先取一点 C 使 $AC<\frac{2}{\sqrt{19}}$,再用图 8 所示的方法作出点 D 使 $AD=CD=\frac{1}{\sqrt{19}}$. 这样,图 9 的蛛网点阵中任何相邻两点都相距$\frac{1}{\sqrt{19}}$. 注意到 $BT=PT=\frac{1}{\sqrt{19}}$,于是可以用步长为$\frac{1}{\sqrt{19}}$的点列联系 A,B.

但这个$\sqrt{19}$是哪儿来的？它是由推论2中的$\sqrt{3k^2+3k+1}$取$k=2$得来的. 对图1中的$\triangle ABC_2$用一下半径变化定理，便可以在$AB<\dfrac{2}{\sqrt{3k^2+3k+1}}$的前提之下作出点$C$，使$AC=BC=\dfrac{1}{\sqrt{3k^2+3k+1}}$. 再由图9，便可得知如下推论.

推论6 对任给的非负整数k，任意两点都可以用步长为$\dfrac{1}{\sqrt{3k^2+3k+1}}$的点列联系起来.

另外，有一个平凡的推论：

推论7 已知A，B两点，$AB=a=\dfrac{1}{\sqrt{m}}$，$m\geqslant 3$，则可作一点C，使$AC=BC=\dfrac{1}{\sqrt{m-2}}$.

证明 先由推论1，可作直线AB上的两点P，Q，使$PA=AB=BQ=a$，$PQ=3a<2$. 再由推论4，可作出点C^*，使$AC^*=BC^*=\sqrt{1-n(n+1)a^2}$. 取$n=1$，得$AC^*=BC^*=\sqrt{1-2a^2}=\sqrt{\dfrac{m-2}{m}}$. 再由半径变化定理，可作出点$C$，使

$$AC=BC=\frac{AB}{BC^*}=\frac{1}{\sqrt{m-2}}$$

注意到推论6中的$3k^2+3k+1$可以是足够大的奇数，于是反复用推论7便得推论8：

推论8 对任给的非负整数m，任意两点都可用步长为$\dfrac{1}{\sqrt{2m+1}}$的点列联系起来.

推论8立刻使我们得到一个意外收获：

定理2(单位定规作图法之七) 对任给的正整数m和A，B两点，可以作出点C，使$\angle CAB=90^\circ$且$CA=\sqrt{m}AB$.

证明 令$k=2+\dfrac{1+(-1)^m}{2}$，则$m+k^2-1$总是偶数. 取$N=\dfrac{1}{2}(m+k^2-1)$，则

$$m=2N+1-k^2$$

应用推论8，把A，B两点用步长为$\dfrac{1}{\sqrt{2N+1}}$的点列联系起来. 设此点列为P_0，

$P_1,\cdots,P_{l+1}$. 对于 $P_j, P_{j+1}(j=0,1,\cdots,l)$，由推论 3 可作出 D_j，使得 $D_jP_j \perp P_jP_{j+1}$，且 $D_jP_j=\sqrt{1-n^2a^2}$，这里取 $n=k$，而 a 即为 $P_jP_{j+1}=\dfrac{1}{\sqrt{2N+1}}$. 于是 $D_jP_j=\sqrt{\dfrac{m}{2N+1}}$. 再由同变定理即知可作点 C，使 $\triangle ABC \backsim \triangle P_jP_{j+1}D_j$，因而 $\angle CAB=90°$，且

$$\frac{CA}{AB}=\frac{D_jP_j}{P_jP_{j+1}}=\frac{\sqrt{\dfrac{m}{2N+1}}}{\sqrt{\dfrac{1}{2N+1}}}=\sqrt{m}$$

取 $m=1$，立刻得到一个引人注目的推论：

推论 9　已知 A,B 两点，可作 C,D 两点，使四边形 $ABCD$ 是正方形.

继续前进，就可以得到超过佩多教授要求的 n 等分点作图了！

定理 3（单位定规作图法之八）　已知 A,B 两点，对任给的正整数 $k>1$，都可以作出 AB 上的一点 C，使 $AB=\sqrt{k}CB$（当 $k=4$ 时，C 即为 AB 中点）.

证明　我们列出作图步骤.

(1) 用步长为 $a=\dfrac{1}{\sqrt{2N+1}}$ 的点列 $P_0,P_1,\cdots,P_{n+1}$ 把 A,B 联系起来. 这里 $P_0=A, P_{n+1}=B$，而 N 是任意取定的正整数.

(2) 任取正整数 $m<2N$，对“联系点列”当中的相继两点 P_i,P_{i+1} 应用定理 2 作出一点 C_i，使 $\angle C_iP_iP_{i+1}=90°$，且 $C_iP_i=\sqrt{m}P_iP_{i+1}=\sqrt{m}a$，于是 $C_iP_{i+1}=\sqrt{\overline{C_iP_i}^2+\overline{P_iP_{i+1}}^2}=\sqrt{m+1}a$.

(3) 作 C_i 关于直线 P_iP_{i+1} 的对称点 C_i^*，这可以简单地用推论 1 来完成.

(4) 以 C_iP_{i+1} 为一边向两侧作正方形 $C_iP_{i+1}QX$ 和 $C_iP_{i+1}\tilde{Q}\tilde{X}$.

(5) 分别以 $Q,\tilde{Q}$ 为圆心作圆，交于两点. 其中一点 W 在线段 C_iP_{i+1} 上，易求出

$$WP_{i+1}=\sqrt{1-\overline{C_iP_{i+1}}^2}=\sqrt{1-(m+1)a^2}$$

（因 $m<2N$，故 $(m+1)a^2=\dfrac{m+1}{2N+1}<1$）.

(6) 以 $C_i^*P_{i+1}$ 为一边向两侧作正方形，重复(4)与(5)的步骤，得到关于 P_iP_{i+1} 与 W 对称的 W^*，即

$$W^*P_{i+1}=WP_{i+1}, \angle W^*P_{i+1}P_i=\angle WP_{i+1}P_i$$

(7) 应用引理 2，作平行四边形 $WP_{i+1}W^*M$（事实上是菱形），显然点 M 落在 P_iP_{i+1} 上.

设 WW^* 交 MP_{i+1} 于点 O，则有

$$\frac{MP_{i+1}}{P_iP_{i+1}}=\frac{2OP_{i+1}}{P_iP_{i+1}}=\frac{2WP_{i+1}}{C_iP_{i+1}}=\frac{2\sqrt{1-(m+1)a^2}}{\sqrt{(m+1)a^2}}=$$

$$2\sqrt{\frac{2N-m}{m+1}}=\sqrt{\frac{4(2N-m)}{m+1}}$$

为了使 $P_iP_{i+1}=\sqrt{k}MP_{i+1}$，只要取 $m=4k-1$，$N=2k$ 即可.(2)～(7) 的作图过程见图 13.

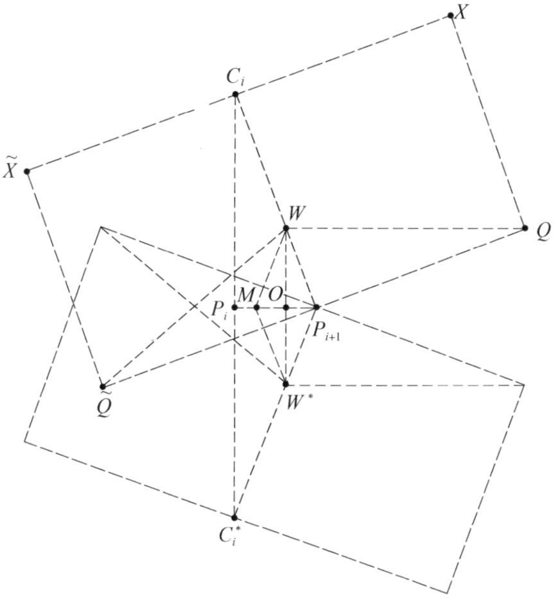

图 13　n 等分点作图

最后，用一下同变定理，便可以作出所要的点 C 来.

我们完成的比佩多教授所希望的要多：AB 的 n 等分点都可以作出来(只要取 $k=n^2$ 即可).把定理 1 与定理 2 结合起来，实际上得到了这样的结论：如果以 A 为原点，以直线 AB 为 x 轴，建立笛卡儿坐标系，并设 $AB=\lambda$，则当 x，y 都是整系数二次方程实根的时候，点$(\lambda x,\lambda y)$一定能用单位定规作出来！

六、复数表示与代数语言

用复数表示平面上的点，可以用简洁的代数语言来叙述“生锈圆规”的作图理论.

设已知两点 A，B，A 用复数 $z_A=0$ 表示，B 用另一个复数 z_B 表示，则当 $z_B-z_A=z_B\neq 0$ 时，平面上任一点 C 所对应的复数 z_C 总可以表示成

$$z_C=z^*z_B$$

的形式.

设有某个固定的复数 z^*，对任何复数 z_B，都能用单位定规作出点 $z_C = z^* z_B$，就说 z^* 是一全可作的复数. 全体全可作复数所成的集合记作 L.

佩多的第一个问题等价于 $e^{\frac{i\pi}{3}} = \frac{1}{2} + \frac{\sqrt{3}}{2}i$ 是否属于 L? 第二个问题等价于 $\frac{1}{2}$ 是否属于 L?

我们再引入另一个集合 S：若对任意两点 A, B，都有步长为 d 的点列把它们联系起来，则称 $d \in S$.

把全可作的概念略加推广，可得相对可作的概念：设 z^* 是某个复数，$\mathscr{U}$ 是复数集合的一个非空子集，若对一切 $z_B \in \mathscr{U}$，都能用单位定规作出 $z_C = z^* z_B$，则称 z^* 为相对于 $\mathscr{U}$ 可作. 所有相对于 $\mathscr{U}$ 可作的复数所成的集合记作 $L(\mathscr{U})$.

下面的命题，大部分是显然的.

命题 1　若 $\mathscr{U}_1 = \{z_1 z \mid z \in \mathscr{U}\}$，且 $z_1 \in L(\mathscr{U})$，$z_2 \in L(\mathscr{U}_1)$，则 $z_1 z_2 \in L(\mathscr{U})$.

这个命题易由 $L(\mathscr{U})$ 的定义得到. 当 $\mathscr{U}$ 是全体复数时可推出：若 $L \supset \{z_1, z_2\}$，则 $z_1 z_2 \in L$.

命题 2　若 $z_1 \in L(\mathscr{U})$，$z_2 \in L(\mathscr{U})$，则 $z_1 + z_2 \in L(\mathscr{U})$. 这是引理 2 的代数表示.

命题 3　若 $z \in L(\mathscr{U})$，则其共轭复数 $\bar{z} \in L(\mathscr{U})$.

命题 4　若 $0 < d = |z_B| \in S$，则由 $z \in L(z_B)$ 可推知 $z \in L$. 这就是同变定理. 这里 $L(z_B)$ 是 $L(\{z_B\})$ 的略写，以下同此.

命题 5　由 $1 \in S$ 及 $e^{\frac{i\pi}{3}} \in L(1)$ 得 $e^{\frac{i\pi}{3}} \in L$. 再用命题 2 与命题 3 可得，对一切整数 m, k 有

$$\left(m + \frac{1}{2}\right) + i\left(k + \frac{1}{2}\right)\sqrt{3} \in L \quad (m \in L, ik\sqrt{3} \in L)$$

命题 6　若 $0 < \lambda \in L$，$0 < \lambda d < 1$，则 $i\sqrt{\frac{1}{d^2} - \lambda^2} \in L(d)$，特别当 $d \in S$ 时，由命题 4 得 $i\sqrt{\frac{1}{d} - \lambda^2} \in L$.

证明很简单：由 $\lambda \in L$ 知λd 和 $-\lambda d$ 都可作. 分别以λd，$-\lambda d$ 为圆心作圆，交点正是 $\pm i\sqrt{1 - \lambda^2 d^2}$. 于是$\frac{i}{d}\sqrt{1 - \lambda^2 d^2} = i\sqrt{\frac{1}{d^2} - \lambda^2} \in L(d)$.

命题 7　若 $0 \leqslant \lambda \in L$，$0 < \left(\lambda + \frac{1}{2}\right) d < 1$，则

$$\frac{1}{2} \pm i\sqrt{\frac{1}{d^2} - \left(\lambda + \frac{1}{2}\right)^2} \in L(d)$$

特别当 $d \in S$ 时,由命题 4 得

$$\frac{1}{2} \pm \mathrm{i}\sqrt{\frac{1}{d^2} - \left(\lambda + \frac{1}{2}\right)^2} \in L$$

证明与命题 6 的证明类似:只要分别以$(\lambda+1)d$ 和 $-\lambda d$ 为圆心作圆,则交点为$\frac{d}{2} \pm \mathrm{i}\sqrt{1-\left(\lambda+\frac{1}{2}\right)^2 d^2}$,用 d 除之后即得.

命题 8　若 $z=\frac{1}{2}+\mathrm{i}\lambda \in L$,则$\frac{1}{|z|} \in S$.

注意 $1 \in S$,用半径变化定理即得.

命题 9　若 $d \in S, z=\frac{1}{2}+\mathrm{i}\lambda \in L(d)$,则 $|zd| \in S$.

命题 10　由命题 5 与命题 8,取

$$z=\frac{1}{2}+\mathrm{i}\left(k+\frac{1}{2}\right)\sqrt{3}$$

即得

$$\frac{1}{\sqrt{3k^2+3k+1}} \in S$$

这就是推论 6.

命题 11　若 $d \in S, d<\frac{2}{3}$,则$\frac{1}{\sqrt{\frac{1}{d^2}-2}} \in S$.

证明　在命题 7 中取 $\lambda=1$,则 $0<\left(\lambda+\frac{1}{2}\right)d<1$,于是得

$$\frac{1}{2} \pm \mathrm{i}\sqrt{\frac{1}{d^2} - \left(\lambda + \frac{1}{2}\right)^2} \in L$$

由命题 8 得

$$\left|\frac{1}{2} \pm \mathrm{i}\sqrt{\frac{1}{d^2} - \left(\lambda + \frac{1}{2}\right)^2}\right|^{-1} = \frac{1}{\sqrt{\frac{1}{d^2}-2}} \in S$$

命题 12　对任意非负整数 m,有$\frac{1}{\sqrt{2m+1}} \in S$.

这就是推论 8. 证明可从 $d=\frac{1}{\sqrt{3k^2+3k+1}}$ 出发,多次用命题 11 而得.

命题 13　对一切正整数 n, k,有$(\mathrm{i})^k\sqrt{n} \in L$.

证明　在命题 6 中取 $d=\frac{1}{\sqrt{2m+1}}, \lambda=l \in L$,这里 m, l 是自然数且 $l<\sqrt{2m+1}$,于是得

$$\mathrm{i}\sqrt{\frac{1}{d^2}-\lambda^2}=\mathrm{i}\sqrt{2m+1-l^2}\in L$$

为使 $n=2m+1-l^2$，当 n 为奇数时取 $l=2$，当 n 为偶数时取 $l=1$. 又取 $m=2$，$l=2$，得 $\mathrm{i}\in L$，从而 $(\mathrm{i})^k\sqrt{n}\in L$. 取 $k=1$，即为定理 2.

命题 14 $\frac{1}{2}\in L$.

这个命题的证明实际上是把前面的找 AB 中点的过程用代数语言复述一遍. 由命题 13，$\sqrt{15}\in I$，$1\in L$，$\mathrm{i}\in L$，故 $1+\mathrm{i}\sqrt{15}\in L$，取

$$d=\frac{|1+\mathrm{i}\sqrt{15}|}{\sqrt{19}}=\frac{4}{\sqrt{19}},\lambda=1$$

由命题 6 可得

$$\mathrm{i}\sqrt{\frac{1}{d^2}-\lambda^2}=\mathrm{i}\frac{\sqrt{3}}{4}\in L(d)=L\left(\frac{1+\mathrm{i}\sqrt{15}}{\sqrt{19}}\right)$$

由命题 1 得

$$\mathrm{i}\frac{\sqrt{3}}{4}(1+\mathrm{i}\sqrt{15})\in L\left(\frac{1}{\sqrt{19}}\right)$$

但 $\frac{1}{\sqrt{19}}\in S$，由命题 4 得

$$\mathrm{i}\frac{\sqrt{3}}{4}(1+\mathrm{i}\sqrt{15})=-\frac{\sqrt{45}}{4}+\mathrm{i}\frac{\sqrt{3}}{4}\in L$$

再由命题 2 及命题 3 得 $\mathrm{i}\frac{\sqrt{3}}{2}\in L$，由 $\mathrm{i}\sqrt{3}\in L$ 得 $\frac{3}{2}\in L$. 又由 $1\in L$ 得 $\frac{3}{2}-1=\frac{1}{2}\in L$.

命题 15 若 $d\in S$，$0<d<2$，则 $\frac{1}{d^2}\in L$.

证明 在命题 7 中取 $\lambda=0\in L$，得

$$z_1=\frac{1}{2}+\mathrm{i}\sqrt{\frac{1}{d^2}-\frac{1}{4}}\in L$$

于是 $\bar{z}_1\in L$，故 $z_1\bar{z}_1=|z_1|^2=\frac{1}{d^2}\in L$.

命题 16 若 $\lambda\geqslant\frac{1}{2}$，$\lambda\in L$，则 $\frac{1}{2}+\mathrm{i}\sqrt{\lambda^2-\frac{1}{4}}\in L$.

证明 取整数 $m>\lambda$，令

$$z_1=\frac{1}{2}(1+\mathrm{i}\sqrt{4m^2+1}),z_2=\frac{1}{2}+\mathrm{i}m$$

由命题 8 及 $z_1 \in L$ 得

$$\frac{1}{|z_1|}=\frac{1}{\sqrt{m^2+\frac{1}{2}}}=d_1 \in S$$

又由 $z_2 \in L$ 得

$$\frac{1}{|z_2|}=\frac{1}{\sqrt{m^2+\frac{1}{4}}}=d_2 \in S$$

再由命题 6，得

$$\mathrm{i}\sqrt{\frac{1}{d_1^2}-\lambda^2}=\mathrm{i}\sqrt{m^2+\frac{1}{2}-\lambda^2}=\mathrm{i}\lambda_1 \in L$$

于是 $\lambda_1 \in L$. 又由命题 6 得

$$\mathrm{i}\sqrt{\frac{1}{d_2^2}-\lambda_1^2}=\mathrm{i}\sqrt{m^2+\frac{1}{4}-\left(m^2+\frac{1}{2}-\lambda^2\right)}=\mathrm{i}\sqrt{\lambda^2-\frac{1}{4}} \in L$$

由 $\frac{1}{2} \in L$ 得 $\frac{1}{2}+\mathrm{i}\sqrt{\lambda^2-\frac{1}{4}} \in L$.

命题 17 若 $2>\lambda \geqslant \frac{1}{2}$，$\lambda \in L$，则 $\frac{1}{\lambda} \in S \cap L$.

由命题 16 知 $z=\frac{1}{2}+\mathrm{i}\sqrt{\lambda^2-\frac{1}{4}} \in L$，由命题 8 即得 $\frac{1}{|z|}=\frac{1}{\lambda} \in S$. 又由命题 9，取 $d=1$ 得 $|z|=\lambda \in S$. 由命题 15，取 $d=\lambda$，得 $\frac{1}{\lambda^2} \in L$. 又由 $\lambda \in L$ 可得 $\lambda \cdot \frac{1}{\lambda^2}=\frac{1}{\lambda} \in L$.

命题 18 若实数 $0 \neq \lambda \in L$，则 $\frac{1}{\lambda} \in L$.

证明 因 $-1 \in L$，故只要对 $\lambda>0$ 的情形来证. 由于 $2 \in L$，$\frac{1}{2} \in L$，故 $2^k\lambda \in L$，这里 k 是任意整数. 适当取 k 使 $2>2^k\lambda \geqslant \frac{1}{2}$，则由命题 17 得 $\frac{1}{2^k\lambda} \in L$，于是 $\frac{1}{\lambda}=2^k \cdot \frac{1}{2^k\lambda} \in L$.

命题 19 若 $0<\lambda \in L$，则 $\sqrt{\lambda} \in L$.

证明 不妨设 $\lambda<1$ 且 $\lambda \neq \frac{1}{2}$，因为当 $\lambda=\frac{1}{2}$ 时，由命题 13 知 $\sqrt{2} \in L$，又由命题 18 知 $\frac{1}{\sqrt{2}} \in L$；而当 $\lambda>1$ 时，由命题 18 可用 $\lambda^*=\frac{1}{\lambda}<1$ 来代替 λ.

这时 $\lambda+\frac{1}{2},\lambda-\frac{1}{2}\in L$，用命题 17，由 $\frac{1}{2}<\lambda+\frac{1}{2}<2$ 可知 $d=\frac{1}{\lambda+\frac{1}{2}}\in S$. 用命题 6，由 $0<d\left|\lambda-\frac{1}{2}\right|<1$ 可得

$$\mathrm{i}\sqrt{\frac{1}{d^2}-\left(\lambda-\frac{1}{2}\right)^2}=\mathrm{i}\sqrt{\left(\lambda+\frac{1}{2}\right)^2-\left(\lambda-\frac{1}{2}\right)^2}=\mathrm{i}\sqrt{2\lambda}\in L$$

于是由 $\mathrm{i}\in L,\frac{1}{\sqrt{2}}\in L,-1\in L$ 即得 $\sqrt{\lambda}\in L$.

命题 20 若 $z\in L,z\neq 0$，则 $\frac{1}{z}\in L$.

证明 由 $z\in L$，得 $z\bar{z}=|z|^2\in L$，由命题 18 得 $|z|^{-2}\in L$. 又由 $\bar{z}\in L$ 得 $\frac{1}{z}=\bar{z}|z|^{-2}\in L$.

命题 21 若 $z\in L$，则 $\sqrt{z}\in L$.

证明 设 $z=\lambda e^{\mathrm{i}\theta}=\lambda(\cos\theta+\mathrm{i}\sin\theta)$，这里 $\lambda>0$，则

$$\sqrt{z}=\sqrt{\lambda}\left(\cos\frac{\theta}{2}+\mathrm{i}\sin\frac{\theta}{2}\right)$$

由 $z\in L$ 可得 $|z|^2\in L$，因而 $|z|\in L$，即 $\lambda\in L$，从而 $\sqrt{\lambda}\in L$. 又由 $\frac{1}{\lambda}\in L$ 得 $\cos\theta+\mathrm{i}\sin\theta\in L$. 于是 $\cos\theta\in L,\sin\theta\in L$. 从而 $\cos\frac{\theta}{2}=\sqrt{\frac{1+\cos\theta}{2}}\in L,\sin\frac{\theta}{2}=\sqrt{\frac{1-\cos\theta}{2}}\in L$，于是 $\sqrt{z}=\sqrt{\lambda}\left(\cos\frac{\theta}{2}+\mathrm{i}\sin\frac{\theta}{2}\right)\in L$.

这一节里所介绍的，基本上是侯晓荣的方法.

最后的两个命题告诉我们：从整数出发，经过有限次的四则运算和开平方运算而得到的一切复数 z，都是全可作的！事实上，从两点出发来作图，通常圆规、直尺的本领也不过如此罢了！

以上说的是从已知两点出发作图. 如果从已知三点出发呢？也许生锈圆规就比不上普通的圆规了吧. 例如，若已知 $\triangle ABC$ 的三个顶点，用普通的规尺不难找出点 C'，使 C' 和 C 关于 AB 对称. 用生锈圆规，目前还不能完成这个“简单”的作图. 它到底是真正不能，还是没有找到正确的方法？这仍然是一个谜.

参考资料

[1] 张景中. 规尺作图问题的余波. 自然杂志，1984，7(12)：927.

[2] 肖刨吾. 数学通讯，1983(2)：26.

[3] 张景中,杨路.初等数学论丛:第6辑.上海:上海教育出版社,1983.
[4]D. Pedoe. Crux Mathematicorum,1982,8(3):79.
[5] D. Pedoe. Queen's Quarterly,1983,90(2):449.

割圆术新谈*

一、刘徽的割圆术不等式

众所周知，圆周率 π 的计算是我国古代数学的主要成就之一. 早在公元前一世纪左右成书的我国最古老的数学著作《周髀算经》中，就有"周三径一"的记载. 公元 263 年，我国三国时期的数学家刘徽创立了"割圆术"，首先从理论上来探求圆周率的计算方法. 刘徽割圆术的基本思想是用圆内接正多边形的面积来逼近圆的面积. 他从圆内接正六边形起算，逐次将边数加倍，算得正六边形、正十二边形、正二十四边形 …… 的面积，用这些数值来逼近圆的面积. 用刘徽自己的原话来说就是："割之弥细，所失弥少. 割之又割，以至于不可割，则与圆周合体而无所失矣." 这充分体现了用折线来逼近曲线，用多边形来逼近曲线形的极限观点.

割圆术是我国古代数学的一件珍宝. 它除体现了上述极限观点之外，还包含了利用不等式进行数学计算的技巧. 以 S_n 表示单位圆内接正 n 边形的面积，刘徽的割圆术不等式是

$$S_{2n} < \pi < 2S_{2n} - S_n \tag{1}$$

这个不等式在 π 的计算中十分重要，称得上是割圆术的精华.

注意在不等式(1) 中，刘徽用来作为 π(即单位圆面积) 的

* 俞文魮，陈开明：《割圆术新谈》，《自然杂志》1985 年第 8 卷第 2 期.

过剩近似值的数值并不是直观上容易想到的圆外切正多边形的面积，而是内接正多边形面积的一个线性组合 $2S_{2n}-S_n$. 这样，计算就简便得多，因为用不着计算外切正多边形的面积了.

割圆术不等式(1) 的证明是比较简单的：如图 1，单位圆 O 的面积 π 显然位于 S_{2n} 与 $n\cdot S_{ABFE}+S_n$ 之间，而

$$n\cdot S_{ABFE}+S_n=n\cdot 2S_{\triangle ABC}+S_n=2(S_{2n}-S_n)+S_n=2S_{2n}-S_n$$

但在刘徽的时代，这个不等式是一个非常重要的发现，同时也说明刘徽是很注重计算方法的.

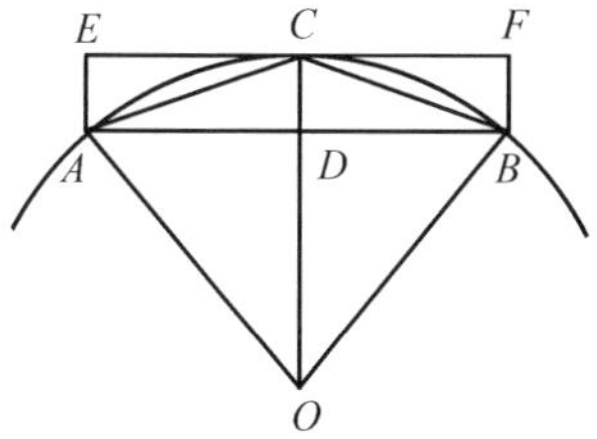

图 1　刘徽割圆术不等式的证明

设 AB 为单位圆内接正 n 边形的一条边，AC，CB 为内接正 $2n$ 边形的两条边，则 $S_n=n\cdot S_{\triangle ABO}$，$S_{2n}=n\cdot(S_{\triangle ACO}+S_{\triangle CBO})$，$S_{2n}-S_n=n\cdot S_{\triangle ABC}$

利用勾股定理和面积公式，刘徽还证明了下列递推公式

$$a_{2n}=\sqrt{2-\sqrt{4-a_n^2}} \tag{2}$$

$$S_{2n}=\frac{1}{2}na_n \tag{3}$$

其中 a_n 表示单位圆内接正 n 边形的边长. 后人把由式(1) ～ (3) 所表明的计算圆周率的方法称为刘徽割圆术. 刘徽用他的割圆术从圆内接正六边形起算，逐次将边数加倍，一直算到内接正 96 边形和正 192 边形，得到

$$3.141\,0<\pi<3.142\,7$$

精确到小数点后两位数字，得 $\pi=3.14$. 后世称之为“徽率”，以纪念刘徽的这一杰出贡献.

二、我国数学史上的一件悬案

公元 460 年左右，我国南北朝时期的数学家祖冲之重新研究了圆周率，他得到的 π 的近似值精确到小数点后七位

$$3.141\,592\,6<\pi<3.141\,592\,7$$

众所周知，祖冲之的这项惊人成就在世界数学史上占有辉煌的一页. 过了一千

多年,15 世纪的阿拉伯数学家阿尔－卡西(al-Kashi)和 16 世纪的法国数学家韦达(F. Viète)才先后打破这一纪录. 祖冲之计算 π 的这个近似值的方法,应该记载在他的著作《缀术》中. 可惜的是,这部著作已在宋代天圣年间(1023 ~ 1031)失传,使我们不能确切地了解他的算法. 一般认为,祖冲之继续运用刘徽的割圆术不等式(1),一直算到单位圆的内接正 24 576 边形,才算得 π 的这个有七位精确小数的近似值.

为了体验上述经典割圆术的计算过程,我们在携带式个人计算机上用 BASIC 程序进行了计算. 该程序模仿手算开方的逐位计算过程,精度可以调节,计算结果如表 1.

表 1　用刘徽割圆术计算圆周率

正多边形边数 $2n$	π 的不足近似值 S_{2n}	π 的过剩近似值 $2S_{2n}-S_n$
6	2.598 076 21	
12	3.000 000 00	3.401 923 79
24	3.105 828 54	3.211 657 08
48	3.132 628 61	3.159 428 69
96	3.139 350 20	3.146 071 80
192	3.141 031 95	3.142 713 70
384	3.141 452 47	3.141 873 00
768	3.141 557 60	3.141 662 74
1 536	3.141 583 89	3.141 610 18
3 072	3.141 590 46	3.141 597 03
6 144	3.141 592 10	3.141 593 75
12 288	3.141 592 51	3.141 592 93
24 576	3.141 592 62	3.141 592 72

在计算中,我们注意到:首先,为获得上述精度的计算结果,逐位开方至少应精确到小数点后 15 位,连同个位数,相当于要有 16 位有效数字;其次,由于 $a_3=\sqrt{3}$,$a_6=1$,这两次递推计算中只含有一个开方,而以后 11 次递推计算中各需 2 次开方,因此总共要进行 23 次 16 位有效数字的开方. 计算时间主要花费在开方上. 可以推断,如果 16 位有效数字的一个逐位开方运算用手算需要一天,那么完成上述计算约需 25 天. 但是,在祖冲之的时代,人们是用算筹进行计算的,因此,祖冲之用刘徽割圆术计算圆周率需要多长时间? 在当时的条件下,他能不能完成这样的计算? 他究竟用的是什么方法? 对于这些问题,我们不敢加以推测,只能留待数学史工作者做进一步考证.

三、用外推法提高计算的精度

计算圆周率的近代方法是利用 π 的反正切函数表达式及其幂级数展开.有了电子计算机以后,π 的计算已精确到小数点后十万位.而刘徽的割圆术不等式(1)的精度不高这一弱点就较为明显了.例如,算到 S_{96} 时,我们只能得到

$$S_{96}=3.139\ 350\ 20<\pi<3.146\ 071\ 80=2S_{96}-S_{48}$$

可见精度确实不高.

能否对割圆术不等式(1)做出改进,以算得 π 的高精度近似值呢?让我们来做一些分析.

容易知道,单位圆的内接正 n 边形面积可表示成

$$S_n=\frac{n}{2}\sin\frac{2\pi}{n} \tag{4}$$

利用幂级数展开式,可得

$$S_n=\frac{n}{2}\left[\frac{2\pi}{n}-\frac{1}{6}\left(\frac{2\pi}{n}\right)^3+\frac{1}{120}\left(\frac{2\pi}{n}\right)^5-\cdots\right]=\pi+\frac{a_2}{n^2}+\frac{a_4}{n^4}+\frac{a_6}{n^6}+\cdots \tag{5}$$

其中 $a_2,a_4,a_6,\cdots$ 为相应的系数.当多边形的边数 n 增加时,由上式可以看到,误差 $\pi-S_n$ 按 n^{-2} 的速度趋于零.

现在我们用一个技巧来消去式(5)中$\frac{a_2}{n^2}$这一项,方法是适当选取 S_n 和 S_{2n} 的线性组合.不难算得,这一线性组合可取

$$\frac{4S_{2n}-S_n}{3}=\pi+\frac{b_4}{n^4}+\frac{b_6}{n^6}+\cdots \tag{6}$$

其中 $b_4,b_6,\cdots$ 是相应的系数.值得注意的是,我们并不需要知道式(5)中 a_2 的具体数值,就可以得到已消去$\frac{a_2}{n^2}$这一项的式(6).我们引入记号

$$S_n^1=\frac{4S_{2n}-S_n}{3} \tag{7}$$

从式(6)可见 $\pi-S_n^1$ 按 n^{-4} 的速度趋于零,因此可以期望 S_n^1 作为 π 的近似值将比 S_n 或 S_{2n} 更好.对式(6)类似地再采用这种方法,消去$\frac{b_4}{n^4}$这一项,便得

$$\frac{16S_{2n}^1-S_n^1}{15}=\pi+\frac{c_6}{n^6}+\frac{c_8}{n^8}+\cdots \tag{8}$$

其中 $c_6,c_8,\cdots$ 是相应的系数.我们再引入记号

$$S_n^2=\frac{16S_{2n}^1-S_n^1}{15} \tag{9}$$

那么 $\pi-S_n^2$ 按 n^{-6} 的速度趋于零,因此可以期望 S_n^2 作为 π 的近似值将比 S_n^1 或

S_{2n}^1 更好.

一般地,令 $S_n^0=S_n$,并采用公式

$$S_n^k=\frac{4^kS_{2n}^{k-1}-S_n^{k-1}}{4^k-1} \tag{10}$$

其中 $k=1,2,3,\cdots$,那么,$\pi-S_n^k$ 按 $n^{-2(k+1)}$ 的速度趋于零.因此可以期望 S_n^k 作为 $S_n,S_{2n},\cdots,S_{2^kn}$ 这 $k+1$ 个数的线性组合,比起这些数本身来,将是 π 的更好的近似值.

从上面的分析我们可以看到,像 π 这样的数值,虽然不可能通过有限次算术运算与开方运算直接求出来,但是我们可以依次算出 π 的一列近似值:S_6,S_{12},S_{24},$\cdots$,这列数值的极限就是 π.虽然从理论上说我们可以算得 π 的任意高精度的近似值,但由于这列数值趋于 π 的速度不快,而且每个 S_n 的计算也不是很简便(需要进行开方运算),因此,用这种方法要算得较高精度的近似值是比较困难的.适当选取这些 S_n 的线性组合,得到 S_n^1,再适当选取这些线性组合 S_n^1 的线性组合,得到 S_n^2,依此类推,不断地适当选取线性组合,得到 S_n^k(归根结底它仍是 S_n 的线性组合),可以预期,S_n^k 趋于 π 的速度将比 S_n 快得多.这就是近代计算数学中的外推法(也称外推极限法)的基本思想.外推法在数值积分、常微分方程数值解中有着十分重要的应用.在外推法中,表示线性组合的式子如式(7)、式(9)与式(10)称为外推公式,取一次线性组合便叫作外推一次.

四、一组新的割圆术不等式

上述讨论告诉我们,用外推法求得的数 S_n^k 是 π 的良好的近似值,但是,为了进行具体的计算,我们还面临两个问题:

(ⅰ)S_n^k 是否像 S_n 一样总是 π 的不足近似值?

(ⅱ)如果(ⅰ)的回答是肯定的,那么又如何用外推法构造 π 的具有较高精度的过剩近似值?

对于问题(ⅱ),可以设想仍用 π 的两个不足近似值进行外推以得到 π 的过剩近似值,只不过外推公式的系数(指绝对值)必须取得略大一些.因此,受刘徽的割圆术不等式(1)的右端 $2S_{2n}-S_n$ 这一线性组合的启发,我们尝试取 π 的过剩近似值为

$$T_n^k=\frac{2^{2k-1}S_{2n}^{k-1}-S_n^{k-1}}{2^{2k-1}-1} \tag{11}$$

其中 $k=1,2,3,\cdots$.此式当 $k=1$ 时恰是式(1)的右端,且其中的系数与(10)中的系数相比较,显然有 $\frac{2^{2k-1}}{2^{2k-1}-1}>\frac{4^k}{4^k-1}$.

我们利用交错级数的性质得到的下述定理对上述两个问题给出了回答.以

下均设 $n \geqslant 3, k \geqslant 1$.

定理 1

$$S_n^k < \pi < T_n^k \tag{12}$$

这就是一组新的割圆术不等式. 当 $k=1$ 时, $T_n^1 = 2S_{2n} - S_n$, 此式右侧的不等式恰与式(1) 右侧的不等式一致, 而 $S_n^1 = \frac{4S_{2n} - S_n}{3}$. 当 $n=6, k=4$ 时, 我们得到

$$\frac{1\ 048\ 576S_{96} - 348\ 160S_{48} - 22\ 848S_{24} - 340S_{12} + S_6}{722\ 925} < \pi <$$
$$\frac{524\ 288S_{96} - 176\ 128S_{48} + 12\ 096S_{24} - 212S_{12} + S_6}{360\ 045}$$

我们将看到, 这是一个比式(1) 要精确得多的割圆术不等式, 它给出 π 的精确到小数点后第九位的近似值.

上一节中, 我们说明了用外推法得出的 S_n^k 对 π 的趋近速度优于 S_n^{k-1} 对 π 的趋近速度. 但这是一种渐近性质, 也就是说, 要当 n 充分大时才能保证这个优越性. 现在我们希望只对较小的 n 进行计算就能获得较高的精度, 因此必须证明 S_n^k 是优于 S_n^{k-1} 的 π 的高精度近似值. 至于 T_n^k 对 π 的近似程度, 我们几乎什么也没有说明, 因此也必须证明 T_n^k 是优于 T_n^{k-1} 的 π 的较高精度的近似值.

另外, 做一次外推的计算量(只要进行加法和乘法) 显然小于将边数加倍做一次递推的计算量(要进行开方), 但若外推一次的效果劣于递推一次的效果, 那也很难权衡利弊. 为此, 我们证明了如下定理.

定理 2

$$S_n^k < S_{2n}^k < S_n^{k+1} \tag{13}$$

定理 3

$$T_n^k > T_{2n}^k > T_n^{k+1} \tag{14}$$

这两条定理圆满地解决了上述问题, 说明式(12) 是一组精确程度不断提高的割圆术不等式.

五、计算结果

计算是在前述携带式个人计算机上用 BASIC 程序进行的. 注意到 $a_3 = \sqrt{3}$, $a_6 = 1$, 并利用递推公式(2) 与公式(3), 我们先算得 $S_6, S_{12}, S_{24}, S_{48}, S_{96}$. 计算中的开方运算用逐位开方的方式进行, 精度至小数后 19 位, 其余的加减法也保持同一精度. 接着逐行用外推公式(10), 即可算得下述第二行起的数值

$S_6, S_{12}, S_{24}, S_{48}, S_{96}$

$S_6^1, S_{12}^1, S_{24}^1, S_{48}^1$ （外推公式系数：$\frac{4}{3}$，$-\frac{1}{3}$）

$S_6^2, S_{12}^2, S_{24}^2$ （外推公式系数：$\frac{16}{15}$，$-\frac{1}{15}$）

S_6^3, S_{12}^3 （外推公式系数：$\frac{64}{63}$，$-\frac{1}{63}$）

S_6^4 （外推公式系数：$\frac{256}{255}$，$-\frac{1}{255}$）

再用外推公式(11)可算得 $T_6^1, T_6^2, T_6^3, T_6^4$，相应的外推公式系数为 2 与 -1，$\frac{8}{7}$ 与 $-\frac{1}{7}$，$\frac{32}{31}$ 与 $-\frac{1}{31}$，$\frac{128}{127}$ 与 $-\frac{1}{127}$. 根据割圆术不等式(12)，我们得到

$$S_6^1 = 3.133\ 974\ 596\ 215 < \pi < 3.401\ 923\ 788\ 646 = T_6^1$$
$$S_6^2 = 3.141\ 580\ 063\ 335 < \pi < 3.142\ 123\ 310\ 986 = T_6^2$$
$$S_6^3 = 3.141\ 592\ 650\ 573 < \pi < 3.141\ 592\ 853\ 593 = T_6^3$$
$$S_6^4 = 3.141\ 592\ 653\ 589 < \pi < 3.141\ 592\ 653\ 601 = T_6^4$$

最后一行的结果使我们得到了 π 的精确到小数点后第九位的近似值.

另外，从单位圆的内接正四边形面积起算，依次将边数加倍，一直算到正 64 边形，再用外推公式，可得类似精度的结果

$$S_4^4 = 3.141\ 592\ 653\ 585 < \pi < 3.141\ 592\ 653\ 882 = T_4^4$$

最后，我们以一个相当简短而具有一定精度的计算来结束本文. 易知，$S_3 = \frac{3\sqrt{3}}{4}$，$S_6 = \frac{3\sqrt{3}}{2}$，$S_{12} = 3$. 由外推公式(10)(11)得

$$S_3^1 = \frac{4S_6 - S_3}{3} = \frac{7\sqrt{3}}{4}$$

$$S_6^1 = \frac{4S_{12} - S_6}{3} = 4 - \frac{\sqrt{3}}{2}$$

$$S_3^2 = \frac{16S_6^1 - S_3^1}{15} = \frac{64}{15} - \frac{13\sqrt{3}}{20}$$

$$T_3^2 = \frac{8S_6^1 - S_3^1}{7} = \frac{32}{7} - \frac{23\sqrt{3}}{28}$$

故由式(12)有

$$\frac{64}{15} - \frac{13\sqrt{3}}{20} < \pi < \frac{32}{7} - \frac{23\sqrt{3}}{28}$$

即

$$3.140\ 2 < \pi < 3.148\ 7$$

混沌理论和同伦算法趣话*

近十年来,理论物理和动力系统研究中的混沌理论和数值计算中的同伦算法像两颗耀眼的明星,吸引了许多学者.围绕这两大发展,有一些故事堪称现代数学发展史上的佳话.

一、周期3则乱七八糟

每一门学科都以成功地运用数学作为其成熟的标志,而数学则总是简洁明确地把科学问题的实质展现在人们面前.然而,世界并不像以往的数学那么单纯.今天并不能完全预知明天.股票市场的行情仿佛按照价值规律在正常发展,不料一夜之间会发生价格暴跌.袅袅上升的一缕青烟,会突然变成层层烟圈,四处飘散.风暴、地震、心肌梗塞、种群繁衍振荡,这些自然界的灾变现象到处可见,层出不穷.即使在实验室的风洞实验条件下,旗帜也总是呼啦啦地飘忽不定,并不会平坦地展开.所有这一切都使人觉得,混乱无所不在,自在的宇宙和理性的数学各唱各的调.

数学就那么听话吗?也不.以最简单的区间到区间的迭代 $x_{n+1}=f(x_n)$ 为例,常常会导致意想不到的混乱结局,出现古怪的行为.如果 $x_{n+1}=f(x_n)$ 代表的是种群繁衍的规律,这就预示着将来的危险.几百年来,数学家对迭代进行了许多讨论,现

* 梁美灵:《混沌理论和同论算法趣话》,《自然杂志》1986年第9卷第2期.

在，是到了从迭代的混乱现象中找出“混乱的规律”来的时候了.

1973 年 4 月的一天，在美国马里兰大学数学系，一个名叫李天岩的研究生百无聊赖地走进导师约克(J. A. Yorke)教授的办公室. 李的博士论文研究正处在胶着阶段，一时未有进展.

“老板，有什么小题目做吗？”李问.

约克教授看着学生晦气的样子，沉默一阵，说：“试试这个区间迭代问题怎样？”

“区间迭代？好吧，区间迭代就区间迭代.”李答应了，反正原来的课题一时做不下去. “做出来送到哪里发表？送到《美国数学月刊》？”李故意问.

“好，一言为定，就送到《美国数学月刊》.”教授答道.

大家知道，美国数学协会主办的《美国数学月刊》是一本面向大学生和中学生数学爱好者的数学杂志，主要介绍数学进展，兼有书评、问题征解等. 一般说来，这实在不是一个发表重大研究成果的地方.

一个星期以后，李把这个区间迭代问题解决了. 如果从 $x=x_0$ 开始按照公式 $x_{k+1}=f(x_k)$ 迭代 n 次，回到原来地方，但当迭代次数小于 n 的时候都不回到原来地方，x_0 就叫作 $f(x)$ 的一个 n 周期点. 李证明了如果区间到区间自身的函数 $f(x)$ 连续，且有一个 3 周期点，那么对于任何正整数 n，$f(x)$ 有 n 周期点. 李和约克把这项研究写成论文，真的寄到《美国数学月刊》去了.

很快，论文被退回来，理由是“本刊不以论文形式发表研究成果. 如果发表，应按本刊文章规格改写”. 于是，这篇文章就被作者像许多练习一样，扔在办公室的角落里.

过了一年，在一次会议上，约克教授了解到物理学家们正在为我们前面提到的混乱现象感到头痛. 关于混乱现象的理论探讨正处在山雨欲来的局面. 他立即想到了他和李天岩做过的那个区间迭代问题，于是马上叫李从废纸堆里把那篇文章找出来，亲自按《美国数学月刊》的文章规格重新改写，题目是 *Period Three Implies Chaos*[1]. 按照李天岩自己的汉译，就是《周期 3 则乱七八糟》，意为只要有 3 周期点，就乱七八糟什么周期点都会出现. 这篇文章用通俗作品的形式，说明作者的研究成果，而成果的证明，却只好作为附录放在正文的后面.

通俗文章，人人爱看. 最讲究明确性和精确性的数学家竟然谈论“乱七八糟”，这已吸引了许多读者. 物理学家也马上接受了这篇他们感到可读的文章. 从此，李天岩和约克首先采用的 chaos 一词不胫而走，现在成了研究混乱现象的理论 —— 混沌理论中的专门术语，一般就译为“混沌”.

二、沙可夫斯基走在前面

有一位苏联学者曾经说过：“美国数学有什么进展的话，往往苏联人在十年以前就已经做出来了."虽然这句话说得有点过分,但《周期3则乱七八糟》的研究成果却确实被这句话部分地言中了.20世纪60年代,苏联一位不知名的学者沙可夫斯基在一些鲜为人知的数学刊物上发表了一系列论文.在其中一篇论文中他把所有自然数排成所谓沙可夫斯基序:先自小而大排出除1以外的所有奇数3,5,7,…,接着是它们的2倍$3\times2,5\times2,\cdots$,然后是它们的2^2倍,再后是它们的2^3倍,2^4倍,等等,最后由大到小排出2的所有方幂,直到4,2,1为止.沙可夫斯基证明:设$f(x)$是区间到区间自身的连续函数,又设在沙可夫斯基序中m位于n之前,那么如果$f(x)$有m周期点的话,则它一定也有n周期点[2,3].

原来,李一约克关于有3周期点则有一切周期点的定理只是沙可夫斯基定理的一个特例.难怪有人说,苏联总是产生数学的天才,他们走在社会要求之前.或许正是由于走在社会要求之前,论述又艰难烦冗,沙可夫斯基的发现才几乎被湮没.李一约克以chaos为题的醒目文章出来以后,引起了许多数学家的兴趣,这才有人重新发现了沙可夫斯基的先驱论文.今天,经过许多人的努力,沙可夫斯基定理的证明,已经简明多了[3].

然而,有3周期点则有一切周期点,这只是"混沌"的一个方面.李一约克的"乱七八糟"还有更深刻的含义,而这恰恰是沙可夫斯基未曾揭示的.

李一约克在《周期3则乱七八糟》中明确地刻画了"混沌"的数学含义:设$f(x)$是区间$[0,1]$到区间$[0,1]$一个连续函数,且有一个3周期点,那么,在$[0,1]$区间里,存在一个不可数集合S,对于S中任意两点x_0和y_0,考虑迭代序列$x_n=f(x_{n-1}),y_n=f(y_{n-1}),n=1,2,3,\cdots$,则当$n$趋于无穷大时,它们之间的距离$|x_n-y_n|$的上极限大于0,下极限等于0.

下极限等于0,就是说当迭代进行下去时,两个迭代序列有不断地越来越接近的趋势,要多么接近就有多么接近.上极限大于0是什么意思呢?大于0,就是一个正数,不管这个正数怎么小,总是一个正数.比如,上极限为百万分之一,那就是说,不论迭代进行了多久,两个迭代序列总还有无数次要相隔至少百万分之一那么远.这样,从极限的观点看,两个迭代序列就既不是趋向远离,也不是趋向接近.在迭代过程中远离和接近这两种状态无限交替地出现,一会儿靠得很紧,一会儿离得甚远,行踪飘忽不定.

集合S中的点,行为可谓古怪.这些点当然不是周期点,而且李一约克证明了,它们在迭代过程中也不在极限的意义下趋近于任何一个周期点.这样的点是不可数的,也就是说,这样的点比自然数全体多得多.这正是"混沌"的数学含义.

特别值得一提的是,李一约克关于迭代序列的上极限大于0、下极限等于0的证明,没有用到任何高深的数学工具.除了现在中学生也学过的集合包含关系和符号,最深的概念和工具就是结论中的上极限和下极限本身.李天岩曾经风趣地说:“保证(只用到)高中数学,否则退票!”

三、甘愿下地狱的菲根鲍姆

就混沌理论而言,除了沙可夫斯基序和李—约克的“混沌”,菲根鲍姆常数是又一项惊人发现.

菲根鲍姆(M. Feigenbaum)是美国康奈尔大学的物理学家.他在20世纪70年代中期取得博士学位后,苦苦思索混沌现象,但一时如坠烟雾,多年来未有成果.按照美国的博士后研究制度,一个浅资博士后研究人员或教学人员,如果不是每年有水平相当的论文发表的话,是很难在一个地方立脚的.菲根鲍姆就是这样,因为好几年未发表过论文,被人赶来赶去,日子很不好过.先是在康奈尔大学待不住,到了一所三流工学院,继而工学院的饭碗也成问题.这么一个优秀学生被人赶来赶去,爱才的教授实在有点于心不忍.后来,菲根鲍姆被他的一个老师带到美国西部以曾经研制出世界上第一颗原子弹而著名的洛斯阿拉莫斯(Los Alamos)实验室工作,他还是埋头在多年未有结果的对混沌现象的思索之中.

混沌现象难道就没有任何规律吗?他不相信.没有现成的理论工具,他就从“最笨”的函数迭代做起.几年时间里,他手不离微型计算机和计算器,一次一次地迭代计算,这样那样地拼凑组合,看看有什么规律可循.光阴流逝,晋升无望,他都置之不顾,热爱自会把一切烦恼推开.正如马克思所说,在科学的门口就像在地狱的门口.是啊,没有甘愿为科学下地狱的精神,又怎能窥视科学的真谛.最终,菲根鲍姆得到了20世纪的重大发现之一:对截然不同的函数进行迭代,在迭代过程转向混沌时,它们竟遵循着同样的规律,它们都受到同一个数字的支配,这个数字就是4.669 201 609….

如果$x_n=f(x_{n-1})$是$[0,1]$到$[0,1]$的一个迭代,试想乘上一个参数$\lambda>0$,变成迭代$x_n=\lambda f(x_{n-1})$,看看参数λ对迭代有什么影响.随着λ的增大,先是只有周期1的定常解;当λ增大到λ_1时,周期1的定常解分叉为两个周期2的定常解;当λ增大到λ_2时,周期2的定常解分叉为四个周期4的定常解……;当λ增大到λ_m时,周期2^{m-1}的定常解分叉为2^m个周期2^m的定常解…….如此下去,最终出现混沌.这就是所谓周期倍化分叉现象(图1).

一次一次地迭代计算,这样那样地拼凑组合,在浩如烟海的数字世界里,菲根鲍姆终于激动地发现,不管$f(x)$是怎样的迭代函数,当m趋向无穷大时,周期倍化分叉中的间距比值$\frac{\lambda_m-\lambda_{m-1}}{\lambda_{m+1}-\lambda_m}$总是趋向于同一个确定的值4.669 201 609…!

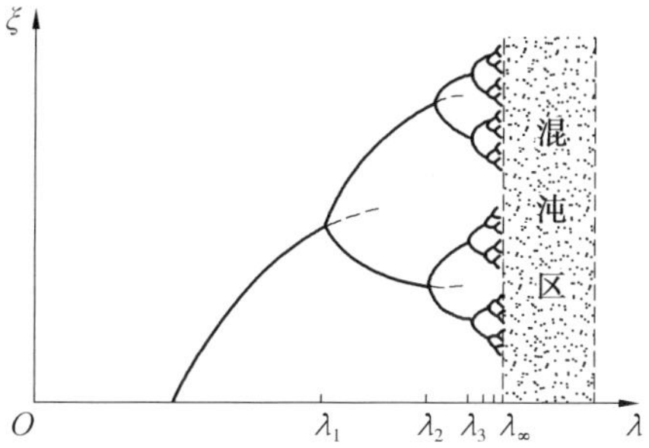

图1　周期倍化分叉现象(λ 是迭代参数,ξ 表示定常解的位置)

以 $f(x)=\lambda x(1-x)$ 这个简单迭代函数为例,周期倍化分叉中的间距比值变化情况如表1.

表1　周期倍化分叉中的间距比值变化情况($f(x)=\lambda x(1-x)$)

m	分叉情况	分叉值 λ_m	间距比值 $\frac{\lambda_m-\lambda_{m-1}}{\lambda_{m+1}-\lambda_m}$
1	1分为2	3	
2	2分为4	3.449 489 743	4.751 466
3	4分为8	3.544 090 359	4.656 251
4	8分为16	3.564 407 266	4.668 242
5	16分为32	3.568 759 420	4.668 74
6	32分为64	3.569 691 610	4.669 1
⋮	⋮	⋮	⋮
∞	周期解 → 混沌	3.569 945 972	4.669 201 609…

对许多不同的迭代函数,都得到4.669 201 609…这个数,这绝不会是巧合.虽然,这个常数的本质还有待进一步探讨,但学术界已倾向于认为它是自然界中的一个普适常数,称为菲根鲍姆常数.

与李—约克解决区间迭代混沌问题的风格不同,菲根鲍姆常数完全是在与成千上万的数字朝夕相处之中发现的.这个常数表明了一个系统在趋向混沌时周期倍增的精确速度."乱中有治",大自然就是这么神奇.

现在全世界至少有几千名学者热衷于混沌理论.人们期望对混沌理论的探讨将有助于揭开宇宙的许多秘密.确定性的模式却能产生古怪的结果,也许这能有助于揭示神经细胞的简单反应与令人捉摸不透的大脑行为的联系,这真是诱人的前景.

四、不动点定理：从赫希的反证法到凯洛格—李—约克的算法

1973 年底，还是在美国马里兰大学数学系，正在讲授拓扑学课程的凯洛格(R. Kellogg)教授用赫希(M. Hirsch)的方法[4]证明著名的布劳威尔(Brouwer)不动点定理.

定理说，球体到自身的连续映射 $f:B\to B$ 必有不动点，即在 B 中一定有一点 x 使得 $f(x)=x$.

赫希用的是反证法. 假如没有不动点，就是 $f(x)$ 和 x 总不重合，那么从 $f(x)$ 可以画唯一的一条射线经过 x，到达球体的边界 S 上的一点 $g(x)$. 这样，就得到从球体 B 到其边界 S 的一个连续映射 $g:B\to S$. 但这是不可能的，因为数学家早先已经证明了一个与几何直观相当吻合的事实：球体 B 只要不撕裂，就不可能收缩为它的边界 S. 但连续映射是不允许撕裂的，所以 B 中一定有一点 x 使得 $f(x)=x$(图 2).

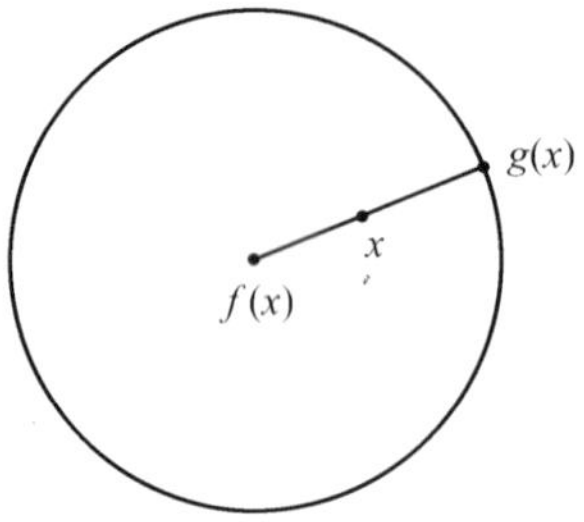

图 2　布劳威尔不动点定理的赫希证明

赫希是著名数学家斯梅尔的得意门生. 他在 1963 年发表的这个证明，曾经轰动了数学界. 人们赞赏说：多么出色的反证法，只用了一页的篇幅，就证明了著名的布劳威尔不动点定理.

李天岩也选修了凯洛格教授的课，他并不满足于欣赏赫希的成功. 他问凯洛格教授，能不能用赫希的反证法将不动点具体算出来呢？凯洛格教授深为李的想法感到震撼，仔细地与他进行了讨论. 设 B 是 n 维球体，则它的边界 S 是 $n-1$ 维球面，赫希反证假设 f 无不动点，将 g 定义在整个 B 上，从而引出矛盾. 实际上，f 是有不动点的，在不动点上，$f(x)$ 和 x 重合，上述射线就不确定，g 就无从定义. 李想，如果记 f 的不动点的集合为 K，则上述 g 可在 $B\backslash K$ 上定义，g：$B\backslash K\to S$. 除了极平凡的情形，$B\backslash K$ 是一个 n 维流形，S 是一个 $n-1$ 维流形. 如果 g 光滑，设 y 是边界 S 上任一点，x 是 $B\backslash K$ 上满足 $g(x)=y$ 的任一点，并且设在 x 这点 g 的 $n\times(n-1)$ 的雅可比矩阵是满秩的，那么根据微积分中的隐函数定理，$g^{-1}(y)$ 在 x 附近可表示为一小段光滑曲线. 因为 $g(y)=y$，所以上述想

法对 y 也应成立. 如果从 y 开始来重复进行上述推断，一小段一小段地走过去，最终将到达哪里呢？应该走到 f 的不动点(图 3).

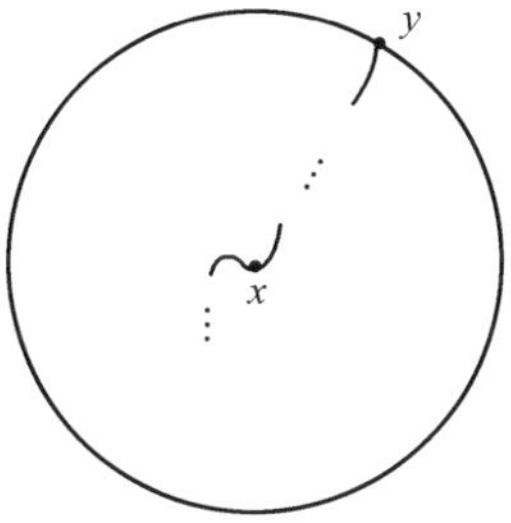

图 3　凯洛格－李－约克的不动点算法

隐函数定理是人们所熟知的，但李站在人们所熟知的隐函数定理上，看到了赫希的证明可以改造为把不动点具体找出来的算法. 只差一点：怎么保证 g 的雅可比矩阵满秩呢？他们找到了微分拓扑学中的萨德(Sard) 定理[5]：对于 S 上几乎每一点 y 来说，y 的原象集 $g^{-1}(y)$ 中的任一点 x 都使 g 的雅可比矩阵满秩. 换句话说，原象集 $g^{-1}(y)$ 中有 x 使得 g 的雅可比矩阵不满秩，从而使上述算法会遇到麻烦的那种不好的 y，在 S 中的测度为 0，而好的 y 按测试来说占满了 S. 所以这种算法实施起来，成功的概率应该为 1.

李向导师约克教授谈了这些想法. 约克教授不愧是有天才洞察力的学者，他积极地参加了进一步的讨论，亲自整理论文. 虽然他一向不热衷写中等水平的论文，但这次却希望成为作者之一. 他在稿纸上按英文字母顺序写下凯洛格、李天岩、约克三个名字，在自己的名字上客气地加上了一个大问号，把整理好的文章交给凯洛格和李天岩.

与此同时，李把算法编成计算程序，上机试算. 李对算法语言和程序设计都相当生疏，但他现学现编现算. 为了节省计算经费，李用次日才知道计算结果的付款等级进行计算，即预先输入程序及指令，待计算机半夜有空时才插入计算，第二天清早去拿结果. 从 1974 年 1 月开始，整整两个月，李每天早上走到计算中心，总是拿回来大叠纸张，无数的错误，无数的失败，李还是一直试验下去. 最后，有一天早上，李在计算中心拿到的是薄薄的一叠纸. 一看，不动点算出来了，算法终于成功了！

不动点计算有着广泛的实际应用背景，特别是数理经济学方面对不动点算法有强烈的要求. 李计算成功以后不久，约克教授得知第一次不动点计算与应用国际会议即将在南卡罗来纳州克莱姆森大学召开，就马上打电话给会议组织委员会通报他们的结果，组织委员会很快寄来了飞机票. 不动点算法的创始人、耶鲁大学经济系的斯卡夫(H. Scarf) 教授在克莱姆森会议论文集《不动点：算法与应用》[6] 的序言里写道："克莱姆森会议上最使我们感到惊异的是凯洛格－李－约克的论文，这篇论文用微分拓扑的方法代替我们习惯的组合技巧."凯洛格—李—约克的工作深刻地揭示了不动点算法的几何背景.无怪乎著名微分拓扑学家斯梅尔教授也很快加入了这一行列,提出了大范围牛顿方法[7].现在,凯洛格、李天岩、约克已经被公认为非线性问题数值计算的连续同伦算法的创始人.

五、时机和勇气

李天岩的博士论文是关于乌拉姆(Ulam)猜测的一个工作.与此同时,作为一个研究生,他积极参与了混沌理论和同伦算法的开创工作,取得学术界同行公认的成果.现在世界上了解一点混沌理论的人,没有不知道李—约克的《周期3则乱七八糟》的;了解一点连续同伦算法的人,全都熟悉凯洛格—李—约克的《计算布劳威尔不动点的连续方法》[6].十年来,他们在这两个方面和其他方面,又继续取得了卓越的成果.李天岩常说,自己是幸运的.两个问题都是社会强烈要求解决的问题;两个问题的解决,都没有使用过分高深的数学理论.重要的是抓准问题,抓住时机.导师的洞察力是不可缺少的.青年学生和青年学者则特别要有敢于以自己的想法碰碰各种问题的勇气和坚持不懈的努力.李天岩认为,自己并不比别人聪明,但有一种要做就做到底的牛劲.现在他在挑选研究生时,认为是否聪明过人并不要紧,能坚持到底,不怕吃苦,弄个水落石出,才是更重要的要求.一条路,前人多年没有走通,也许另辟蹊径却是坦途.

珍惜你的每一闪念吧,也许成功就在那里等着你.

美国密执安州立大学李天岩教授的讲演和谈话提供了珍贵的第一手资料,特此致谢.若有失误或欠妥之处,概由作者本人负责.

参考资料

[1] T. Y. Li, J. A. Yorke. Amer. Math. Monthly, 1975, 82:985.

[2] A. N. Sarkovskii. Ukr. Mat. Z., 1964, 16:61.

[3] 井中.从平凡的事实到惊人的定理.自然杂志,1985,8(7):532.

[4] M. Hirsch. Proc. Amer. Math. Soc., 1963, 14:364.

[5] J. W. Milnor. Topology from the Differentiable Viewpoint. Uni. Press of Virginia, 1965. J. W. Milnor.从微分观点看拓扑.熊金城,译.上海:上海科学技术出版社,1983.

[6] S. ed. Karamardian. Fixed Points: Algorithms and Applications. Academic: Academic Press, 1977.

[7] S. Smale. J. Math. Economics, 1976, 3:107.

圆的着色*

我们在这篇文章中考虑关于平面内圆的着色的某些未解决的问题，它们与著名的四色定理有关. 我们将介绍这些问题的若干结果并叙述某些猜想. 我们所介绍的问题只涉及初等图论和初等几何学，因而很容易理解. 但是，它们正强烈地引起着数学家们的兴趣.

一、图　论

图由顶点的有限集合和边的集合组成，并满足下列两个条件：每条边联结两个不同的顶点，没有两条不同的边联结相同的一对顶点. 描述图的最容易的方法是画一个图形. 例如图 1，四面体的 4 个顶点和 6 条边形成一个图. 在三维欧几里得空间中，每个图都可以画成这个样子：顶点是点，而边是不相交的简单曲线.

图的重要特征是它的组合结构. 在图 G 中，如果两个顶点 A，B 由边 c 联结，我们就说两个顶点 A，B 是邻接的，并且 A，B 与 c 关联. 顶点 A 的度是与 A 关联的边的数目. 如果图的每对顶点都是邻接的，就称它为完全图. 图 1 中的图就是 4 个顶点的完全图. 符号 K_n 将用来表示 n 个顶点的完全图.

能够画在平面上使得各条边除在顶点外都不相交的图称

* B. 杰克逊(B. Jackson)，G. 林格尔(G. Ringel)：《圆的着色》，《自然杂志》1986 年第 9 卷第 3 期.

为平面图. 4 个顶点的完全图是平面图(图 2). 但是也已经知道,5 个顶点的完全图不能画在平面上. 平面图的另一个例子可见图 4,而非平面图的例子可见图 9.

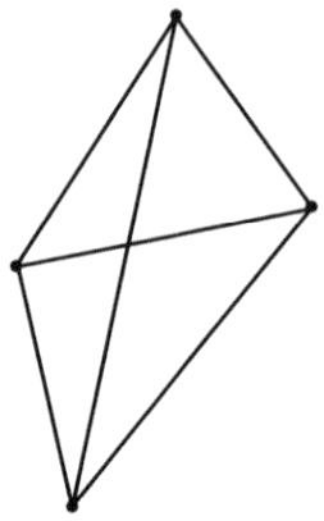

图 1

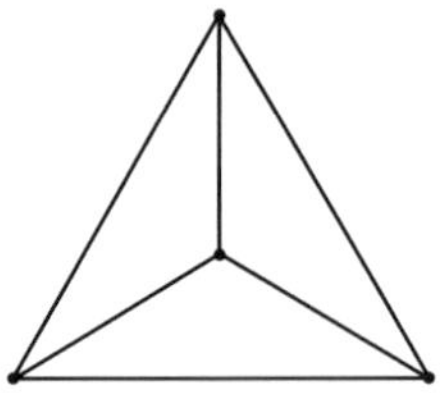

图 2

二、四色定理

如果图的每个顶点能着上 n 种颜色的一种,使得没有两个相同颜色的顶点是邻接的,那么这个图就称为 n 可着色的. 我们通常用数字来表示不同的颜色. 图 9 中的图可用 5 种颜色着色,因而是 5 可着色的. 请读者说明这个图不能用少于 5 种的颜色来着色. 图 G 的色数 $\chi(G)$ 是使 G 成为 k 可着色图的 k 的最小数. 也就是说,如果 G 是 k 可着色的但不是 $k-1$ 可着色的,那么 $\chi(G)=k$. 这样,图 4 中图的色数为 4,而图 9 中图的色数为 5. K_n 是具有色数 n 的例子.

四色定理从来就是一个最著名的数学定理,它断言每个平面图是 4 可着色的. 容易看出:某些平面图不能用少于 4 种的颜色来着色,如图 4 中的图以及 K_4 便是这样的图. 但是一百多年来数学家不能证明不存在需要多于 4 种颜色的图. 最终在 1976 年由伊利诺斯大学的沃尔夫冈 · 哈肯(Wolfgang Haken) 和肯尼思 · 阿佩尔(Kenneth Appel) 解决了这个著名问题[1]. 然而,他们的证明史无前例地应用了计算机. 虽然现在知道这个定理是正确的,但是它的证明却只能用许多小时的计算机时间来实现. 这个表面上简单的问题,结果却是很难的. 下面我们将介绍一些与四色定理有关的着色问题.

三、星座和圆

考虑平面内的两个不同的圆，它们应交于0，1或2个点．如果一个圆与另一个圆的相交部分包括它们的内部，那我们就说这两个圆重叠．如果两个圆正好交于一点 Q，我们就说这两个圆在点 Q 邻接．星座是平面上这样的圆的有限集合：没有三个圆在同一点邻接．然而注意：三个圆在三个不同的点彼此邻接仍然是可以的（图 3）．

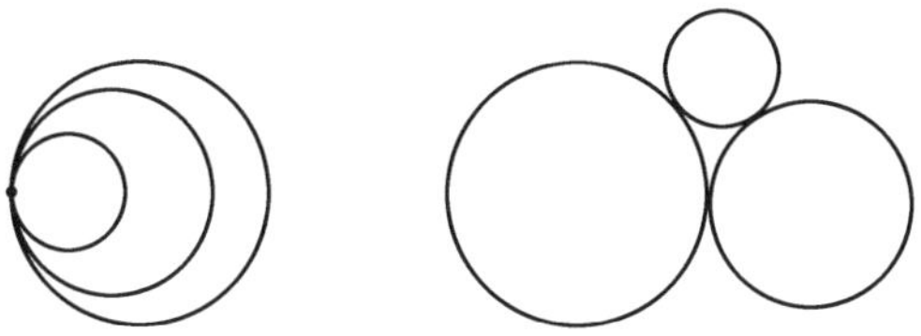

图 3

我们可以把星座和图对应起来：星座中的每一个圆，对应于图中的一个顶点；如果两个圆是邻接的，那么图中相应的两个顶点也是邻接的．例如，图 5 中的星座同图 4 中的图相对应．

四、便士问题

从星座中能产生种种不同的问题．它们中最容易的是所谓的“便士问题”．假定我们在平面上放置有限个便士，如在图 5 中那样，没有两个便士重叠．便士问题是：给这样任意放置的便士着色，使得没有两个邻接（相切）的便士有相同的颜色，问至少需要多少种颜色．这样放置的便士给出了一种特殊类型的星座：首先，每个圆具有相同的半径；其次，没有两个圆重叠．例如，图 5 中的星座是由放置的 11 个便士而得到的．对应这种星座的图能用特别美妙的方法构造：把顶点放在每个便士的中心，如果两个便士邻接，便在它们的中心之间连一条直线．用这种方法我们得到一个平面图（图 4），它就是这个星座的图．显然对星座的图着色所需要的最少颜色的数目与对便士着色所需要的最少颜色的数目相同．而四色定理告诉我们，任何平面图可以用 4 种颜色着色．这就是说，便士的任何分布形式都能用4种颜色着色．这也就意味着便士问题的答案是4种颜色，因为有些分布确实需要 4 种颜色．我们留给读者去说明图 5 中的分布形式不能用少于 4 种的颜色来着色．不过，便士问题不依靠很难证明的四色定理也能容易解决．这个证明如下．

假定不是每个便士星座都能用 4 种颜色来着色，那么就存在只能用 5 种或者更多种的颜色来着色的星座. 我们在这些星座中选取便士最少的一个. 在这个星座中考察这样两个便士 A,B,它们间的距离是最远的. 这样,便士 A 就不可能有多于 3 个的便士与它邻接,因为如果有 4 个或更多的便士与它邻接(图 6),那么不管它们怎样分布,便士 C 和 D 中的一个将比 A 离便士 B 更远,而这是不行的. 因此便士 A 只有 3 个与它邻接的便士 E,F,G(或者可能少于 3 个). 拿去便士 A 就得到少了一个便士的星座,而由假设它能用 4 种颜色着色. 在这样的着色中,便士 E,F,G 至多着上 3 种颜色,比如说 1,2,3. 放回便士 A,给它着上颜色 4,这就得到只用 4 种颜色着色的原星座. 因此并不存在不能用 4 种颜色着色的星座. 便士问题的答案是 4 种颜色.

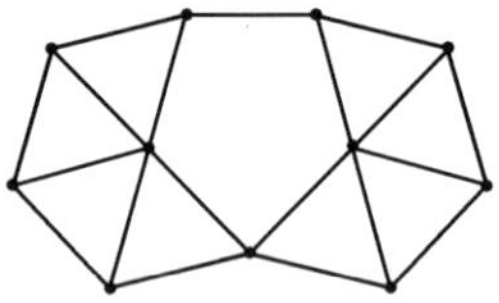

图 4

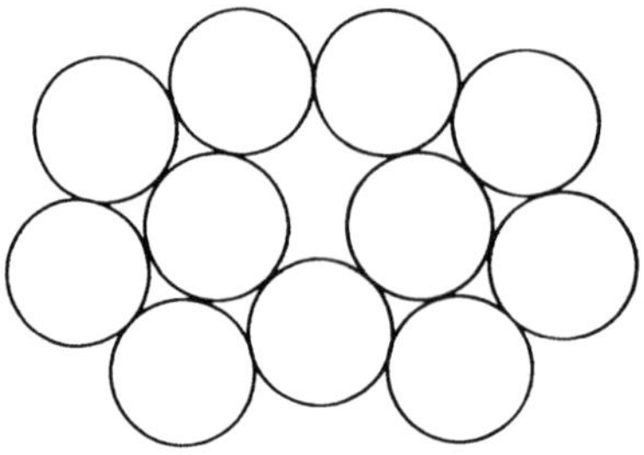

图 5

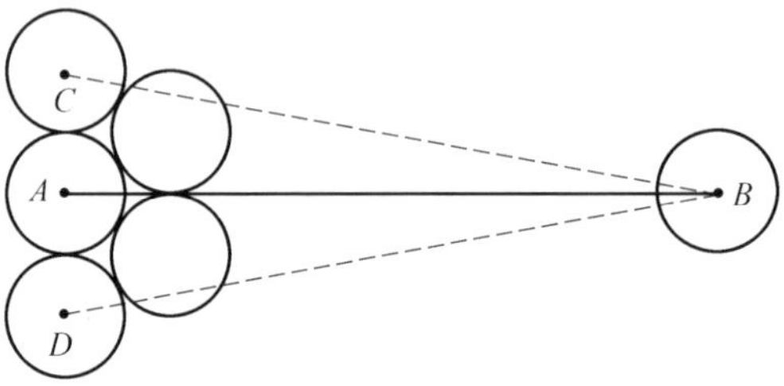

图 6

五、硬币问题

现在我们用放置在平面上的大小不同的硬币来代替刚才的便士. 硬币问题是:对任意放置的硬币进行着色,使得邻接的硬币总着上不同的颜色,问至少需要多少种颜色.我们现在考虑的星座是些半径可以不同的圆,但这些圆仍不会重叠.同前面一样,这种星座的图可以由把顶点放在每个圆的中心,而当两圆邻接时便在它们的中心之间连一条直线的方法来构成.这样便得到了以直线为边的平面图,它就是这个星座的图(图 7).我们又可以依据四色定理来指出,硬币问题的答案是 4 种颜色.这一次可没有我们所知的较为容易的证明了.事实上产生了一个有趣的问题.根据瓦格纳(Wagner)定理[5]可知,每个平面图都能在平面上画出,并且使得每条边都是直线.于是便产生了关于硬币问题是否等价于四色定理的疑问.我们想回答它们是等价的,但是我们还不能证明.换句话说,我们认为下面的猜测是成立的.

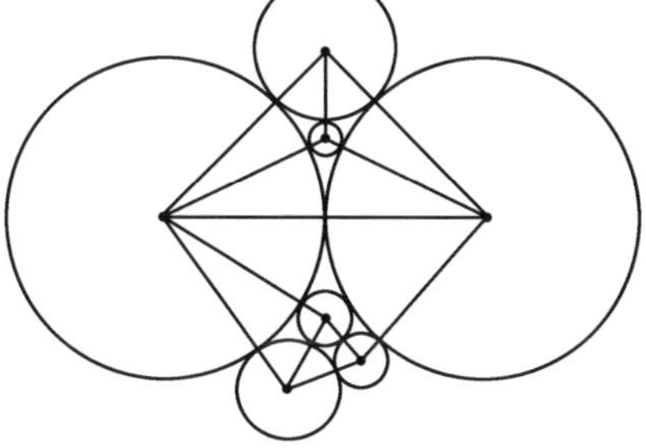

图 7

猜测 每个平面图都能看作由不重叠的圆组成的星座.

如果这个猜测成立,那么硬币问题便与四色定理实际上等价.这个猜测是比关于平面图的瓦格纳定理更强的命题.

六、圆的问题

我们现在来考虑一般的星座.在这里圆可以有着不同的半径,而且它们也可以重叠.圆的问题是:对任意星座中的圆进行着色,使得任何两个邻接的圆具有不同颜色,问至少需要多少种颜色.这个问题最初由林格尔[4]于 1959 年提出.显然,5 个圆不可能是彼此邻接的,正如 K_5 不是平面图一样.K_5 也不是星座图.这可能引导人们去猜想:圆的问题的答案也是 4 种颜色.然而图 8 说明,9 个圆的星座就不一定都能用 4 种颜色来着色.图 9 给出了在它所对应的图上用 5 种颜色来着色的方案.也有只有 8 个圆而需要 5 种颜色的星座,如图 10.把图 9 顶端的两个顶点(标号 3)并为一个,就能获得图 10 中星座所对应的图.图 8 中的星座可以用把如图放置的 a,b,c,d,e 5 个圆绕 $\odot a$ 的中心旋转,直到 $\odot d$ 和 $\odot d'$ 在唯一的一点接触为止的方法获得.改变 a,b,c,d 的大小,能使 $\odot b'$ 和 $\odot c$ 重合,这就给出了有 8 个圆的如图 10 的星座.可以指出,任何由 7 个圆或更少的圆组成的星座都能用 4 种颜色着色，但我们略去这个证明. 这样我们就知道圆的问题的答案 k 至少是 5. 非常值得注意的是，至今我们还不知道 k 是不是有限的.

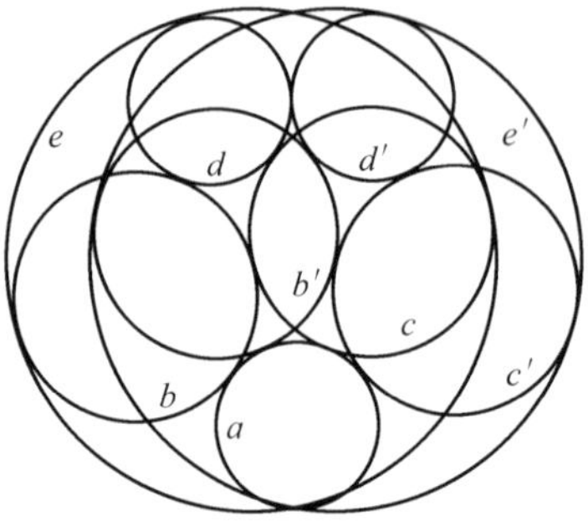

图 8

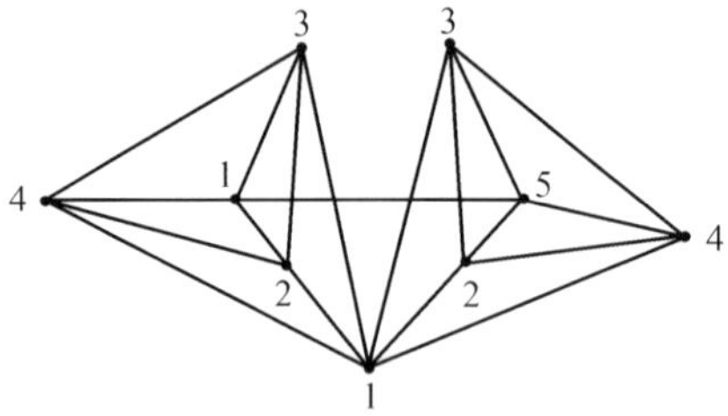

图 9

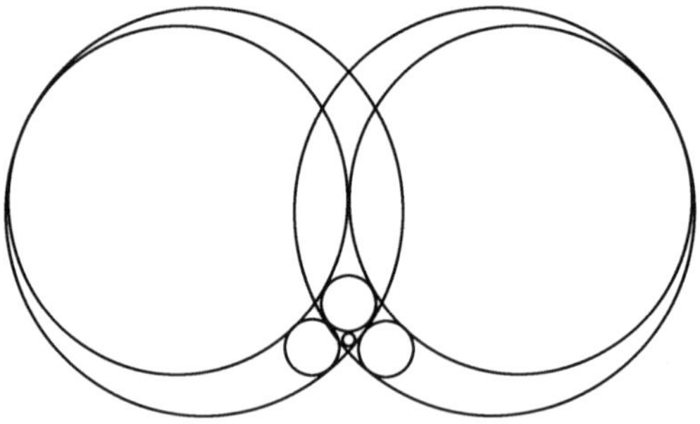

图 10

着手解决这类问题的通常方法是找出被着色图的集合中的顶点最小度的上界. 例如，在考虑便士问题时，我们指出了某个便士总有 3 个或者更少的邻接者. 但是，因为下面的定理，这种方法在这里失效.

定理 对于任一整数 n，存在着一个星座，其中每个圆至少与 n 个圆邻接.

这个定理能用下述思路来证明(图 11). 从任意一个有最小度 t 的星座 S 开始，我们构造一个最小度 $t+1$ 的新星座 S'. 在星座 S 中所有圆的外面选取一点

P,把星座 S 绕点 P 旋转 t 个不同的角度,如此我们便得到 S 的 $t+1$ 个复制品.然后对星座 S 中的每个圆,以点 P 为中心画出新的圆,它与这个圆的每个复制品邻接.图 11 给出了 $t=3$ 的情形.这个新的星座 S' 便有最小度 $t+1$.我们实际选择 P 和旋转 S 时一定要注意不要使多于两个的圆邻接于一点.

七、重叠的便士问题

如果我们考虑这样的星座:其中每个圆具有相同的半径,但是允许重叠.我们就有了重叠的便士问题.即使这种特别的情况也远远没有解决.所需要颜色的最小种数至少应是 4.我们可以再次去构造星座,它的最小度是任意大.不过在这种情况下,哈德维格(Hadwiger)[3] 已经证明所需要的最少颜色种数不会超过 7.

重叠的便士问题可以不用圆而用图论的另一种方式来表述.假定在平面上选取有限个点,并用边联结任意两个距离为 1 的点,那么对每个这样的图着色所需要的最少颜色种数将与重叠的便士问题中所要求的颜色种数相同.

这个问题于是就关系到文[2]中定义的图的维数的概念.图 G 的维数是 G 以每边长度为 1 的形式所能嵌入的欧几里得空间的最小维数.嵌入时要使得 G 的顶点映成不同的点,但不限制边的相交.色数 $\chi(E_n)$ 是这样的最小整数 k:对于任意如此嵌入 E_n 中的图 G,G 的顶点能用 k 种颜色着色,使得任意两个邻接的顶点不具有相同的颜色.用这种术语,重叠问题就等价于找出 $\chi(E_2)$.对于所有的 n,$\chi(E_n)$ 是有限的.这是克利(Klee)尚未发表的结果,并且可以容易地说明 $\chi(E_n)\geqslant n+2$.

如果 G 具有维数 n,并且它的任意真子图的维数都小于 n,则称 G 为 n 维临界图.另一个有趣的但尚未解决的问题是找出 $n\geqslant 3$ 的 n 维临界图的特征.

八、球的着色问题

前面关于圆的着色的全部问题都可对三维空间中球的着色来提出.如果观察每个具有相同半径的非重叠的球的分布,那就产生了乒乓球问题.在此我们可以指出对每种分布都能用 9 种颜色来着色,而有些分布只要 5 种颜色.这样对乒乓球问题来说所需要的最少颜色种数是 5,6,7,8 或 9.

如果我们允许球有不同的半径,但仍要求它们不重叠,那么将引出球体问题;如果我们允许球重叠,那么我们将有球面问题;如果我们允许球重叠但要求半径相同,我们便有重叠的乒乓球问题.这三个问题的任何一个,就我们所知,迄今仍然没有解决.

一般说来,对于 E_n 中的 $n-1$ 维球可以考虑相应的问题.

参考资料

[1] K. Appel, et al. Illinois J. Math., 1977, 21:429.

[2] P. Erdös, et al. Mathematatika, 1965, 12:118.

[3] H. Hadwiger. Elemente der Math., 1961, 16:103.

[4] G. Ringel. Färbungsprobleme auf Flächen und Graphen, VEB Deutscher Verlag der Wissenschaften, 1959.

[5] K. Wagner. J.-ber. Deutsch. Math.-Vereinig, 1936, 46:26.

平面的凸五边形铺砌问题*

铺砌(tiling)问题,就是设法用若干个较小的几何图形(包括立体图形)及它们的全等形或相似形去填充一个较大的几何图形甚至整个平面或空间,要求既不重叠,也不留下空隙.从儿童玩的拼图游戏到日常生活中的铺地板、砌瓷砖,从古代出土文物上的花饰到现代艺术家设计的镶嵌图案(参看封面、封底),都可以看到这类问题的实际背景.因此,这类问题历来都引起着专业数学家和业余数学爱好者的兴趣.但是,目前各种发展到高度抽象阶段的数学理论,有时竟然对一些看来相当初等的铺砌问题也无能为力.或许正是在这种主要依靠智慧、技巧和灵感而不需要有很多数学预备知识的领域里,业余数学爱好者才有可能同专业数学家一试高低吧.本文要介绍的就是这样一个事例:美国的两位业余数学爱好者在平面的凸五边形铺砌问题上先后得到了一些重要的发现,这些发现使数学家们不得不重新考虑他们原先疏忽了的方面.

一、克什纳的断言

我们的故事还得先从《科学美国人》杂志的"数学游戏"专栏说起.这个专栏最引人入胜的特点之一是提出了一些数学问题,以引起业余爱好者的兴趣,鼓励他们去努力解决这些问题.

* 刘维翰:《平面的凸五边形铺砌问题》,《自然杂志》1986年第9卷第5期.

该专栏主持人马丁·加德纳(Martin Gardner)本人是个数学家,但他并不特别注重正式数学教育,在他的专栏中常常赞扬那些数学上无名人物的努力.令人惊奇的是,这些小人物之缺少正式的数学教育,倒常常是一个优点,而不是一个障碍.他们对问题的别出心裁的解决方案,有时胜过专业数学家的深思熟虑.

1975年7月,加德纳在他的专栏上刊登了《论用凸多边形铺砌平面》[1]的文章.他在这里选择了一个五十多年来许多数学家一直在研究的问题:用一个什么样的凸多边形及它的全等形可以既不重叠又不留空隙地铺满整个平面?用数学术语来说,就是:什么样的凸多边形可以铺砌平面?不难发现,任何三角形或四边形(不论凸或非凸)都能铺砌,但是五边形或多于五边的凸多边形就不一定总能铺砌.例如,正五边形就不能铺砌,但是有一对平行边的五边形却能够铺砌;正六边形是能够铺砌的,但是很多其他的六边形则不能铺砌.数学家已经证明:七边或多于七边的凸多边形都不能铺砌.

加德纳的文章以克什纳(R. B. Kershner)1968年写的一篇论文《关于平面铺砌》[2]为基础,对这个问题的答案做了概述.

我们已经看到,对于三角形、四边形,问题是平凡的,而多于六边的凸多边形已被证明不能铺砌平面,那么剩下的只有凸五边形和凸六边形这两类了.早在1918年,莱因哈特(K. Reinhardt)就证明了:能够铺砌平面的凸六边形只有三类.设六边形的六个顶点分别是A,B,C,D,E,F,六条边分别是$FA=a$,$AB=b,BC=c,CD=d,DE=e,EF=f$,则能铺砌平面的三类凸六边形必须满足的条件分别是:

第1类

$$\angle A+\angle B+\angle C=360^\circ,a=d$$

第2类

$$\angle A+\angle B+\angle D=360^\circ,a=d,c=e$$

第3类

$$\angle A=\angle C=\angle E=120^\circ,a=b,c=d,e=f$$

于是现在只剩下凸五边形了.莱因哈特当时给出了五类能够铺砌平面的凸五边形.1968年,克什纳在前面提到的论文中给出了另外三类,并且断言:这八类凸五边形已经是完整的答案了(图1).这样,平面的凸多边形铺砌问题就完全解决了.

但是,情况真是这样吗?

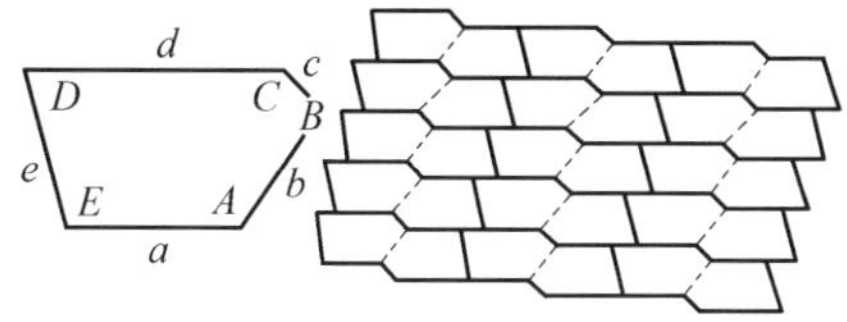

(a) ∠A+∠B+∠C=360°

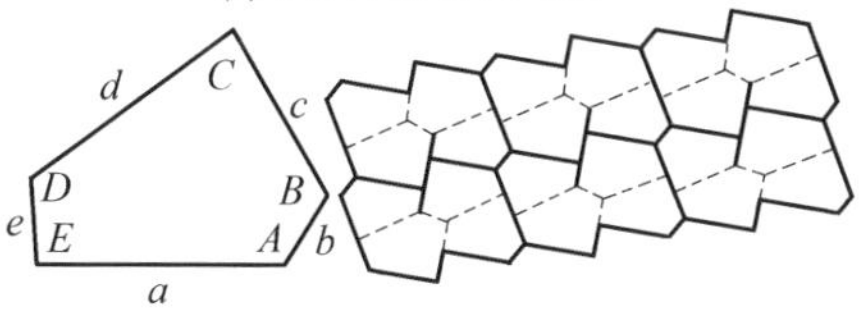

(b) ∠A+∠B+∠D=360°, a=d

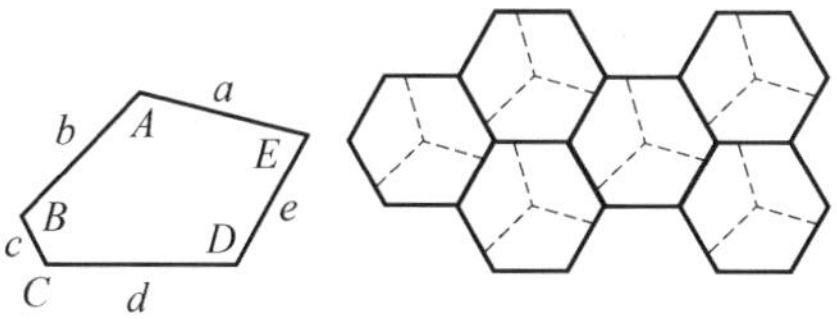

(c) ∠A=∠C=∠D=120°, a=b, d=c+e

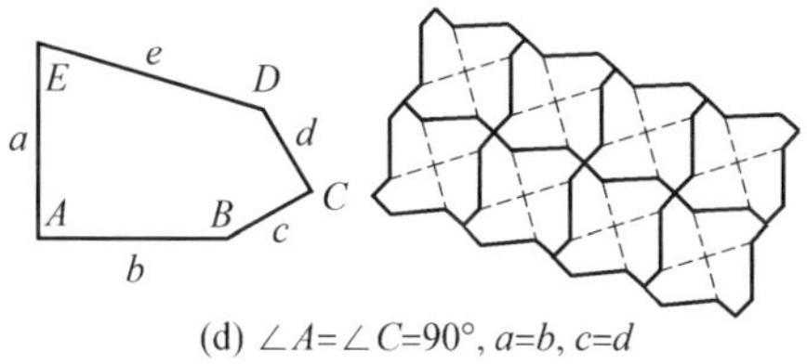

(d) ∠A=∠C=90°, a=b, c=d

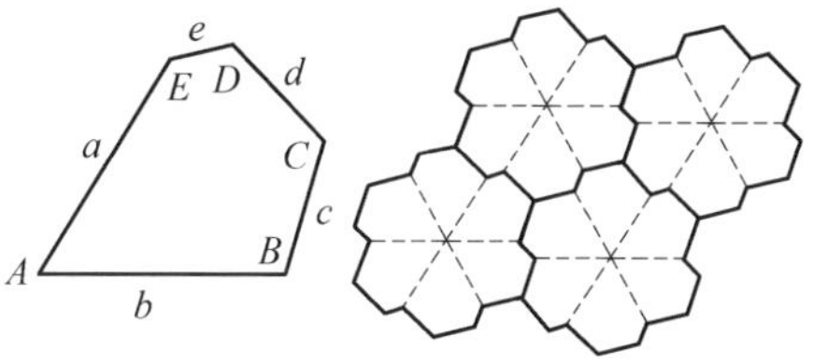

(e) ∠A=60°, ∠C=120°, a=b, c=d

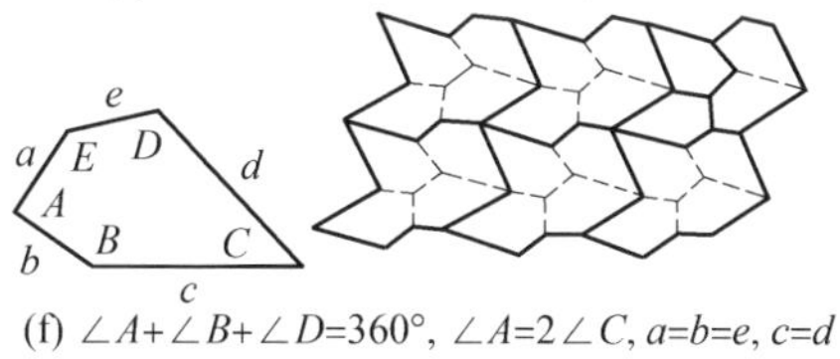

(f) ∠A+∠B+∠D=360°, ∠A=2∠C, a=b=e, c=d

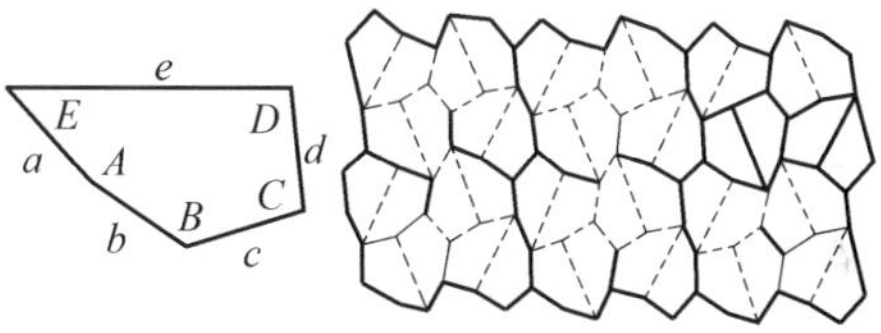

(g) 2∠B+∠C=2∠D+∠A=360°, a=b=c=d

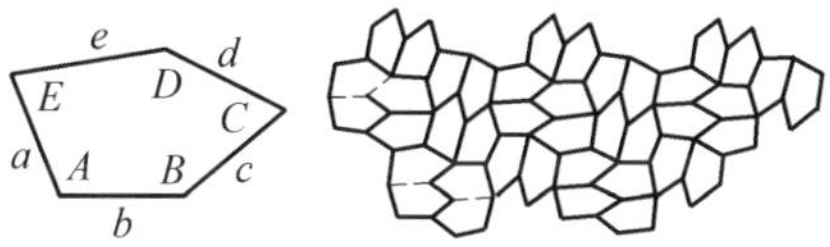

(h) 2∠A+∠B=2∠D+∠C=360°, a=b=c=d

图 1　1975 年 7 月，加德纳报道的能够铺砌平面的八类凸五边形

二、詹姆士的新发现

加德纳的这篇文章引起了业余数学爱好者、计算机科学家理查德·詹姆士第三（Richard James Ⅲ）的兴趣.他读了前半部后，决定在读完剩下部分以前测试一下自己的解题能力.他首先想到的是取排列整齐的正八边形，并用正方形填满它们之间的空隙，使正八边形和正方形组成人们所熟悉的铺砌图案（图 2(a)），然后他设法用五边形来代替正方形，于是把排在同一列上的正八边形沿这列的方向适当移动（图 2(b)）；最后，把正八边形等分成四个全等的五边形，这样就成功地得到了一种凸五边形铺砌图案.五边形的边和角满足：$\angle A=\angle B=\angle E=90^\circ$，$\angle C=\angle D=135^\circ$，$a=b=2c=2e$（图 2(c)）.这个铺砌图案虽然有趣，但是图案中的五边形却太呆板了.适当转动正八边形中的交叉线，并进行一些必要的调整，就得到如图 2(d) 的凸五边形铺砌图案.其中凸五边形的边和角满足：$\angle A=90^\circ$，$\angle B=102^\circ$，$\angle C=129^\circ$，$\angle D=141^\circ$，$\angle E=78^\circ$，$a=b=c+e$.

这个凸五边形不包括在被克什纳宣称为“完整答案”的八类凸五边形中.

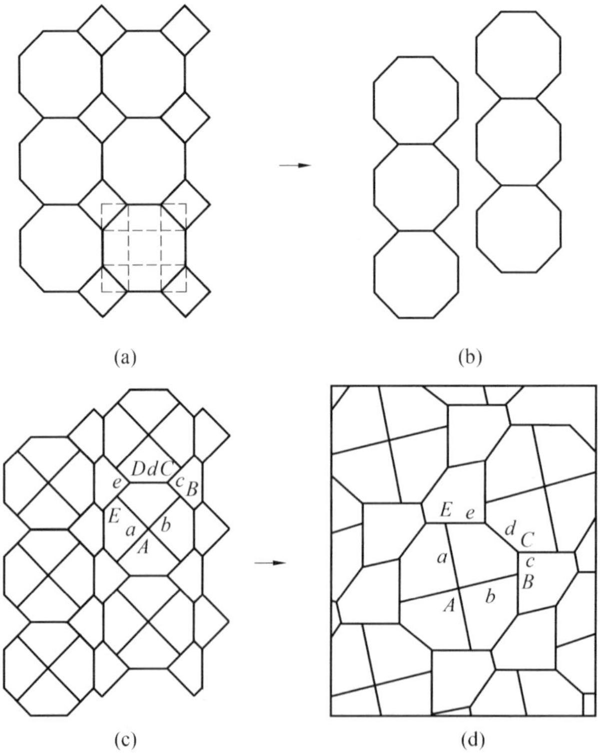

图 2　詹姆士的新发现

詹姆士把他的发现寄给了加德纳,并问道:“您是否也认为克什纳把这个凸五边形漏掉了?”加德纳立即把这个激动人心的发现转告给克什纳和很多数学家.1975 年 12 月号《科学美国人》的《数学游戏》专栏向读者报道了詹姆士新发现的铺砌图案,并刊登了克什纳幽默的回答.一位业余数学爱好者用一个新的例子,证明了数学家所开列的能铺砌平面的凸五边形清单是不完整的,这引起了数学家广泛的兴趣,也使得许多数学家对这个问题重新加以考虑,其中包括著名的美国数学家考克斯特(H. S. M. Coxeter).不久,摩拉维亚学院的数学家沙兹施奈德(D. Schattschneider)发现,詹姆士的凸五边形属于更广泛的一类能铺砌平面的凸五边形,这类凸五边形的边和角满足:$\angle A=90^\circ$,$\angle B+\angle E=180^\circ$,$2\angle D-\angle B=180^\circ$,$\angle B+2\angle C=360^\circ$,$a=b=c+e$.这是第 9 类能铺砌平面的凸五边形.

除了上述九类,还有其他的吗?

三、玛乔里的初步成功

当刊有詹姆士新发现的1975年12月号《科学美国人》出版后,加利福尼亚州的另一位热情的业余数学爱好者立刻被这个问题迷住了.她是圣地亚哥的一位家庭妇女、五个孩子的母亲——玛乔里·赖斯(Marjorie Rice).她是这个家庭中每次都第一个阅读她儿子订阅的这本杂志的人.7月号的那篇关于铺砌问题的文章就已经引起了她的好奇和兴趣.当时她想,"发现新类型的五边形该是多么有趣啊",现在,看了詹姆士的新发现,她再也按捺不住了,她想试试自己是否也能发现其他新的能够铺砌平面的凸五边形.

玛乔里乘家里没人时在厨房里开始了她的探索,一有人来就马上把画的草图藏起来.除了在高中获得一些普通的中学数学知识,她没有再受过数学方面的教育.但当面临这个难题时,她不但制订了自己的一套独特的工作方法,而且还发明了自己的符号表示法.她采取的第一个步骤是:把两期《科学美国人》发表的关于能铺砌平面的五边形的所有资料进行归纳整理.她希望发现这些五边形及其铺砌图案所满足的任何共同关系.她在一张卡片上把九类五边形(原来的八类和詹姆士发现的第9类)的边和角所满足的关系式列出,在另一张卡片上画了十个五边形,并用颜色笔在五边形内画线,以表明这些关系式所给出的信息.例如,红线表示三个角之和为360°,蓝线表示边的长度相等,黑线表示四个角之和为360°,等等.她还发明了其他一些符号来表明五边形的边和角在铺砌图案中的邻接关系(图3).她发现,对每个铺砌图案来说,其中五边形的每个角都被线或符号触及相同次数.也就是说,五边形的每个角在铺砌图案中必须被使用同样的次数.这一点是玛乔里随后研究的关键.她把她的符号表示法进一步改进到几乎将所有基本信息都压缩成符号的形式(图4).

玛乔里的这种独特方法使她不必用比例精确的图形来进行分析,她可以直接在草图上对五边形的角和边进行各种组合尝试,并对可能是新类型的拼法再用比例精确的图形进行实际试验.玛乔里所用的符号看上去像象形文字,但用它们能相当简便地记录角的种种可能组合.如果用传统的数学符号是不可能这样简便的,因为使用玛乔里的符号,就完全不需要去担心由于对五边形的角规定不同的字母而引起的重复现象.

经过一段时间的摸索、分析,玛乔里意识到一种新的五边形类型是存在的.几个星期以后,她终于发现了这种五边形.

1976年2月,玛乔里把她的发现寄给加德纳,信中附有这种五边形能够呈现的形状范围(图5),和用这种类型的两个代表分别拼成的两种铺砌图案,其中一种的五边形边长成黄金分割比例.

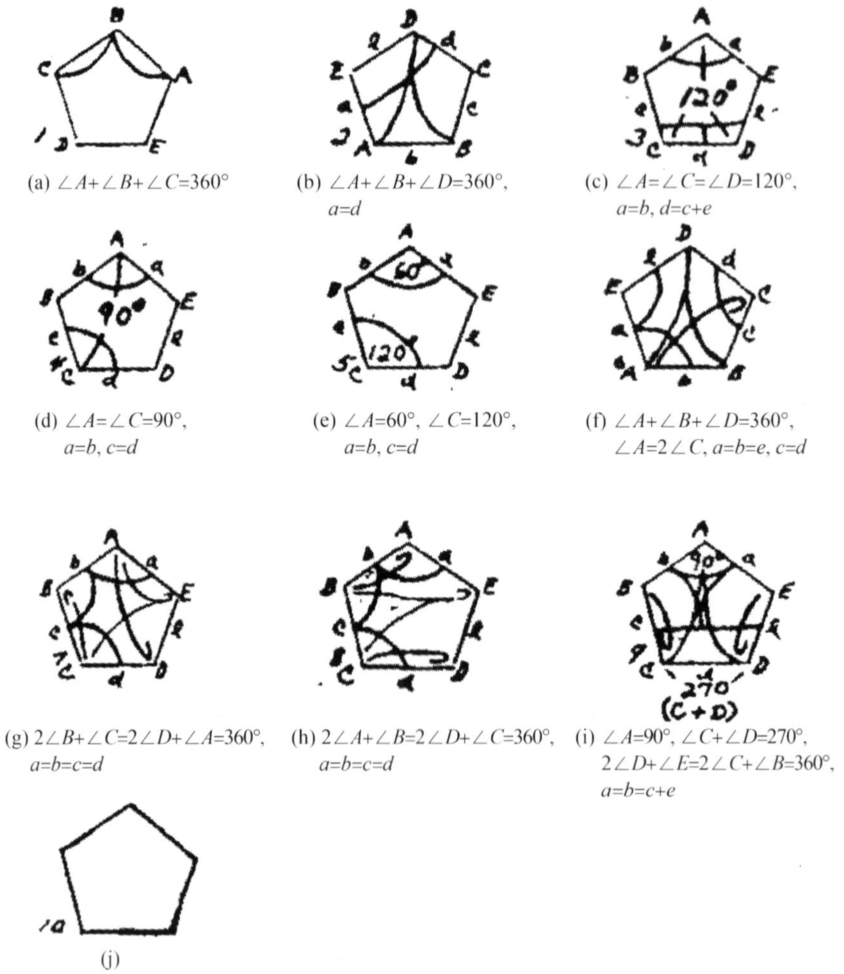

(a) $\angle A+\angle B+\angle C=360°$

(b) $\angle A+\angle B+\angle D=360°$, $a=d$

(c) $\angle A=\angle C=\angle D=120°$, $a=b$, $d=c+e$

(d) $\angle A=\angle C=90°$, $a=b$, $c=d$

(e) $\angle A=60°$, $\angle C=120°$, $a=b$, $c=d$

(f) $\angle A+\angle B+\angle D=360°$, $\angle A=2\angle C$, $a=b=e$, $c=d$

(g) $2\angle B+\angle C=2\angle D+\angle A=360°$, $a=b=c=d$

(h) $2\angle A+\angle B=2\angle D+\angle C=360°$, $a=b=c=d$

(i) $\angle A=90°$, $\angle C+\angle D=270°$, $2\angle D+\angle E=2\angle C+\angle B=360°$, $a=b=c+e$

(j)

图 3　玛乔里对已发现的九类五边形所做的整理

玛乔里在信中写道:“这种五边形我确实认为是不同于任何您已经列举的五边形的,虽然它与第 7 类和第 8 类有些相似. 随信附上的例子中,有一种的边长成黄金分割比例,我认为这是一个非常令人喜爱的图形.” 加德纳立即把这个新发现寄送给克什纳和沙兹施奈德等数学家和一些业余爱好者. 它被证明确实是能铺砌平面的五边形清单中应增加的一种. 克什纳写信给玛乔里,问她是怎样发现的,并承认在他的探索中错误地没有把这种五边形作为一种可能类型加以考虑.

四、沙兹施奈德的猜想

沙兹施奈德考察了玛乔里寄给加德纳的材料,并把她新发现的五边形同克

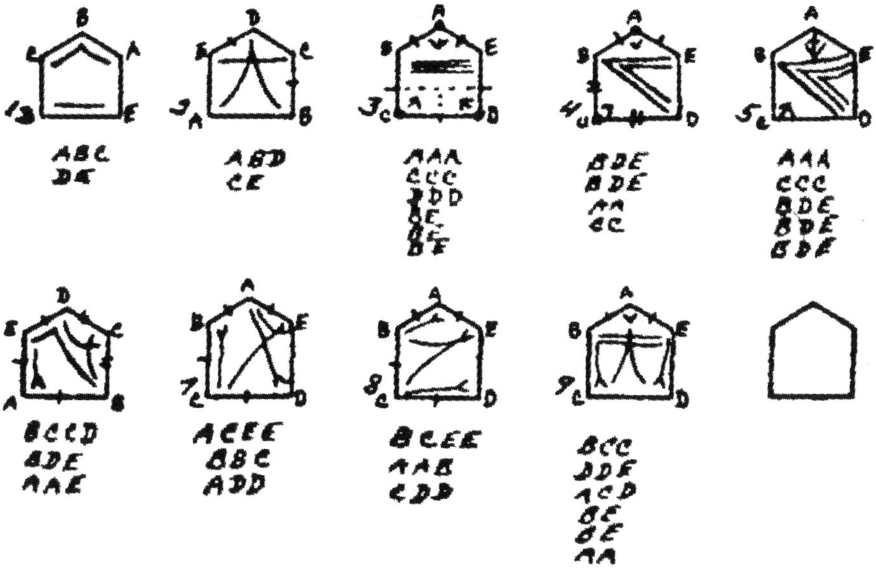

图 4　玛乔里的符号表示法

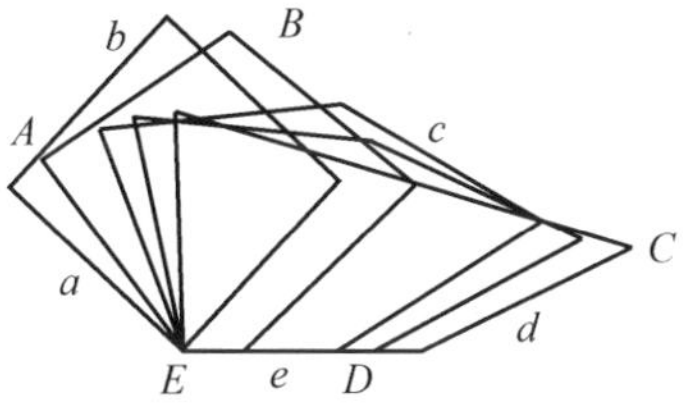

(a)$2\angle E+\angle B=2\angle D+\angle C=360^\circ$ ，$a=b=c=d$

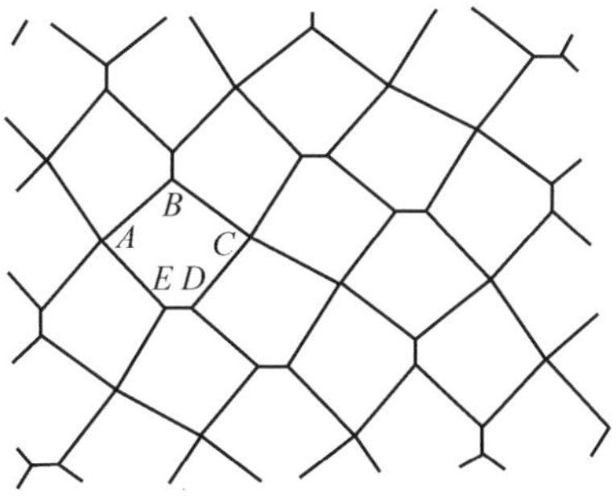

(b)

图 5　1976 年 2 月，玛乔里的第一次发现

什纳的第 7 类和第 8 类进行比较，发现似乎这三类五边形可能是更大一类五边形的特例. 因此他提出了如下的猜想，并把它寄给加德纳：“任何具有四条等长边和具有满足 $2\angle P+\angle Q=360^\circ$，$2\angle R+\angle S=360^\circ$ 的四个不同角 $\angle P$，$\angle Q$，

$\angle R$，$\angle S$ 的五边形，都能铺砌平面.”不到两个星期，沙兹施奈德就收到玛乔里的一封来信，她在信中说：“加德纳将您的猜想转告了我，我研究了它并证明了它是错误的.”玛乔里用符号表示出，沙兹施奈德的这一大类只有八种可能性(图 6). 其中第 1、第 5、第 6 和第 8 这四种能够铺砌平面，其他四种是不可能的，第 6 种只能在两个邻角之和等于 180° 时才铺砌平面，结果使它成为克什纳的第 1 类，但它却产生了如图 7 所示的铺砌图案. 注意这个图案的铺砌方式不同于第 1 类原先的铺砌方式，而且它实际上给出了两种铺砌图案(以虚线为界).

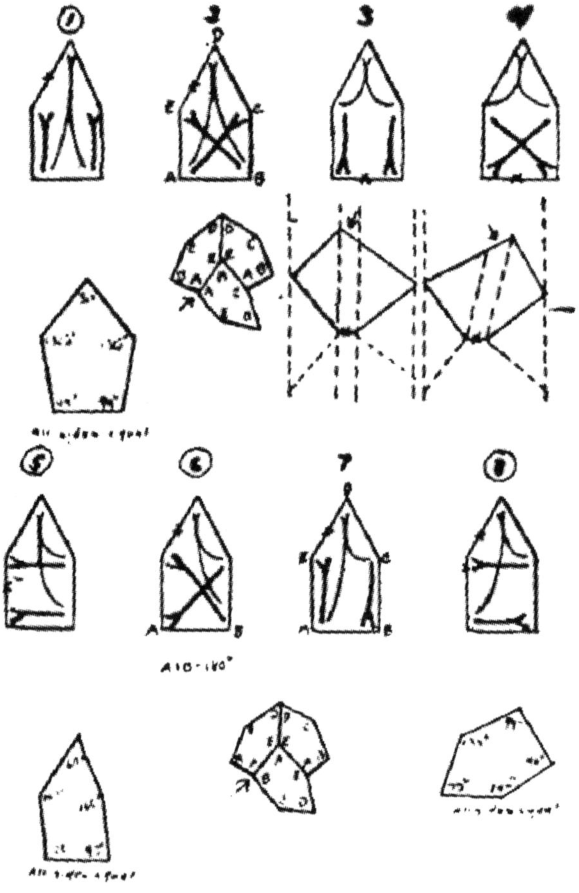

图 6　玛乔里对沙兹施奈德猜想不成立的“证明”

沙兹施奈德是第一次看到玛乔里的符号表示法，由于这种符号离数学家所用的传统方法相差太远，因此他不得不对这些图形冥思苦想，设法理解她在说些什么和这些结论是如何证明的. 玛乔里给出的某些五边形不可能铺砌平面的“理由”是些小草图，不是数学家做证明所要求的代数理论或者几何理论. 也许是由于它对玛乔里来说是太明显了，所以她在给沙兹施奈德的信中没有对这些

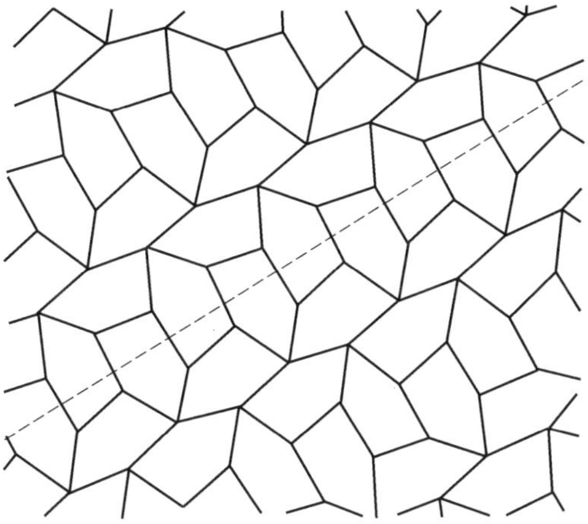

图 7　第 1 类五边形的新铺砌图案

草图做任何解释.在她的表示法中,类似小鸡脚印的粗线记号“>—”表示关系式 $2\angle P+\angle Q=360°$,$2\angle R+\angle S=360°$,这个符号把满足上述关系式的角集中在铺砌图案的一个顶点上;联结五边形的角的较细的线表示另一个关系式,这个关系式指明这些角必须怎样在铺砌图案的一个顶点处拼合.事实上由于五边形的内角之和是 540°,连同含有 $\angle P$,$\angle Q$,$\angle R$,$\angle S$ 的两个关系式,就意味着 $\angle Q+\angle S+2\angle T=360°$.这就是那另一个关系式,式中 $\angle T$ 是五边形的第五个角.玛乔里认为,五边形的角不能满足更多的关系式,即上述符号已经表示了角之间的所有关系.这样,第 2 种和第 7 种被排除了,因为(如图 6 中箭头所示)如果要以这种方法去铺砌平面,将不得不增加另外的关系式.第 3 种和第 4 种也是行不通的 —— 满足这种关系的五边形根本不存在,玛乔里用草图说明了这一点,沙兹施奈德也很容易地用代数方法证明了这个结论.玛乔里绘制了几个第 6 种的例子,每个例子中两个邻角之和似乎总为 180°,但是这一观察结果并不能构成一个数学证明.沙兹施奈德设法证明她的观察结果,但没有成功.还是克什纳后来给出了一个巧妙的证明.

剩下的四种确实可以铺砌平面,但它们早已为人们所熟悉 —— 第 1 种和第 8 种分别是克什纳的第 8 类和第 7 类;第 5 种就是玛乔里的新发现;第 6 种实际上是第 1 类.因此,沙兹施奈德的猜想被彻底推翻了.

五、数学家的帮助

玛乔里的成功得到了数学家们的热情赞扬,这使她深受鼓舞,但是继续吸引着她的还是问题本身.虽然她忙于家务,但她不断地探索这个难题,挤出断断续续的时间来绘制草图,并反复推敲各种可能性.

沙兹施奈德请玛乔里把她对这个问题的全部研究写信告诉他，并随时把任何新的结果通知他. 1976 年 3 月，沙兹施奈德收到了她用以进行研究的、经过整理的分析方法. 她把五边形分成几组：每一组都对应着一个五边形应当满足的一组角关系式，这些角关系式要在由这个五边形拼成的有关铺砌图案中得到反映. 这样，角怎样拼合就由五边形的边长条件决定. 第一组称为 p1，包括每个角在铺砌图案的一个顶点处只“使用”一次的五边形. 于是三个不同的角拼合起来，它们的和就为 360°，两个剩下来的角拼合起来，它们的和就为 180°. 因此，只有两种五边形（第 1 类和第 2 类）属于 p1.

接下来的 12 个组称为 p2，包括每个角在铺砌图案的不同类型的顶点处总共“使用”两次的五边形（图 8）. 其中的第 12 组就是玛乔里为答复沙兹施奈德的猜想而给出的八个五边形. 玛乔里对这些五边形组进行三步试验. 第一步是考察每组所对应的角关系式是否可能实现（第 5 组和第 6 组就不可能）. 然后对某个组中的每个五边形画出草图，看看适当的角能否拼合. 如果能够拼合，那么五边形的哪些边长度相等，就非常清楚了. 最后一步是，这些角能否变成特殊的角 —— 如果能，那就可以铺砌.

用同样的方法，玛乔里又充满信心地向 p3 五边形组进军. 到 1976 年 10 月，玛乔里已发现：p1 包括第 1 类、第 2 类五边形，p2 包括第 1 类、第 2 类、第 4 类、第 6 类、第 7 类、第 8 类和她自己发现的第 10 类；p3 包括第 3 类、第 5 类和詹姆士发现的第 9 类. 这样，十类五边形都分析到了. 相应地，她一共发现了 58 种铺砌图案（一类五边形可以有多种铺砌方法），有许多是过去没有发现的. 她并以其中的一些铺砌图案为框架，设计了漂亮的镶嵌图案.

至此，玛乔里感到自己的知识和智力已经穷尽了. 但是，沙兹施奈德及时向她介绍了“块过渡”（block-transitive）这一新概念，这给了她发现新类型的丰富源泉. 原来，有许多铺砌图案是由两个或三个五边形组合起来的“块”来完成铺砌的. 如詹姆士就是以正八边形作为“块”来解决问题的. 玛乔里于是对她所画的图形进行“块分析”，她发现这十类五边形的铺砌图案中有许多是以双六边形（即由两个全等的六边形拼接而成的图形）为“块”拼成的. 她研究了双六边形的拼法，及它们的分割方法. 她发现有九种不同方法将双六边形分成四个全等的五边形（图 9）. 在这基础上，1976 年 12 月 27 日，圣诞节刚过两天，她发现了两类新的能够铺砌平面的五边形：第 11 类、第 12 类. 它们均属于 p2 中的第 8 组，但边的关系与原先的不同（图 10）.

接着，玛乔里又研究了其他形式的块. 1977 年 12 月，她将可铺砌平面的双七边形分割成四个全等五边形，从而发现了第 13 类，它属于 p2 中的第 9 组（图 11）.

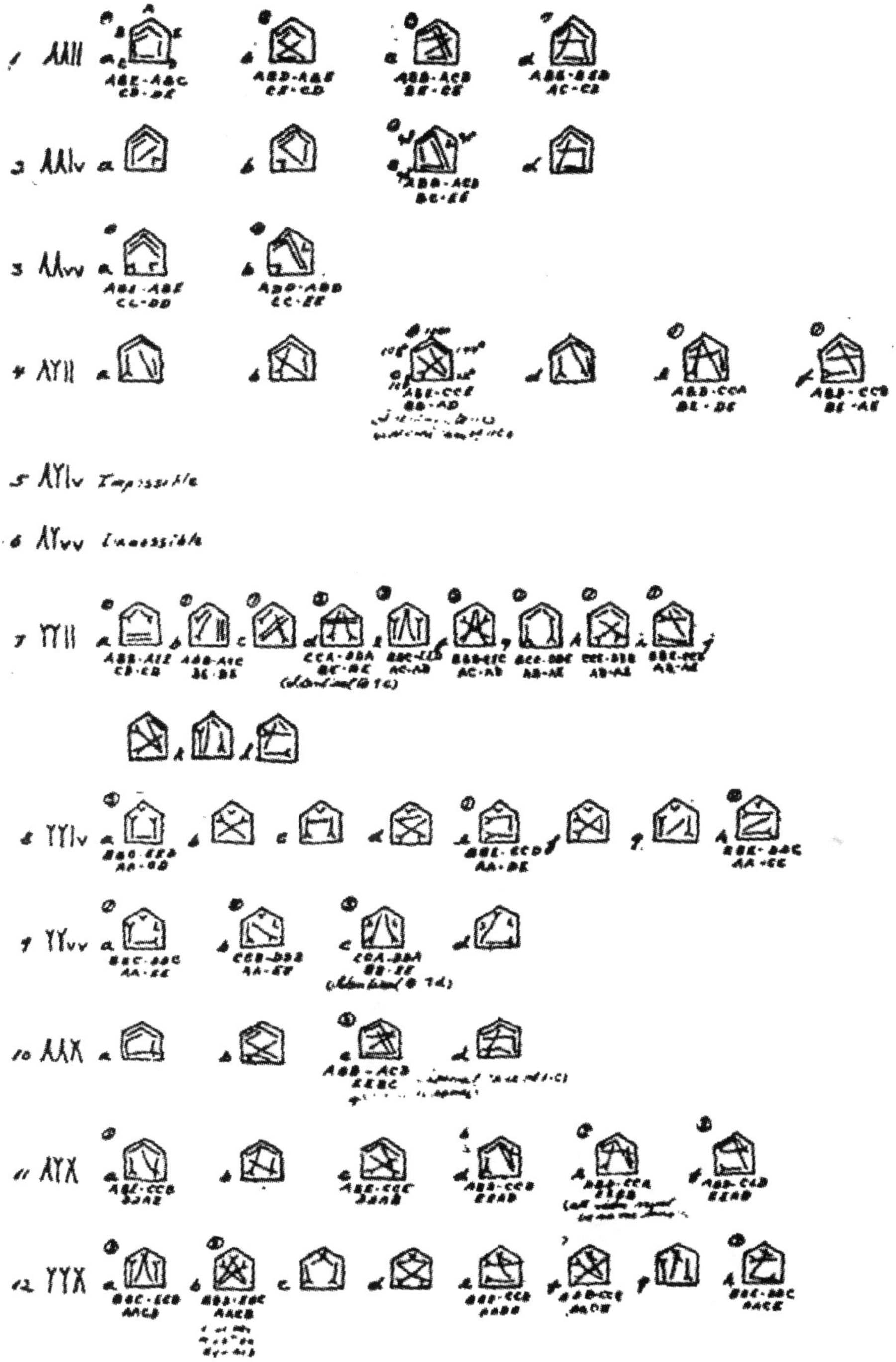

图 8　玛乔里的 p2 五边形组

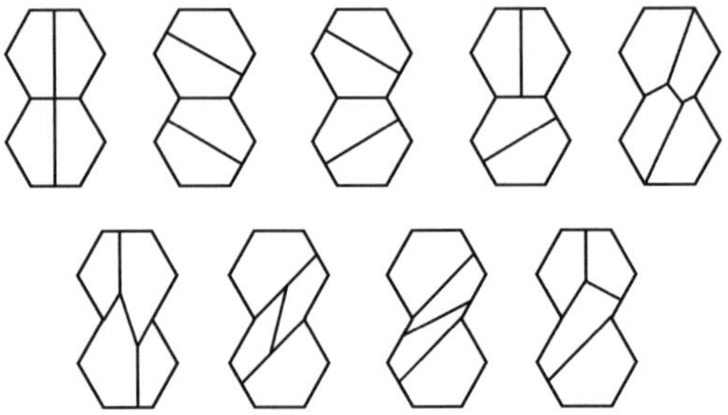

图 9　双六边形分成四个全等五边形的九种方法

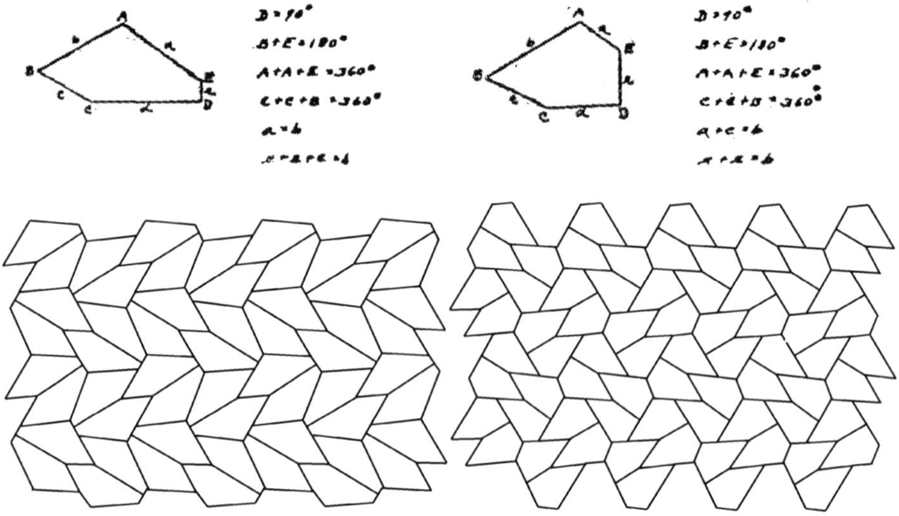

图 10　1976 年 12 月 27 日玛乔里发现的第 11 类和第 12 类五边形

玛乔里关于这个问题的研究还远远没有结束，她还有决心试一试自己是否有能力发现所有的类型，并证明其完整性.

詹姆士和玛乔里的发现引起了研究铺砌问题的数学家的广泛注意. 沙兹施奈德专门著文予以介绍[3]，著名数学家康威(J. H. Conway) 表示了极大的兴趣，一些人在这个平面的凸五边形铺砌问题上做了更深入的研究. 例如，最近澳大利亚的赫希霍恩(M. D. Hirschhorn) 和亨特(D. C. Hunt)[4]，给出了铺砌平面的等边凸五边形的充分必要条件：有两角之和为 180°，或 $\angle A+2\angle B=360°$，$\angle C+2\angle E=360°$，$\angle A+\angle C+2\angle D=360°$. 但是对于一般凸五边形，这个问题还未解决. 由谁来摘取这顶桂冠？是专业数学家还是业余爱好者？我们拭目以待.

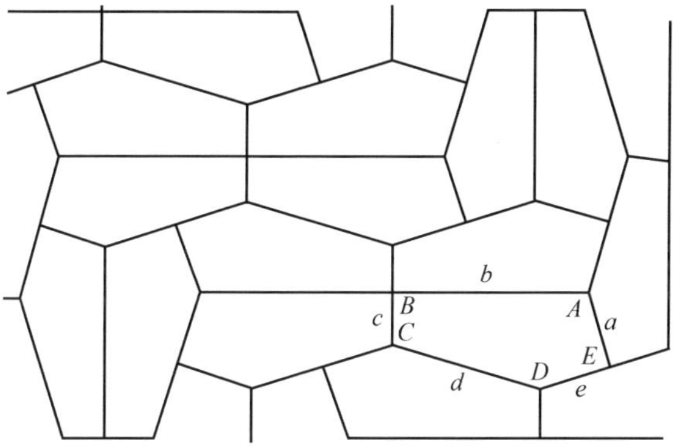

$\angle B=\angle E=90°, 2\angle A+\angle D=360°, 2\angle C+\angle D=360°,$
$a=e, a+e=d$

图 11　1977 年 12 月玛乔里发现的第 13 类五边形

参考资料

[1] M. Gardner. Scientific American, 1975, 233(1): 112.

[2] R. B. Kershner. Amer. Math. Monthly, 1968, 75: 839.

[3] D. Schattschneider. Math. Magazine, 1978, 51: 29.

[4] M. D. Hirschhorn, D. C. Hunt. J. Combinatorial Theory, Ser. A, 1985, 39: 1.

[5] D. Schattschneider. Mathematical Gardner, D. A. ed. Klarner. Prindle, Weber & Schmidt, Wadsworth International, 1981: 140.

拉丁方和正交拉丁方*

数学中的许多课题，特别是研究离散对象的数学分支，如数论、组合数学中的许多课题，往往是与一些颇有趣味的数学游戏联系在一起的，而且可以说，这些数学游戏正是这些研究课题的起源所在. 比如，《孙子算经》中的“物不知其数”问题与数论中的中国剩余定理(因此也称孙子定理)[1]，柯克曼的女学生问题与组合数学中的平衡不完全区组设计[2]，哥尼斯堡七桥问题与图论中的欧拉图[3]，地图四色问题与图论中的着色理论[4]，Nim 游戏与图论对策[5]，等等. 当然，这些数学理论的本质发展，是在体现了它们在人类生产活动中的价值之后. 组合数学中的拉丁方和正交拉丁方理论也是这样，要介绍这方面的内容，没有不提到著名的“三十六军官问题”的，目前这个理论已在试验设计与分析、数字通信理论中得到了广泛的应用.

一、从三十六军官问题谈起

18 世纪著名的瑞士数学家欧拉于 1779 年提出了这样一个有趣的问题：

从 6 个部队的每个部队中，分别选出 6 名不同军衔的军官，例如上校、中校、少校、上尉、中尉、少尉各 1 名，合计 36 名. 要求将他们排成一个 6 × 6 的方阵，方阵每行的 6 名军官恰好

* 康庆德:《拉丁方和正交拉丁方》,《自然杂志》1986 年第 9 卷第 8 期.

来自6个部队,而且恰好分别具有6种不同的军衔,方阵每列的6名军官也是如此.

这就是著名的"三十六军官问题".现在我们用数学语言来描述这个问题.

如果将6个部队和6种军衔都分别用1,2,3,4,5,6来编号,则每名军官可用一个正整数有序偶(i,j)来表示,其中i是他所在部队的编号,j是他军衔的编号$(i,j=1,2,3,4,5,6)$.这样,"三十六军官问题"的数学提法就是:

把由1,2,3,4,5,6组成的全部36个有序偶排成一个6×6的方阵$\boldsymbol{M}$,使每行每列的6个有序偶的第一分量恰好为这6个不同的数字,第二分量也是如此.

这种方阵$\boldsymbol{M}$若存在,还可以把它看作两个6阶方阵$\boldsymbol{A}$与$\boldsymbol{B}$的迭合.其中$\boldsymbol{A}$的元由$\boldsymbol{M}$的相应位置的元(即有序偶(i,j))的第一分量i组成,$\boldsymbol{B}$的元由第二分量j组成.于是问题又可变为寻求两个6阶方阵,它们均由整数$1\sim 6$组成,并且使得:

(ⅰ)$\boldsymbol{A}$,$\boldsymbol{B}$的每行每列中,$1\sim 6$各数字均出现;

(ⅱ)$\boldsymbol{A}$,$\boldsymbol{B}$迭合为$\boldsymbol{M}$后,全部36个有序偶均出现.

满足(ⅰ)的一个6阶方阵$\boldsymbol{A}$(或$\boldsymbol{B}$)称为一个6阶拉丁方;而满足(ⅰ)(ⅱ)的一对6阶拉丁方$\boldsymbol{A}$和$\boldsymbol{B}$则称为一对6阶正交拉丁方.现在,我们将方阵$\boldsymbol{M}$的阶数6推广到一般的正整数n,定义以下的一般概念.

定义1　对n元集S上的n阶方阵$\boldsymbol{A}$,若每行每列中的元全不相同,则称$\boldsymbol{A}$为(S上的)一个n阶拉丁方(这里的S常取为$\{1,2,\cdots,n\}$).

定义2　对n元集S上的两个n阶拉丁方$\boldsymbol{A}=(a_{ij})$,$\boldsymbol{B}=(b_{ij})$,若它们迭合成的方阵中全部n^2个元(即有序偶(a_{ij},b_{ij}))恰是由S的元所组成的全部n^2个有序偶,则称$\boldsymbol{A}$与$\boldsymbol{B}$正交,并称$\boldsymbol{A}$和$\boldsymbol{B}$为(S上的)一对n阶正交拉丁方.这时,也称$\boldsymbol{B}$为$\boldsymbol{A}$的正交侣.

定义3　对n元集S上的$t(t\geqslant 2)$个n阶拉丁方,若它们两两正交,则它们组成一个n阶(t个)正交拉丁方组.对给定的正整数n,常以$N(n)$表示n阶正交拉丁方组所能含的拉丁方的最多个数.可以证明,恒有$N(n)\leqslant n-1$.若对某n值,存在一组$n-1$个两两正交的n阶拉丁方,则称它为n阶正交拉丁方完全组.

下面我们来看几个例子.

例1

$$\boldsymbol{A}=[1]$$

$$\boldsymbol{B}=\begin{bmatrix}1 & 2\\ 2 & 1\end{bmatrix}$$

$$\boldsymbol{C}=\begin{bmatrix}1 & 2 & 3\\ 2 & 3 & 1\\ 3 & 1 & 2\end{bmatrix}$$

$$D=\begin{bmatrix}1&2&4&3\\2&3&1&4\\3&4&2&1\\4&1&3&2\end{bmatrix}$$

分别是 1,2,3,4 阶拉丁方.

例 2　将 3 阶拉丁方

$$E=\begin{bmatrix}1&2&3\\3&1&2\\2&3&1\end{bmatrix}$$

与上例中的 $\boldsymbol{C}$ 迭合成

$$\begin{bmatrix}(1,1)&(2,2)&(3,3)\\(2,3)&(3,1)&(1,2)\\(3,2)&(1,3)&(2,1)\end{bmatrix}$$

其中的 9 个有序偶恰是由 1,2,3 所组成的全部 3^2 个有序偶,因此 $\boldsymbol{C}$ 和 $\boldsymbol{E}$ 是一对 3 阶正交拉丁方,亦即 $\boldsymbol{E}$ 是 $\boldsymbol{C}$ 的正交侣,从而 $N(3)\geqslant 2$. 又因恒有 $N(3)\leqslant 3-1=2$,因此 $N(3)=2$,即存在 3 阶正交拉丁方完全组.

例 3　集合{1,2}上的 2 阶拉丁方显然只有两个:例 1 的 $\boldsymbol{B}$ 与 $\begin{bmatrix}2&1\\1&2\end{bmatrix}$,它们当然不正交. 因此不存在 2 阶正交拉丁方. 这一事实可记为 $N(2)=1$.

用上面定义的这些概念,“三十六军官问题”可以叙述成:“是否存在 6 阶正交拉丁方?”或“是否 $N(6)\geqslant 2$?”这个问题的答案以及由这个问题而推广的欧拉猜想的答案,我们将在后面介绍.

二、拉丁方的构造方法

例 1 中我们已经给出了 1,2,3,4 阶的拉丁方. 对任意的正整数 n 是否都有 n 阶拉丁方呢? 答案是肯定的. 而且随着 n 的增大,n 阶拉丁方的个数将大得不可思议.

要构造一个 n 阶拉丁方并不难,比方说,下面的 n 阶方阵就是一个 n 阶拉丁方

$$\begin{bmatrix}1&2&3&\cdots&n-1&n\\2&3&4&\cdots&n&1\\\vdots&\vdots&\vdots&&\vdots&\vdots\\n&1&2&\cdots&n-2&n-1\end{bmatrix}$$

这个拉丁方太“规则”了些,每一行都是由前一行经循环置换而得. 现在我

们来看看一般拉丁方的构造方法.

我们把构造过程倒过来考虑.假设已经构造好了 n 元集 S 上的一个 n 阶拉丁方,如果去掉它的某 $n-r$ 行和某 $n-t$ 列,就余下一个 $r\times t$ 的矩阵.显然这个矩阵的每行都是 S 中元的一个 t 排列(即由 S 中某 t 个元所成的一个排列),而每列都是 S 中元的一个 r 排列.因此,我们可以提出以下问题:

若有一个 n 元集 S 和一个 $r\times t$ 矩阵 $\boldsymbol{A}(r,t\leqslant n)$,$\boldsymbol{A}$ 的每行都是 S 中元的 t 排列,每列都是 S 中元的 r 排列(此时称 $\boldsymbol{A}$ 为 S 上的一个 $r\times t$ 拉丁矩),问是否可由 $\boldsymbol{A}$ 扩展成一个形为 $\begin{bmatrix}\boldsymbol{A} & \boldsymbol{B}\\ \boldsymbol{C} & \boldsymbol{D}\end{bmatrix}$ 的 n 阶拉丁方(即先在 $\boldsymbol{A}$ 下方增添 $n-r$ 行,然后在右方增添 $n-t$ 列).

若可,则称 $\boldsymbol{A}$ 为可扩的拉丁矩,而称 $\begin{bmatrix}\boldsymbol{A} & \boldsymbol{B}\\ \boldsymbol{C} & \boldsymbol{D}\end{bmatrix}$ 为 $\boldsymbol{A}$ 扩成的拉丁方.但拉丁矩不见得都是可扩的.

例 4 设 $S=\{1,2,3,4\}$,$\boldsymbol{A}=\begin{bmatrix}1 & 2 & 3\\ 2 & 3 & 1\end{bmatrix}$,不难看出,这个 S 上的 2×3 拉丁矩就不能扩为 S 上的拉丁方.

应用(0,1)矩阵的有关理论,我们可以得到拉丁矩是否可扩的一个简单判别方法:

n 元集 S 上的 $r\times t$ 拉丁矩 $\boldsymbol{A}$ 可扩 $\Leftrightarrow S$ 中每个元在 $\boldsymbol{A}$ 中出现的次数 $\geqslant r+t-n$;特别,$r\times n$ 和 $n\times r$ 拉丁矩必可扩.

这个结论保证了拉丁方的构造过程至少在理论上可以几乎随意地进行:先写下 n 个元的任意一个排列作为第一行,由上述结论,这个 $1\times n$ 拉丁矩必可扩;于是添上第二行,它也是 n 个元的某一个排列,但添上去后要使矩阵的每一列都是 n 个元的 2 排列(即同一列的两个元不能相同),上述结论保证了这种排列的存在,而且这样扩成的 $2\times n$ 拉丁矩仍是可扩的;然后继续添加,直至构成一个 n 阶拉丁方.上述结论保证了每一步添加的可行性.这个过程是按行进行的,当然也可以按列进行.

拉丁方的构造问题比较容易,而比较困难的是拉丁方的计数问题:对于某个正整数 n,一共有多少个不同的 n 阶拉丁方?

容易明白,将一个拉丁方的行换序,或将列换序,仍为一个拉丁方,但这个拉丁方与原来的拉丁方没有本质上的不同,因此我们把它们视作同一个拉丁方.设本质上不同的 n 阶拉丁方的个数为 l_n,则目前已知的 l_n 如表 1.

表 1　已知的 l_n

n	1	2	3	4	5	6	7
l_n	1	1	1	4	56	9 408	16 942 080

三、群，拟群与拉丁方

熟悉群论的读者容易明白，一个 n 阶有限群的乘法表就给出了一个 n 阶拉丁方：只要把这个有限群的 n 个元用 $1,2,\cdots,n$ 编号，然后在乘法表中把列出"乘数"的那一行和那一列去掉，把列出"积"的表格留下即得.

例 5　著名的克莱因(Klein)四元群的乘法表如表 2(已将元用 1 ～ 4 编号).

表 2

	1	2	3	4
1	1	2	3	4
2	2	1	4	3
3	3	4	1	2
4	4	3	2	1

它给出 4 阶拉丁方

$$\begin{bmatrix} 1 & 2 & 3 & 4 \\ 2 & 1 & 4 & 3 \\ 3 & 4 & 1 & 2 \\ 4 & 3 & 2 & 1 \end{bmatrix}$$

但是，并非任何拉丁方都可以由某个有限群的乘法表给出，而由群的乘法表给出的拉丁方具有一种称为四点形准则的性质，即对它的任意两个 2 阶子阵(指任两行与任两列相交处的 4 个元所组成的方阵)，若某 3 个元对应相等，则第 4 个元必相等.

在群的定义中去掉对乘法结合律的要求，就得到了拟群的定义. 可以证明：一个 n 阶拟群的乘法表给出一个 n 阶拉丁方；反之，一个 n 阶拉丁方也可给出一个 n 阶拟群的乘法表.

四、完备拉丁方的构造方法

在拉丁方的应用中，仅有一般结构的拉丁方是远远不够的，还需要除一般结构外有特殊结构的拉丁方. 比如，在必须考虑不同品种间相互影响(如农田耕作中邻近作物之间的影响，药物或饲料的先后服用之间的影响等）的试验设计中，要用到以下类型的拉丁方.

定义 4 在 n 元集 S 上的 n 阶拉丁方 $\boldsymbol{A}$ 中，若 S 的每个由不同元组成的有序偶都在 $\boldsymbol{A}$ 的行中(作为整体）出现，则称 $\boldsymbol{A}$ 是一个行完备拉丁方；将上述定义中的“行”改为“列”，$\boldsymbol{A}$ 就是一个列完备拉丁方；若 $\boldsymbol{A}$ 既是行完备拉丁方又是列完备拉丁方，则称 $\boldsymbol{A}$ 为完备拉丁方.

例 6 例 1 中的 4 阶拉丁方是行完备的，但不是列完备的；

$$\begin{bmatrix} 1 & 2 & 3 & 4 \\ 2 & 3 & 4 & 1 \\ 4 & 1 & 2 & 3 \\ 3 & 4 & 1 & 2 \end{bmatrix}$$

是列完备的，但不是行完备的；

$$\begin{bmatrix} 1 & 2 & 3 & 4 \\ 2 & 3 & 4 & 1 \\ 3 & 4 & 1 & 2 \\ 4 & 1 & 2 & 3 \end{bmatrix}$$

既不是行完备的，也不是列完备的；而

$$\begin{bmatrix} 1 & 2 & 4 & 3 \\ 2 & 3 & 1 & 4 \\ 4 & 1 & 3 & 2 \\ 3 & 4 & 2 & 1 \end{bmatrix}$$

行、列皆完备，是一个 4 阶完备拉丁方.

威廉斯(Williams) 给出了如下的构造偶数 n 阶完备拉丁方的方法：

（ⅰ）首先构造 n 阶行完备拉丁方 $\boldsymbol{A}$. 它的第一行为：$1,2,n,3,n-1,\cdots,\frac{n}{2},\frac{n}{2}+2,\frac{n}{2}+1$；它的第 i 行各元为第 $i-1$ 行对应元加 1(若超过 n，则减去 n)，$i=2,3,\cdots,n$.

（ⅱ）再将 $\boldsymbol{A}$ 的行换序(易知将拉丁方的行换序不改变它的行完备性，将列换序不改变列完备性)，使第一列与 $\boldsymbol{A}$ 的第一行的元的排列次序一样，这样得到的 $\boldsymbol{B}$ 即是一个 n 阶完备拉丁方.

例 7 取 $n=8$，有

$$
\boldsymbol{A}=\begin{bmatrix}
1 & 2 & 8 & 3 & 7 & 4 & 6 & 5\\
2 & 3 & 1 & 4 & 8 & 5 & 7 & 6\\
3 & 4 & 2 & 5 & 1 & 6 & 8 & 7\\
4 & 5 & 3 & 6 & 2 & 7 & 1 & 8\\
5 & 6 & 4 & 7 & 3 & 8 & 2 & 1\\
6 & 7 & 5 & 8 & 4 & 1 & 3 & 2\\
7 & 8 & 6 & 1 & 5 & 2 & 4 & 3\\
8 & 1 & 7 & 2 & 6 & 3 & 5 & 4
\end{bmatrix}
$$

$$
\boldsymbol{B}=\begin{bmatrix}
1 & 2 & 8 & 3 & 7 & 4 & 6 & 5\\
2 & 3 & 1 & 4 & 8 & 5 & 7 & 6\\
8 & 1 & 7 & 2 & 6 & 3 & 5 & 4\\
3 & 4 & 2 & 5 & 1 & 6 & 8 & 7\\
7 & 8 & 6 & 1 & 5 & 2 & 4 & 3\\
4 & 5 & 3 & 6 & 2 & 7 & 1 & 8\\
6 & 7 & 5 & 8 & 4 & 1 & 3 & 2\\
5 & 6 & 4 & 7 & 3 & 8 & 2 & 1
\end{bmatrix}
$$

五、正交拉丁方的构造方法

正交拉丁方的构造问题有两类：一类是求给定 n 阶拉丁方的正交侣；另一类是对给定的阶数 n，求一对（或一组）n 阶正交拉丁方.

对第一类问题，需要引入以下概念.

定义 5 若在 n 元集 S 上的 n 阶拉丁方 $\boldsymbol{A}$ 中的 n 个两两不同行也不同列的位置上恰出现了 S 的全部元，则称这 n 个位置是 $\boldsymbol{A}$ 的一个截态. 若 $\boldsymbol{A}$ 有 n 个两两无公共位置的截态，则称 $\boldsymbol{A}$ 有一个截态分解.

例 8 3 阶拉丁方

$$
\boldsymbol{A}=\begin{bmatrix}
\textcircled{1} & \triangle 2 & \boxed{3}\\
\boxed{2} & \textcircled{3} & \triangle 1\\
\triangle 3 & \boxed{1} & \textcircled{2}
\end{bmatrix}
$$

有 ○，△，□ 3 种符号所示的 3 个截态，因此 $\boldsymbol{A}$ 有一个截态分解. 例 6 中的那个 4 阶完备拉丁方没有截态.

可以证明，对一个拉丁方，“有正交侣”和“有截态分解”这两件事是完全等价的. 如果 n 阶拉丁方 $\boldsymbol{A}$ 有截态分解，设它的 n 个无公共位置的截态分别是 $T_1,\cdots,T_n$（每个 T_i 是 n 个位置的集合），那么，如下构造的 n 阶方阵 $\boldsymbol{B}$ 即是 $\boldsymbol{A}$ 的正交侣：令 $\boldsymbol{B}$ 的处于 T_i 所示 n 个位置上的元均为 i，$i=1,2,\cdots,n$. 例如，设例 8

中的 3 阶拉丁方 $\boldsymbol{A}$ 的三个截态为 $T_1=\bigcirc, T_2=\triangle, T_3=\square$，那么所得到的

$$\boldsymbol{B}=\begin{bmatrix}1&2&3\\3&1&2\\2&3&1\end{bmatrix}$$

即是 $\boldsymbol{A}$ 的正交侣.

对于截态分解，我们有这样一个充分条件：

若拉丁方具有"四点形准则"性质，且有一个截态，那么它就有截态分解.

特别，由此可以推出：奇数阶群乘法表给出的拉丁方一定有截态分解，从而有正交侣.

对第二类问题，数学家们首先集中力量进攻的是：对哪些 n，有 $N(n)\geqslant 2$？即对哪些 n，至少存在一对 n 阶正交拉丁方？前面关于正交侣问题的讨论已对这里的奇数阶情况给出了肯定的回答. 在进一步解决这一问题的征途上，人们首先得到了以下两个重要结论：

(1) 对任意素数幂 $n=p^e\geqslant 3$，存在 n 阶正交拉丁方完全组，即 $N(p^e)=p^e-1$，其中 p 为素数，e 为整数；

(2) 若存在一个 n 阶(t 个) 正交拉丁方组和一个 m 阶(t 个) 正交拉丁方组，则存在一个 nm 阶(t 个) 正交拉丁方组，即若 $N(n)\geqslant t, N(m)\geqslant t$，则 $N(nm)\geqslant t$.

结论(1) 的证明用到了有限域的概念，结论(2) 的证明则用到了矩阵直积运算的概念，有兴趣的读者可参看文[6].

根据这两个结论即可断言：如果正整数 n 的素因数分解式是 $n=p_1^{e_1}\cdots p_k^{e_k}$，那么

$$N(n)\geqslant \min_{1\leqslant i\leqslant k}\{p_i^{e_i}-1\}$$

特别，可知 $N(2k+1)\geqslant 2, N(4k)\geqslant 2$(前者在有关正交侣的结论中已得出过). 这样，除去 $n=4k+2$ 这种情况，我们已确认了一对 n 阶正交拉丁方的存在性.

六、欧拉猜想的终结及 $N(n)$ 的计值

例 3 中已经证明了不存在 2 阶正交拉丁方，而欧拉在提出"三十六军官问题"时，对 6 阶正交拉丁方的存在性(他既未给出肯定答案，也未给出否定证明)又提出了一个否定性猜想 —— 不存在 6 阶正交拉丁方！我们已经知道只剩下 $n=4k+2$ 这种情况未能解决，而 $n=2$ 和 6 恰是 $n=4k+2$ 这类数的头两个值. 1782 年，欧拉又把他的猜想扩展到了这一类数的全部，提出了著名的欧拉猜想 —— 不存在 $n=4k+2$ 阶的正交拉丁方！由于欧拉的名声和具体构造上的困难，上述背景给正交拉丁方问题的进一步解决蒙上了一层浓重的迷雾.

然而，真理是客观的，人们对真理的探求也是不屈不挠的. 经过几代数学家历经一百七十多年的努力探索，终于拨开了这层迷雾，解决了这个“正交拉丁方存在性问题”.

首先，1900 年，法国的塔利(G. Tarry) 证明了欧拉猜想对 $n=6$ 是正确的(即“三十六军官问题” 所要求的方阵确实不存在)；又经过半个多世纪，到 1960 年，印度数学家玻色(R. C. Bose)、史里克汉德(S. S. Shrikhande) 和美国数学家帕克(E. T. Parker) 合作给出了下面的论断(这一论断的初始证明是冗长的，我国数学工作者朱烈在 1977 年给出了一个大为简化的证明)：

当 $k \geqslant 2$ 时，恒有 $N(4k+2) \geqslant 2$.

这一出人意料的结果宣告了欧拉猜想的如下终结：对 2 与 6 以外的其他 $4k+2$ 型数，欧拉猜想都不正确！至此，关于正交拉丁方存在性问题的答案已全部给出，这就是：

对 $n \neq 2, 6$，恒有 $N(n) \geqslant 2$，而 $N(2)=N(6)=1$.

随着一个阶梯踩在脚下($N(n) \geqslant 2(n \neq 2, 6)$ 的认定)，组合数学家们又不停歇地开始了对下一个阶梯的攀登，即对 $N(n)$ 的计值. 由于 $N(n)$ 的确切值计算相当困难，人们正沿着两条途径努力：一条是对给定的 n 提高 $N(n)$ 的下界；另一条是对充分大的 n，渐近地估计 $N(n)$ 的下界.

对前者，以 n_r 表示使得 $N(n) \geqslant r$ 对任何 $n > n_r$ 均成立的最小整数. 例如 $n_3 \leqslant 10$ 即表示“$n > 10$ 时恒有 $N(n) \geqslant 3$”，至今已得到的主要结果如表 3.

表 3　$N(n)$ 的下界

r	n_r	r	n_r
2	$=6$	3	$\leqslant 10$
4	$\leqslant 52$	5	$\leqslant 62$
6	$\leqslant 76$	7	$\leqslant 780$
8	$\leqslant 4\,738$	9	$\leqslant 5\,842$
10	$\leqslant 7\,222$	11	$\leqslant 7\,478$
12	$\leqslant 9\,286$	13	$\leqslant 9\,476$
14	$\leqslant n_{15}$	15	$\leqslant 10\,632$
30	$\leqslant 65\,278$		

我国数学工作者朱烈在这方面曾经得到过 $N(36) \geqslant 4$，$N(46) \geqslant 4$ 和 $N(69) \geqslant 6$ 等结果.

对后者，至今已得到的最好的渐近下界是 $N(n) \geqslant n^{\frac{10}{143}}-2(n>n_0)$，这是由我国数学工作者陆鸣皋在 1984 年给出的. 我国著名数学家王元对这方面的进展也做出过贡献.

对 $N(n)$ 的计算,人们还在继续努力. 比较有趣的问题是:是否 $N(10) \geqslant 3$?

七、正交拉丁方与幻方

在正交拉丁方理论中,值得一提的还有它与幻方的关系.

定义 6 一个由 $1 \sim n^2$ 这 n^2 个整数排列成的 n 阶方阵中,若其每行、每列及两条对角线上数字的和都是一个相同的数(即 $\frac{n(n^2+1)}{2}$,称此数为 n 阶幻和),则称其为一个 n 阶幻方,也称纵横图或魔方.

例 9

$$\begin{bmatrix} 4 & 9 & 2 \\ 3 & 5 & 7 \\ 8 & 1 & 6 \end{bmatrix}$$

就是一个 3 阶幻方,它的幻和为 15. 相传这个图是约公元前 2200 年大禹治水时在一个神龟的背上发现的. 这一说法已被国际上公认为组合数学的最早渊源.

中世纪后许多国家也都有了关于幻方的记载,如 16 世纪的德国著名画家丢勒(A. Dürer) 在他的版画 *Melancholia* 中就画有一个 4 阶幻方,并且巧妙地把这幅版画的创作年份 1514 放在幻方底行的中间两格(图 1,右上角). 当时人们大多将幻方视为神秘之物,用来避邪、治病或显示吉祥.

图 1 丢勒的版画 *Melancholia*

数学家早已证明了对任意大于 2 的正整数 n,都存在 n 阶幻方,并给出了多种构造方法. 这里介绍一种利用正交拉丁方的构造方法.

若 $\{1,2,\cdots,n\}$ 上的一对 n 阶正交拉丁方 $\boldsymbol{A}=(a_{ij})$,$\boldsymbol{B}=(b_{ij})$ 又满足以下条

件：每个拉丁方两条对角线上数字的和都等于$\frac{n(n+1)}{2}$，那么，由诸元素

$$c_{ij}=n(a_{ij}-1)+b_{ij}\quad (i,j=1,\cdots,n)$$

所组成的 n 阶方阵 $\boldsymbol{C}=(c_{ij})$ 即是一个 n 阶幻方.

例 10 4 阶拉丁方

$$\boldsymbol{A}=\begin{bmatrix}1&2&3&4\\3&4&1&2\\4&3&2&1\\2&1&4&3\end{bmatrix}\text{和 }\boldsymbol{B}=\begin{bmatrix}4&3&1&2\\2&1&3&4\\3&4&2&1\\1&2&4&3\end{bmatrix}$$

满足上述条件，由它们可得 4 阶幻方

$$\boldsymbol{C}=\begin{bmatrix}4&7&9&14\\10&13&3&8\\15&12&6&1\\5&2&16&11\end{bmatrix}$$

八、有附加性质的正交拉丁方

在正交拉丁方的现代研究中，人们对某些有附加性质的正交拉丁方有着特殊的兴趣，现简略介绍几种.

1. 自正交拉丁方

若 n 阶拉丁方 $\boldsymbol{A}$ 的转置阵 $\boldsymbol{A}^{\mathrm{T}}$（当然，还是一个 n 阶拉丁方）恰是它的一个正交侣，则称 $\boldsymbol{A}$ 为一个自正交拉丁方.

例 11 4 阶拉丁方 $\boldsymbol{A}=\begin{bmatrix}1&2&3&4\\4&3&2&1\\2&1&4&3\\3&4&1&2\end{bmatrix}$ 与它的转置 $\boldsymbol{A}^{\mathrm{T}}=\begin{bmatrix}1&4&2&3\\2&3&1&4\\3&2&4&1\\4&1&3&2\end{bmatrix}$ 是正交的. 因此这个 $\boldsymbol{A}$（或 $\boldsymbol{A}^{\mathrm{T}}$）就是一个 4 阶的自正交拉丁方.

自正交拉丁方的存在性问题已于 1974 年最后解决，结论是：

存在 n 阶自正交拉丁方 $\Leftrightarrow n\neq 2,3,6$.

这一结论的必要性是明显的，首先由 $N(2)=N(6)=1$ 知不能有 2 阶和 6 阶的自正交拉丁方，而当 $n=3$ 时，若令 3 元集为 $\{a,b,c\}$，3 阶拉丁方只能有

$$\boldsymbol{A}=\begin{bmatrix}a&b&c\\b&c&a\\c&a&b\end{bmatrix}\text{和 }\boldsymbol{B}=\begin{bmatrix}a&b&c\\c&a&b\\b&c&a\end{bmatrix}$$

这两种结构(不考虑三个符号 a,b,c 的互换表示).然而 $\boldsymbol{A}^{\mathrm{T}}=\boldsymbol{A}$,当然不会有 $\boldsymbol{A}$ 与 $\boldsymbol{A}^{\mathrm{T}}$ 正交,而

$$\boldsymbol{B}^{\mathrm{T}}=\begin{bmatrix} a & c & b \\ b & a & c \\ c & b & a \end{bmatrix}$$

由主对角线上的情况即可看出 $\boldsymbol{B}$ 与 $\boldsymbol{B}^{\mathrm{T}}$ 不正交.

2. 正交对角拉丁方

若 n 阶拉丁方 $\boldsymbol{A}$ 的两条对角线恰是它的两个截态,则称 $\boldsymbol{A}$ 为 n 阶对角拉丁方.两个 n 阶对角拉丁方若正交,则称为 n 阶正交对角拉丁方.

例 12 例10的 $\boldsymbol{A}$ 与 $\boldsymbol{B}$ 都是对角拉丁方,它们又正交,因此是一对正交对角拉丁方.

例 13 不存在3阶对角拉丁方(因此也就不存在3阶正交对角拉丁方).事实上,若在3元集 $\{a,b,c\}$ 上来构造,可先安排主对角线上的截态,不妨令为

$$\begin{bmatrix} a & * & \triangle \\ & b & \\ & & c \end{bmatrix}$$

进而由行、列的要求,$*$ 处只能写 c,而 $\triangle$ 处只能写 b,于是副对角线不能构成截态.

正交对角拉丁方的存在性问题是从1974年才着手研究的.近年来,经过海因里希(Heinrich)、希尔顿(Hilton)、瓦里斯(Wallis) 和朱烈(特别是后两位)的一系列艰苦工作,至去年为止,这一问题已基本解决,结论是:

除去 $n=10$ 这种情况尚未决定,存在 n 阶正交对角拉丁方 $\Leftrightarrow n\neq 2,3,6$.

与一般正交拉丁方的研究一样,人们也在进一步探求两两正交的 n 阶对角拉丁方的最大个数 $D(n)$,至今已得到了如下一些结果:

(i) $\lim\limits_{n\to\infty} D(n)=\infty$(希尔顿);

(ii) 当 $n\geqslant 447$ 时,$D(n)\geqslant 3$;当 $n\geqslant 511$ 时,$D(n)\geqslant 4$;当 $n\geqslant 2\,724$ 时,$D(n)\geqslant 5$;当 $n\geqslant 6\,278$ 时,$D(n)\geqslant 6$(朱烈,瓦里斯);

(iii) 当 $n\geqslant 7$ 时,除去28个可能的数值(10,14,15,18,20,21,22,24,26,28,30,33,34,35,36,38,42,44,45,46,52,66,70,74,102,110,114,118),恒有 $D(n)\geqslant 3$(朱烈).

3. 共轭正交拉丁方

这个概念是自正交拉丁方的一种推广.因为拉丁方对应于一个拟群的乘法表,因此 $\boldsymbol{A}$ 和 $\boldsymbol{A}^{\mathrm{T}}$ 可以看作对应于同一个集合 S 上两个有不同乘法 $\otimes$ 与 $\otimes'$ 的

拟群，不难看出这两个乘法间的关系是：对任意 $x,y,z\in S$，$\boldsymbol{A}$ 中 $x\otimes y=z\Leftrightarrow\boldsymbol{A}^{\mathrm{T}}$ 中 $y\otimes' x=z$.

若对这种"对应不同乘法"的观点更广泛地加以全面考虑，则将涉及总共 6 种可能，即

$$x\otimes_1 y=z, x\otimes_2 z=y, y\otimes_3 x=z$$
$$y\otimes_4 z=x, z\otimes_5 x=y, z\otimes_6 y=x$$

如果由拟群 $(S,\otimes_1)$ 得到的拉丁方为 $\boldsymbol{A}$，我们称由拟群 $(S,\otimes_2)$，$(S,\otimes_3)$，$(S,\otimes_4)$，$(S,\otimes_5)$，$(S,\otimes_6)$ 得到的拉丁方依次为：$\boldsymbol{A}$ 的(132) 共轭拉丁方、(213) 共轭拉丁方、(231) 共轭拉丁方、(312) 共轭拉丁方、(321) 共轭拉丁方，统称为 $\boldsymbol{A}$ 的共轭拉丁方. 由前所述，$\boldsymbol{A}$ 的(213) 共轭拉丁方即是其转置 $\boldsymbol{A}^{\mathrm{T}}$.

一个拉丁方若与其(ijk) 共轭拉丁方正交，则称它们为(ijk) 共轭正交拉丁方(这里的(ijk) 即上面提到的 5 种可能情况).(213) 共轭正交拉丁方即自正交拉丁方.

例 14 5 阶拉丁方

$$\boldsymbol{A}=\begin{bmatrix}1&2&3&4&5\\3&4&5&1&2\\5&1&2&3&4\\2&3&4&5&1\\4&5&1&2&3\end{bmatrix}$$

的 5 个共轭拉丁方依次是

$$\begin{bmatrix}1&2&3&4&5\\4&5&1&2&3\\2&3&4&5&1\\5&1&2&3&4\\3&4&5&1&2\end{bmatrix}((132));\begin{bmatrix}1&3&5&2&4\\2&4&1&3&5\\3&5&2&4&1\\4&1&3&5&2\\5&2&4&1&3\end{bmatrix}((213))$$

$$\begin{bmatrix}1&4&2&5&3\\3&1&4&2&5\\5&3&1&4&2\\2&5&3&1&4\\4&2&5&3&1\end{bmatrix}((231));\begin{bmatrix}1&4&2&5&3\\2&5&3&1&4\\3&1&4&2&5\\4&2&5&3&1\\5&3&1&4&2\end{bmatrix}((312))$$

$$\begin{bmatrix}1&3&5&2&4\\4&1&3&5&2\\2&4&1&3&5\\5&2&4&1&3\\3&5&2&4&1\end{bmatrix}((321))$$

不难验证,**A** 是(132),(213),(231),(321) 共轭正交拉丁方,但不是(312) 共轭正交拉丁方.

共轭正交拉丁方的存在性问题也已基本解决,其中(213) 共轭正交拉丁方即自正交拉丁方的存在条件已在前面给出.而关于其他四种的结论是:

对任意 $n \neq 2,6$,恒存在(312)(或(231)) 共轭正交拉丁方;对任意 $n \neq 2,6,14$,恒存在(321)(或(132)) 共轭正交拉丁方.

只有 $n=14$ 时的(321)(或(132)) 共轭正交拉丁方的存在性尚待判定.

在正交拉丁方的理论中,还有一些更深入的问题,如子方问题,带洞正交拉丁方问题,含子方的共轭正交拉丁方问题,等等,限于篇幅,我们不再一一介绍.

笔者谨对苏州大学朱烈副教授的支持帮助表示衷心的感谢,他向笔者提供了他在中国数学会五十周年年会上的报告"关于正交拉丁方的某些新进展",并审阅了本文.

参考资料

[1] 华罗庚.从孙子的"神奇妙算"谈起.北京:人民教育出版社,1964.
[2] 康庆德.斯坦纳和柯克曼三元系及大集问题.自然杂志,1985,8(6):459.
[3] F. Harary.图论.李慰萱,译.上海:上海科学技术出版社,1980.
[4] 刘振宏.图的着色 —— 从四色定理谈起.自然杂志,1984,7(4):278.
[5] 罗见今.Nim—— 从古代的游戏到现代的数学.自然杂志,1986:9(1):63.
[6] H. J. Ryser.组合数学.李乔,译.北京:科学出版社,1983.

从 n 王后问题谈起*

在数论中，有个费马(Fermat)两平方定理[1]，它是这样说的：$4k+1$ 型(k 是正整数)素数一定可以表示成两个正整数的平方和. 例如，$5=1^2+2^2$，$13=2^2+3^2$，$17=1^2+4^2$，$29=2^2+5^2$，等等. 这个定理的证明虽不很难，但必须涉及数论中一些专门的概念和知识. 或许读者会感到惊讶，因为在本文中，我们将用国际象棋的棋盘来证明这一定理. 这个证明基于这样一个有趣的游戏问题——n 王后问题.

一、n 王后问题

我们知道，国际象棋的棋盘由横 8 行竖 8 列共 64 个格子组成(图 1)，我们把它称为 8×8 棋盘. 现在要求在这个 8×8 棋盘上摆上 8 个王后，使得每一个王后都不能“吃掉”另外任何一个王后. 在国际象棋中，王后的威力最大，它可以横走，竖走，也可以沿着棋盘两条对角线中任何一条的方向走. 因此，要在 8×8 棋盘上按照上述条件摆上 8 个王后，并非唾手可得. 但稍微动一下脑筋，也不难得到，图 1 就给出了两种摆法.

现在我们设想有一个 $n\times n$ 棋盘(n 是正整数)，即由横 n 行竖 n 列共 n^2 个格子组成，同样要求在这 $n\times n$ 棋盘上摆上 n 个王后，使它们之间不能相“吃”，这就是所谓 n 王后问题. 据说这

* 丘维声：《从 n 王后问题谈起》，《自然杂志》1987 年第 10 卷第 10 期.

个问题最早是由弗朗茨·诺克(Franz Nauck)于1850年提出来的[2]. 19世纪的大数学家高斯曾对8王后问题表现出了浓厚的兴趣.

二、n 王后问题的解的求法

我们把 $n\times n$ 棋盘上使得 n 个王后不能相“吃”的一种摆法称为 n 王后问题的一个解. 自然会问:对于每一个正整数 n,n 王后问题是否都有解? 如何求出它的解? 总共有多少个解?

(a)

(b)

图1　8王后问题的两个解

对于8王后问题,高斯曾凭直感认为仅有76个解. 1854年,柏林的国际象棋杂志《棋报》(*Schachzeitung*)上仅给出40个解[3]. 事实上,8王后问题有92个解. 1969年,霍夫曼(E. J. Hoffman)等人证明了对于所有大于3的正整数 n, n 王后问题都有解[4].

怎样求出 n 王后问题的解呢? 显然棋盘的每一行应当恰好摆一个王后,每一列也应当恰好摆一个王后,并且每两个王后的连线不能平行于棋盘的两条对角线中的任何一条. 现在我们把一个王后在棋盘上所处的位置看成笛卡儿平面上的一个点 (x,y),其中 x,y 都是整数,并且 $1\leqslant x\leqslant n$,$1\leqslant y\leqslant n$(图2). 于是 n 王后问题的一个解是一个点集

$$\left\{(i,y_i)\,\middle|\, i=1,\cdots,n;\text{当 } i\neq j \text{ 时},y_i\neq y_j,\text{且}\left|\frac{y_i-y_j}{i-j}\right|\neq 1\right\}$$

容易看出,当 $n=2$ 或3时,n 王后问题的解不存在. 下面我们对于每一个正整数 $n>3$,都给出至少一种构造解的方法[5].

构造1　任给奇数 $n\not\equiv 0\pmod 3$,令

$$y_i\equiv 3i\pmod n\quad(1\leqslant y_i\leqslant n)$$

则 $\{(i,y_i)\mid i=1,\cdots,n\}$ 是 n 王后问题的一个解.

例1　设 $n=11$,则

$$\{(1,3),(2,6),(3,9),(4,1),(5,4),(6,7),$$
$$(7,10),(8,2),(9,5),(10,8),(11,11)\}$$

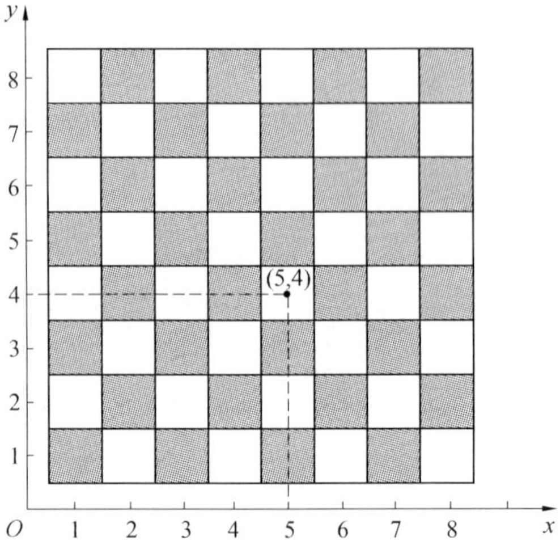

图 2　王后在棋盘上所处位置的坐标表示

是 11 王后问题的一个解.

我们还可以把构造 1 推广成:

构造 1′　任给奇数 $n \not\equiv 0 \pmod 3$,令

$$x_i \equiv i + l \pmod n \quad (1 \leqslant x_i \leqslant n)$$
$$y_i \equiv \lambda i + l \pmod n \quad (1 \leqslant y_i \leqslant n)$$

其中 $0 \leqslant l < n$,$\lambda = 2$ 或 3,则$\{(x_i, y_i) \mid i = 1, \cdots, n\}$ 是 n 王后问题的一个解.

由构造 1′,我们可以得到 n 王后问题的 $2n$ 个解(分别取 $l = 0, 1, \cdots, n-1$,$\lambda = 2, 3$).

构造 2　任给 $n \equiv 0 \pmod 3$,且 $n \equiv 1 \pmod 4$,令

$$y = \begin{cases} -2x + \dfrac{n-1}{2} & \left(当 1 \leqslant x \leqslant \dfrac{n-5}{4} 时\right) \\ \dfrac{n-1}{2} & \left(当 x = \dfrac{n-1}{4} 时\right) \\ -2x + \dfrac{3n+3}{2} & \left(当\dfrac{n+3}{4} \leqslant x \leqslant \dfrac{3n+1}{4} 时\right) \\ \dfrac{n+3}{2} & \left(当 x = \dfrac{3n+5}{4} 时\right) \\ -2x + \dfrac{5n+7}{2} & \left(当\dfrac{3n+9}{4} \leqslant x \leqslant n 时\right) \end{cases}$$

则$\{(x, y) \mid x = 1, \cdots, n\}$ 是 n 王后问题的一个解.

构造 3　任给 $n \equiv 0 \pmod 3$,且 $n \equiv 3 \pmod 4$,令

$$y=\begin{cases}-3x+n-2 & \left(\text{当 } 1\leqslant x\leqslant \frac{n}{3}-1 \text{ 时}\right)\\ 3 & \left(\text{当 } x=\frac{n}{3} \text{ 时}\right)\\ -3x+2n+2 & \left(\text{当}\frac{n}{3}+1\leqslant x\leqslant \frac{2n}{3} \text{ 时}\right)\\ n-2 & \left(\text{当 } x=\frac{2n}{3}+1 \text{ 时}\right)\\ -3x+3n+6 & \left(\text{当}\frac{2n}{3}+2\leqslant x\leqslant n \text{ 时}\right)\end{cases}$$

则$\{(x,y)\mid x=1,\cdots,n\}$是 n 王后问题的一个解.

以上构造 1～3 解决了 n 为奇数的情况，下面构造 4～6 则是针对 n 为偶数的情况.

构造 4 任给偶数 $n\equiv 0(\bmod 3)$，令

$$y_i\equiv \lambda i(\bmod n+1)\quad (1\leqslant y_i\leqslant n)$$

其中 $\lambda=2$ 或 3，则$\{(i,y_i)\mid i=1,\cdots,n\}$是 n 王后问题的一个解.

构造 5 任给 $n\not\equiv 0(\bmod 3)$，且 $n\equiv 0(\bmod 4)$，令

$$y=\begin{cases}2x+\frac{n}{2}-2 & \left(\text{当 } 1\leqslant x\leqslant \frac{n}{4}+1 \text{ 时}\right)\\ 2x-\frac{n}{2}-2 & \left(\text{当}\frac{n}{4}+2\leqslant x\leqslant \frac{n}{2} \text{ 时}\right)\\ 2x-\frac{n}{2}+1 & \left(\text{当}\frac{n}{2}+1\leqslant x\leqslant \frac{3n}{4}-1 \text{ 时}\right)\\ 2x-\frac{3n}{2}+1 & \left(\text{当}\frac{3n}{4}\leqslant x\leqslant n \text{ 时}\right)\end{cases}$$

则$\{(x,y)\mid x=1,\cdots,n\}$是 n 王后问题的一个解.

构造 6 任给 $n\not\equiv 0(\bmod 3)$，且 $n\equiv 2(\bmod 4)$，令

$$y=\begin{cases}2x+\frac{n}{2}-2 & \left(\text{当 } 1\leqslant x\leqslant \frac{n+2}{4} \text{ 时}\right)\\ 2x-\frac{n}{2}-2 & \left(\text{当}\frac{n+6}{4}\leqslant x\leqslant \frac{n}{2} \text{ 时}\right)\\ 2x-\frac{n}{2}+1 & \left(\text{当}\frac{n}{2}+1\leqslant x\leqslant \frac{3n-2}{4} \text{ 时}\right)\\ 2x-\frac{3n}{2}+1 & \left(\text{当}\frac{3n+2}{4}\leqslant x\leqslant n \text{ 时}\right)\end{cases}$$

则$\{(x,y)\mid x=1,\cdots,n\}$是 n 王后问题的一个解.

构造 1～6 说明了，对于任一正整数 $n>3$，n 王后问题都有解，而且可以具体地给出它的一个解.

对于给定的正整数 $n>3$，怎样把 n 王后问题的全部解都求出来？早在

1874 年,英国著名数学家格莱谢尔(J. W. L. Glaisher) 给出了一个基于行列式余子式展开的递归算法[2],即在已知 $n-1$ 王后问题的全部解的条件下,通过行列式的余子式展开,求出 n 王后问题的全部解. 笔者则采用下述方法:设第 i 个王后位于(i,y_i)处,v_1 可取 $1,2,\cdots,n$ 中任一个数. 当 $y_1=1$ 时,y_2 可取 $3,4,\cdots,n$ 中任一个数. 依次下去,当 $y_1=a_1,y_2=a_2,\cdots,y_{i-1}=a_{i-1}$ 时,若 y_i 不能取 $1,2,\cdots,n$ 中任何一个数,则让 y_{i-1} 取下一个可能取的值 b_{i-1},然后看当 $y_1=a_1,\cdots,y_{i-2}=a_{i-2},y_{i-1}=b_{i-1}$ 时,y_i 能取哪些值,依此类推. 笔者采取这种方法用电子计算机求出了 $4\leqslant n\leqslant 13$ 的 n 王后问题的全部解. 若用 $f(n)$ 表示 n 王后问题的解的总数,则有表 1.

表 1　n 王后问题的解的总数

n	4	5	6	7	8	9	10	11	12	13
$f(n)$	2	10	4	40	92	352	724	2 680	14 200	73 712

三、n 王后问题的解的性质

设 S 是 n 王后问题的一个解,如果我们把 S 中每个点都绕棋盘中心逆时针旋转 $90°$,那么不难看出这样得到的点所组成的集合 S' 仍是 n 王后问题的一个解. 现在我们来讨论 n 王后问题的解在各种变换(如绕中心旋转 $90°$) 下所表现出来的性质.

平面(看成点的集合) 到自身的一个映射称为平面的一个变换. 平面的变换 σ 如果保持点之间的距离不变,则称 σ 是平面的正交变换. 设 F 是平面上的一个图形,保持 F 不变的所有正交变换组成的集合 G 对于变换的乘法构成一个群,我们称 G 是图形 F 的对称群.

现在考虑以 $A(1,1)$,$B(n,1)$,$C(n,n)$ 和 $D(1,n)$ 为顶点的正方形,用 σ 表示绕正方形的中心逆时针旋转 $90°$,用 τ 表示关于直线 AC 的反射. 容易看出,正方形 $ABCD$ 的对称群 G 含 8 个元素:$\sigma,\sigma^2,\sigma^3,\sigma^4,\tau,\tau\sigma,\tau\sigma^2,\tau\sigma^3$. 由于正交变换把直线变成直线,并且保持平行性,因此,如果 S 是 n 王后问题的解,则 S 中每个点在 σ 下的象组成的集合 $\sigma(S)$ 也是 n 王后问题的解. 同理,$\sigma^2(S),\cdots,\tau\sigma^3(S)$ 都是 n 王后问题的解.

若 n 王后问题的解 S 满足 $\sigma(S)=S$,则称 S 是强对称解;若 $\tau(S)\neq S$,但是 $\sigma^2(S)=S$,则称 S 是对称解;若 $\sigma^2(S)\neq S$,则称 S 是非对称解.

不难看出,若 S 是 n 王后问题的一个解,则总有 $S\neq\tau(S)$. 若 S 是强对称解,则有 $\sigma^3(S)=\sigma^2(S)=\sigma(S)=S,\tau\sigma^3(S)=\tau\sigma^2(S)=\tau\sigma(S)=\tau(S)$,因此由一个强对称解只可得到 2 个解. 若 S 是对称解,则 $S,\sigma(S),\tau(S),\tau\sigma(S)$ 是 4 个不同的解,而 $\sigma^2(S)=S,\sigma^3(S)=\sigma(S),\tau\sigma^2(S)=\tau(S),\tau\sigma^3(S)=\tau\sigma(S)$,因此由一个

对称解可得到 4 个解. 若 S 是非对称解,则可得到 8 个不同的解. 从而 n 王后问题的解的总数 $f(n)=2a_n+4b_n+8c_n$,其中 a_n,b_n 和 c_n 分别是本质上不同的强对称解、对称解和非对称解的数目(所谓 S_1,S_2 是本质上不同的两个解,是指 G 中任何元素都不能把 S_1 变成 S_2). 对于 $4\leqslant n\leqslant 9$,我们有表 2[5].

表 2　强对称解、对称解和非对称解的数目

n	4	5	6	7	8	9
a_n	1	1	0	0	0	0
b_n	0	0	1	2	1	4
c_n	0	1	0	4	11	42

从表 2 可以看出,当 $n=6,7,8,9$ 时,n 王后问题都有对称解,一般地可以证明[5]:

定理 1　任给整数 $n\geqslant 6$,n 王后问题都有对称解.

从表 2 还可以看出,当 $n=4,5$ 时,n 王后问题有强对称解;而当 $n=6,7,8,9$ 时,n 王后问题都没有强对称解. 事实上可以证明[5]:

定理 2　n 王后问题有强对称解的必要条件是 $n=4k$ 或 $n=4k+1$.

定理 3　若 $n=p_1^\alpha p_2^\beta\cdots p_s^\gamma$,其中 $p_j(j=1,\cdots,s)$ 都是 $4k+1$ 型素数,则 n 王后问题有强对称解. 令

$$x_i\equiv i+\frac{n+1}{2}(\bmod n),\ y_i\equiv\lambda i+\frac{n+1}{2}(\bmod n)$$

其中 $\lambda^2\equiv -1(\bmod n)$,则 $S=\{(x_i,y_i)\mid i=1,\cdots,n\}$ 就是 n 王后问题的一个强对称解.

定理 4　若 $n\equiv 0(\bmod 4)$,且 $n+1=p_1^\alpha p_2^\beta\cdots p_s^\gamma$,其中 $p_j(j=1,2,\cdots,s)$ 都是 $4k+1$ 型素数,则 n 王后问题有强对称解. 令

$$y_i\equiv\lambda i(\bmod n+1)$$

其中 $\lambda^2\equiv -1(\bmod n+1)$,则 $S'=\{(i,y_i)\mid i=1,\cdots,n\}$ 就是 n 王后问题的一个强对称解.

例 2　设 $n=13$,此时 $5^2\equiv -1(\bmod 13)$,于是由定理 3 知

$$\begin{aligned}S=&\{(x_i,y_i)\mid i=1,\cdots,13\}=\\&\{(i+7(\bmod 13),5i+7(\bmod 13))\mid i=1,\cdots,13\}=\\&\{(1,3),(2,8),(3,13),(4,5),(5,10),(6,2),(7,7),(8,12),\\&(9,4),(10,9),(11,1),(12,6),(13,11)\}\end{aligned}$$

便是 13 王后问题的一个强对称解.

四、在棋盘上证明费马两平方定理

1918 年,著名数学家波利亚(G. Pólya)想把本文开头提到的费马两平方定

理与 n 王后问题联系起来[6]. 1977 年,拉森(L. C. Larson)在波利亚想法的基础上利用 n 王后问题的正则双对称解(定理3给出的强对称解就是正则双对称解)给出了费马两平方定理的一个新证明[7],这个证明的大致思路如下.

设素数 $p=4k+1$,取一个 $p\times p$ 棋盘,并且设想这个棋盘可以上下左右无限伸展(对于 $p=13$,见图 3).

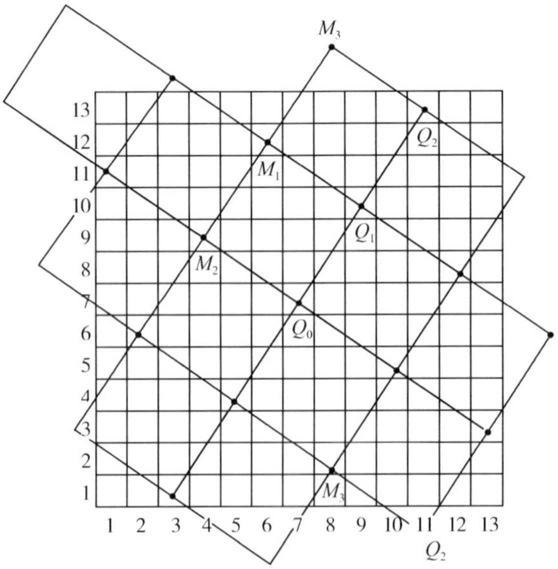

图 3　在棋盘上证明费马两平方定理

据定理 3,p 王后问题有强对称解 $S=\{(x_i,y_i)\mid i=1,2,\cdots,p\}$,其中 $x_i\equiv i+\frac{p+1}{2}(\bmod p)$,$y_i\equiv\lambda i+\frac{p+1}{2}(\bmod p)$,$\lambda^2\equiv-1(\bmod p)$. 显然这个解中有一个王后 Q_0 位于棋盘中心$\left(\frac{p+1}{2},\frac{p+1}{2}\right)$. 据强对称解的定义知,把棋盘均分成4部分,则每一部分都必有 k 个王后. 棋盘右上部分的 k 个王后中有一个王后 $Q_1(x_j,y_j)$ 与 Q_0 距离最近,记 $m=x_j-\frac{p+1}{2}$,$l=y_j-\frac{p+1}{2}$. 从中心王后 Q_0 出发,按照超马走法(即往右走 m 格,再往上走 l 格),走一步便走到王后 Q_1 处,再走一步便到王后 Q_2 处,如此走下去,共走 p 步,便恰好走遍 S 中的 p 个王后. 以 Q_0Q_1 为底边作正方形 $Q_0Q_1M_1M_2$,因为 S 是强对称解,所以 M_2 处必有一个王后 Q_i;再利用全等三角形易知 ,从王后 Q_i 出发走一步便走到点 M_1 处,从而 M_1 处也有一个王后 Q_{i+1},于是正方形 $Q_0Q_1M_1M_2$ 的 4 个顶点处各有一个王后. 因为 Q_1 离 Q_0 最近,所以正方形 $Q_0Q_1M_1M_2$ 内部没有王后. 类似地,从 Q_1 出发走一步到达王后 Q_2,以 Q_1Q_2 为底边作一正方形 $Q_1Q_2M_3M_1$,这个正方形的 4 个顶点处都有王后,内部没有王后. 依次下去,共得到 p 个正方形,其中每两个正方形的相交部分面积为零，并且这 p 个正方形的面积之和恰好为整个棋盘的面积，因此 $p(m^2+l^2)=p^2$，从而得 $p=m^2+l^2$. 这就证明了任一 $4k+1$ 型素数 p 都能表示成两个正整数的平方和.

五、n 王后问题与图的稳固集

如果一个单纯图 G 的顶点集的一个子集 S 中没有两点是邻接的，则称 S 是 G 的稳固集. 如果 S 是 G 的稳固集，而任何包含 S 的子集都不是稳固集，则称 S 是 G 的极大稳固集. 稳固集是图论的一个重要概念[3].

现在把 $n\times n$ 棋盘的每个格子都看成一个图 G 的顶点，并且如果顶点 M_1 与 M_2 在同一行，或者在同一列，或者它们的连线与棋盘的对角线平行，则 M_1 与 M_2 是邻接的. 容易看到，图 G 的一个极大稳固集等价于 n 王后问题的一个解.

六、n 王后问题与特殊置换

现在我们对于 n 王后问题的解给出另一种表达方式. 设 $S=\{(i,y_i)\mid i=1,\cdots,n\}$ 是 n 王后问题的一个解，由于 $y_1y_2\cdots y_n$ 是一个 n 元排列，因此

$$\begin{pmatrix}1 & 2 & \cdots & n\\ y_1 & y_2 & \cdots & y_n\end{pmatrix}$$

是一个 n 元置换. 条件"当 $i\neq j$ 时，$\left|\dfrac{y_i-y_j}{i-j}\right|\neq 1$"等价于"当 $i\neq j$ 时，$i-y_i\neq j-y_j$ 并且 $i+y_i\neq j+y_j$". 这说明 n 王后问题的一个解只不过是满足上述条件的一个特殊的 n 元置换. 类似地我们可以考虑以下一些类型的特殊置换.

对一个 n 元置换

$$\sigma=\begin{pmatrix}0 & 1 & 2 & \cdots & n-1\\ a_0 & a_1 & a_2 & \cdots & a_{n-1}\end{pmatrix}$$

如果当 $i\neq j$ 时，有

$$i-a_i\not\equiv j-a_j \pmod n$$

则称它为 n 元全差置换.

容易证明，存在 n 元全差置换的充分必要条件是 n 为奇数.

1956 年，汤普金斯(C. Tompkins) 给出了 $n\leqslant 11$ 的 n 元全差置换的数目.

笔者研究了由 n 元全差置换组成的集合上的变换群[8]，运用群作用在集合上的思想，并且采用 DFS 算法，求出了 $n=13$ 和 $n=15$ 的所有 n 元全差置换，$n=13$ 的 n 元全差置换的总数是 1 030 367；$n=15$ 的 n 元全差置换的总数为 36 362 925.

一个 n 元置换 σ 若满足：在集合

$$D_\sigma=\{d_i \mid d_i \equiv i-a_i \pmod n, 0 \leqslant d_i < n, i=0,1,\cdots,n-1\}$$

中有且只有两个元素相等，则称它为 n 元一重差置换.

容易证明，存在 n 元一重差置换的充分必要条件是 n 为偶数. 笔者运用群作用在集合上的思想探讨了 n 元一重差置换的生成方法以及它们的总数的计算公式，并且具体求出了 $n \leqslant 10$ 的全部 n 元一重差置换[9].

对于较大的 n，如何求出全部 n 元全差置换、n 元一重差置换和 n 王后问题的解，这涉及计算复杂度问题，而计算复杂度是计算机科学中的重要研究内容.

我们看到，看起来是游戏问题的 n 王后问题，却与数学的许多内容有着密切的联系.

参考资料

[1] G. H. Hardy, E. M. Wright. An Introduction to the Theory of Numbers. 5th ed. Oxford: Clarendon Press, 1979: 219.

[2] W. W. R. Ball, H. S. M. Coxeter. Mathematical Recreations and Essays. New York: Macmillan, 1944: 165.

[3] C. Berge. Graphs and Hypergraphs. North-Holland, 1973: 272.

[4] E. J. Hoffman, et al. Math. Mag., 1969, 42: 66.

[5] 丘维声. n 王后问题. 数学杂志, 1986, 6(2): 117.

[6] G. Pólya. Mathematische Unterhaltungen und Spiele. Ahrens W. ed., Teubner, 1918: 363.

[7] L. C. Larson. Math. Mag., 1977, 50: 69.

[8] 丘维声. n 元全差置换的数目. 科学通报, 1985, 30(22): 1756.

[9] 丘维声. 一重差置换. 北京大学学报(自然科学版), 1986(5): 37.

千古疑谜话“巧合”*

大千世界，芸芸众生，巧合的奇事时有所闻.“巧合”无疑是千古未曾揭开的疑谜之一.在形形色色、杂然纷呈的巧合中，有的是大吉大利的福音，也有的是灾祸降临的前兆.巧合是由确定的因果关系导致的，还是纯属混沌现象？隐藏在巧合背后的究竟是什么？巧合既然是遍布于自然、社会的现象，那么，除了采取消极的，实际上是属于封建迷信的趋吉避凶与顶礼膜拜之外，应该采取什么正确的对策？凡此种种，都是值得研究与探讨的问题.

巧合事件发生的频率似乎远远高于概率预测，而且有许多事情用概率也根本解释不了.尽管科学论争继续不断，谜一样的巧合事件依然不断发生，使《吉尼斯世界纪录大全》这类书永远有着取之不尽、用之不竭的素材.

一、同名同姓人物的“巧合”

许多年前，美国康涅狄格州的一个商人，名叫乔治·地·勃莱森，乘火车到美国南部旅行，途中决定在路易维尔小镇停留.他投宿白朗旅馆，住进307号房间.过了一会儿，旅馆服务员给他送来一封信，上面写着“白朗旅馆307号房间乔治·地·勃莱森先生收”.他打开信一看，信中内容与他毫无关系.他惊

* 谈祥柏:《千古疑谜话“巧合”》,《自然杂志》1990年第13卷第1期.

奇了，后来才了解到这封信原来是写给前一位投宿者的，因为这房间的前一位客人正好与他同名同姓. 天下之大，有人同名同姓并不奇怪，但两个同名同姓的人竟先后接连住进同一家旅馆的同一个房间，这不能不说是一个天大的巧合了.

类似的事件在中国也有.《铜鼓书堂遗稿》是一部十分冷门的书，作者查礼，清朝乾隆年间曾在四川西昌任知府. 在他的这部文集中，居然出现了这样两个题词：

题蒋介石处士松林独坐图

偕朱玉阶学使游七星岩即以志别

此事可参见廖仲安的《书山拾翠》. 当代中国国共两党的两位领导人的名字(朱德同志字玉阶)，居然同时出现在两百年前乾隆时代的一部文集里，真是何等的不可思议！

关于研究历史上同名同姓的问题，梁元帝萧绎是第一个，后继亦不乏其人. 清朝汪辉祖著有《九史同姓名略》数十卷. 我们所熟悉的许多古人如董仲舒、朱买臣、李广、张衡、高适、韩琦、蔡京等，异代都有与他们同名同姓的人(可参见清代钱大昕的《十驾斋养新录》卷十二). 令我们感到惋惜的是：专攻概率论的数学家大概从来不曾去阅读这些文史古籍吧！

二、军事行动中的"巧合"

日本人深信"巧合"，有人调侃说，世界上没有哪一个工业发达的国家，像现今日本那样地离不开迷信. 千千万万的日本人，包括政府首脑在内，都从迷信中求得安慰. 这句话似乎挖苦得够厉害的了，但是日本人确实曾经从"巧合"中尝到过甜头. 至元年间，元世祖忽必烈以数十万大军征讨日本，眼看即将在九州岛登陆，整个日本岌岌可危，天皇与文武大臣也手足无措. 突然海上刮起了十二级以上的强台风，元军的舰队大都倾覆，士卒淹死者不计其数，元朝的征讨即告失败，日本人因而称此风为"神风". 此事《元史》《新元史》《元史纪事本末》《日本百科大事典》均有记载. 1941 年，日本偷袭珍珠港时，凶悍而狡猾的联合舰队司令山本五十六，也专门选择了 12 月 8 日这个所谓"大安"吉日.

第二次世界大战期间，盟国决定东西夹击希特勒，彻底打垮纳粹德国. 为了准备在 1944 年 6 月 6 日进攻诺曼底，制订了具体的登陆计划. 这些计划使用了一些绝密电码以防泄露. 然而谁会料到，这些密码竟会作为填字游戏的答案登载在伦敦的《每日电讯报》上，该游戏的设计者是一所学校的教师. 当然，德国军方绝对没有注意到这一点，登陆计划还是顺利地实现了.

军事行动中的巧合，真是非同小可，关系到一个国家与民族的存亡，甚至影响到历史的进程.难怪骚人墨客要发出“东风不与周郎便,铜雀春深锁二乔”的感慨了.

三、日期的“巧合”

观察家们说,巴基斯坦前总统齐亚·哈克遇难的那天是1988年8月17日,星期三,而星期三在他一生中似乎是很有意义的,他以前做出的最重大决定大多在星期三.1979年4月4日(星期三),他批准把巴基斯坦前总理布托处以绞刑.选举哈克连任总统直到1990年的公民投票是在1984年12月19日(星期三)举行的.哈克同意签署关于苏军撤出阿富汗的日内瓦协议是在1988年4月6日,也是星期三.

或许有人对此会嗤之以鼻,但是也有人认为这类事情绝非偶然,那是把数学与历史这两门天差地远、南辕北辙的学科都包罗进去的“万有秩序”的一部分.不光是齐亚·哈克,许多名人的整个生涯往往具有一种异乎寻常的日期模式,如宗教风景画家拉斐尔在4月6日出生,又在4月6日逝世,这两者都是星期五.

“巧合”的背后或许隐藏着某种必然的因果关系.关于这一点,可以举关于莎士比亚的事情为例.莎士比亚的生卒日期同为4月23日,23的二倍是46,而46这个数字与莎翁对《圣经》的翻译工作有着神秘的关系.西方有不少人认为莎士比亚暗中承担了英王詹姆士钦定《圣经》译本的大部分工作.人们只要翻开《圣经》中《诗篇》的第46篇,就可看到第46个单词正是shake;若从同一诗篇倒数上去,第46个单词正是spear.两个单词拼凑在一起便是Shakespear——“莎士比亚”.至于为什么要用46这个数字呢,有人认为,英王詹姆士钦定《圣经》译本在1610年完成之时,莎士比亚正好是46岁[1].读者切勿认为以上这些全属无稽之谈,莎士比亚确实是一个异常机智而具有深心的人.美国田纳西州立大学的英语教授格雷夫斯在莎士比亚十四行诗的原作中发现他“诗中藏诗”,共有154首“内隐”十四行诗,也就是中国诗家所谓的“藏头诗”.这就绝不是可以用“巧合”来解释了,它们简直是以数学般的精确度来组成的.

四、数学中的“巧合”

既然谈到数学,而且本文又发表在《自然杂志》这样一本自然科学刊物的“数林撷英”专栏中,还是让我们多谈一些数学和自然科学吧.

在寻找深层结构的过程中,若能运用数学的定量分析手段,将更有利于揭示内在的规律性.巴特开惠茨曾经从事概率论中泊松分布的研究.他根据普鲁士军队的统计报告,计算过10个连队中的骑兵在连续20年的时间内因受到马的践踏而导致死亡的人数,发现经验分布与泊松分布吻合得很好[2].

为了把圆周率π的值计算到几亿位,需要用到印度天才数学家拉马努贾所发现的公式.日本东京大学的金田康正和他的同事们利用这个公式创造了世界纪录.1986年1月,美国国家航空和航天局艾姆斯研究中心的贝利(D. H. Bailey)在Cray－2超级计算机上获得了π的29 360 000位数字,超过了日本人.但是一年以后,金田又在NECSX－2超级计算机上把π一直算到134 217 000位,突破了一亿位的大关.

从这些计算出来的π的小数展开式中,"好事之徒"们已经发现有许多异乎寻常的模式.例如,从π的710 100位数字开始,连续出现了七个3,即3333333,真是令人目瞪口呆.除此之外,在π的开头一千万位数字中,也有分别由5,7,8组成的长度为7的数字串出现.至于长度为6的数字串,则竟然有87个之多,其中最令人惊奇的是999999.

上升数列23456789出现于π的小数点后第995 998位,下降数列876543210则始见于第2 747 956位.自然对数的底数 $e \doteq 2.718\ 281$, $\sqrt{2} \doteq 1.414\ 213\ 5$ 在π的小数展开式中全都能找到[3].

美国哈佛大学博士菲利普·戴维斯(Philip Davis)发表了一篇题为《数学中究竟有没有巧合》的论文[4],引起了人们的浓厚兴趣.戴维斯具有异常广泛而丰富的企业与行政管理经验,曾当过五年美国国家标准局首脑,对数值分析做出过杰出贡献,曾于1960年获华盛顿科学院的数学奖.他指出,当代不少杰出数学家都认为数学是研究一切事物的深层抽象结构的.他还引证了芝加哥大学的著名学者穆尔(E. H. Moore)的话:"在各门科学的背后隐藏着统一的超结构".接着,他语颇隽永地说道:"我不能够定义什么是巧合,然而巧合的存在是毫无疑问的,不容怀疑的,它是自然界存在着'万有结构'的强力证据."

他接着给出了一个著名例子.仔细观察一下表1,你就会发现π和e的第13位数字是一样的.继续观察下去,能够看到第17,18,21,34位也都是一样的.有人以惊人的毅力继续干下去,积累了大量的观测数据,并提出一个猜想:"在π和e的小数展开式中,大体上说来,平均每十位就要发生一次巧合".据他所知,对此猜想,既不能证明,也不能否定.

请再看一个例子.设 $x=\sqrt{1\ 141y^2+1}$,问 y 为何自然数时,x 为整数,对 $y=1,2,3,\cdots,100$,通过真实的计算,可知相应的 x 值均非整数.人们在屡遭失败之余,将不由自主地认为,对于 y 的一切自然数值,x 永远不会是整数.站在"世俗的"或"自然科学"的角度,这种设想确也无可非议,因为实际上对于 $1 \leqslant y \leqslant 10^{25}$($y$为自然数),$x$ 确非正整数,由 $1\ 141y^2+1$ 所得出的数开方都开不尽.

第一个使 x 取整数值的 y 是

$$30\ 693\ 385\ 322\ 765\ 657\ 197\ 397\ 208$$

表 1　e 和 π 的前 36 位小数展开式

位数	π 的展开式	e 的展开式	位数	π 的展开式	e 的展开式
1	3	2	2	1	7
3	4	1	4	1	8
5	5	2	6	9	8
7	2	1	8	6	8
9	5	2	10	3	8
11	5	4	12	8	5
13	9	9	14	7	0
15	9	4	16	3	5
17	2	2	18	3	3
19	8	5	20	4	3
21	6	6	22	2	0
23	6	2	24	4	8
25	3	7	26	3	4
27	8	7	28	3	1
29	2	3	30	7	5
31	9	2	32	5	6
33	0	6	34	2	2
35	8	4	36	8	9

这就是说，在亿兆次失败之后，依然还有一次成功的可能. 这或许可以说明数学大大有别于物理学、化学、生物学等自然科学，而是一种超科学.

Pell 方程的理论告诉我们，如果 $\sqrt{d}$ 的连分数展开式有一个长周期，则 $x^2-dy^2=1$ 的第一个整数解将会是一个无比庞大的自然数.

现在请你们再来看下面两个计算式子[5]

$$A=\sqrt{5}+\sqrt{22+2\sqrt{5}}$$

$$B=\sqrt{11+2\sqrt{29}}+\sqrt{16-2\sqrt{29}+2\sqrt{55-10\sqrt{29}}}$$

倘若利用高精度的计算机，人们将发现，一直计算到 26 位有效数字，两者都是全部符合的，它们都等于

$$7.381\ 175\ 940\ 895\ 657\ 970\ 987\ 266\ 9$$

因而提示着两种可能性：

(1) 这是一种不可思议的巧合；

(2)$A=B$ 是千真万确的，不过“肉眼凡胎”看不出来而已.

贝尔研究室的波拉克(H. O. Pollack)正在研究这一类巧合问题，即如果 A,B 两个式子中包含着若干无理根式，能不能通过系统的有理化算法，确证 $A=B$，或予以否定.

若干年以前，美国数学科普大师马丁·加德纳(Martin Gardner)在《科学的美国人》杂志的四月号中写了一篇很有特色的、有关“愚人节”的文章，其中有一段特别吸引人.

他说：$N=\mathrm{e}^{\pi\sqrt{163}}$ 是一个整数.

对于这样一个问题，不论是证实还是否定，普通小计算器是无能为力的. 但是，既然对 π 的计算已超过一亿位，将 e 和 $\sqrt{163}$ 算到千位、万位也绝不成问题，我们从中猎取一百位准确数据应该毫无困难. 好吧，那就让我们来试验一下.

先算到 20 位，我们得到的结果是

$$N=262\ 537\ 412\ 640\ 768\ 743.99$$

这大大激起了人们的兴趣和好奇. 好，让我们再算下去看看. 算到 25 位时，我们看到的是

$$N=C+0.999\ 999\ 9$$

其中 $C=262\ 537\ 412\ 640\ 768\ 743$. 末尾接连出现七个 9，更加神奇了，竟会有如此巧合！这似乎是不可思议的. 会不会 N 货真价实地是一个整数？让我们破釜沉舟地干下去，经过好大一阵子功夫，终于得到了

$$N=C+0.999\ 999\ 999\ 999\ 250$$

真相大白，$N=\mathrm{e}^{\pi\sqrt{163}}$ 是一个整数的论断毕竟是个“愚人节”的高级玩笑. 但是，N 这个冒牌货，已经达到了“几可乱真”的程度，它与一个真正的整数之间的误差属于 10^{-12} 这一数量级，两者真是相似得惟妙惟肖. 熟悉物理、化学的同志应该知道，不要说“化学纯”，就连“光谱纯”也达不到这样的精度.

根据盖尔丰德－施奈德(Gelfond-Schneider)所证明的一个定理，$\mathrm{e}^{\pi\sqrt{163}}$ 无疑是一个超越数，但 $N=$ 正整数 $+O(10^{-12})$ 确是巧合得太使人惊奇了，需要进一步对它做出某种解释.

莫里斯·纽曼(Morris Newman)这位拉德马赫尔(Rademacher，数论大师)的学生，研究了这个问题，他最终证明，N 的奇异性质与洛朗级数有关. 事实上，我们有

$$\mathrm{e}^{\pi\sqrt{163}}=\text{正整数}+744+196\ 884\mathrm{e}^{-\pi\sqrt{163}}+\cdots$$

由于 $\mathrm{e}^{-\pi\sqrt{163}}\approx 10^{-17}$，故有

$$e^{\pi\sqrt{163}} = \text{正整数} + O(10^{-12})$$

五、科学中的“巧合”

自然界像是一本未知世界的百科全书，人们读这本大书已经有千百万年. 国外有一位研究家说得好，“意外的机遇透露了大自然的信息.”科学上惊人的新发现往往是通过对细小线索的注意、观察而取得的. 征兆的出现往往是小概率的巧合事件，犹如电光石火，瞬息即逝. 而大发明家之所以能获得成功，往往就是由于他们对出现在其周围的奇事，能够独具慧眼. 1608 年，荷兰有个磨眼镜的学徒闲来无事，把两块镜片一前一后地放在手里摆弄. 他意外地发现，当两块镜片相距一定距离时，远处物体看起来就像在眼前一样. 伟大的天文学家伽利略听到这个消息后，凭着他的远见卓识，马上就意识到这一偶发事件在天文学上的划时代意义，并由此而发明了望远镜. 类似的事例真是多得不胜枚举. 对此，法国微生物学家巴斯德说得好，“在观察的领域中，机遇只偏爱那种有准备的头脑.”正确对待科学探索中的“巧合”，重视自然界偶然泄漏的“天机”，无疑能更好地揭示自然奥秘，加速人类文明的进展.

瑞士学者卡尔·容格以毕生精力搜集了许多巧合事例；有些著名物理学家为了解释“巧合”而寻求新学说、新理论. 当代物理学泰斗博姆(D. Bohm)研究巧合现象已几十年. 他认为，粒子和人一样可以互相影响，因为宇宙间一切事物都互有牵连(过去、现在、将来)，他称之为“牵连的秩序”. 20 世纪 60 年代，美国麻省理工学院的气象学家洛伦茨的电脑模拟试验结果与“蝴蝶效应”暗合. 所谓“蝴蝶效应”实即一种牵连. 布鲁塞尔的一只蝴蝶扇动一下翅膀，就有可能导致一场席卷得克萨斯州的龙卷风. 这听起来似乎太玄，然而蝴蝶扇动翅膀所产生的微小气流，跨越万里之遥，通过“正反馈”作用而放大，最终会形成强烈风暴，使气候发生剧变.

早在 1935 年，一些理论物理学家就揭示：有两种粒子，只要一旦联系，即使在数千年之后，相距数光年的情况下也会相互感应，这种奇怪的现象被称为 EPR 悖论.(爱因斯坦及其合作者波多尔斯基和罗森首先对这种现象做了阐述，故各取他们姓名的头一个字母而得名.)

耗散结构理论创始人，荣获诺贝尔奖的比利时学者普里戈金教授在一次学术讲演中谈到一种面包师变换：用一个正方形代表一块面团的横断面，在面包师的手下一压，变成了矩形，高度变成了原来的一半，而宽度却增加到原来的两倍；再用刀从面团中间把它一切为二，将右侧的半块放在左侧之上，如此反复进行. 可以证明，原来非常接近的两点如今可以相距甚远，而原先相距极远的两点如今却可以十分接近. 他指出，整个物理世界十分接近于面包师变换的情况[6].

总之,“巧合”的理论目前还处于非常幼稚的蒙昧时期,要揭开这个千古之谜,还有很长的一段路要走.科学论争将会继续不断,巧合的事情仍将不断发生.一些具有大智大慧的人将会绞尽脑汁地思考:在“巧合”后面究竟隐藏着什么?

参考资料

[1] Martin Gardner. The Incredible Dr. Matrix, W. H. Freeman, 1976.

[2] M.费史.概率论及数理统计.王福保,译.上海:上海科学技术出版社,1962.

[3] Martin Gardner.发现.谈祥柏,译.1985(9):52.

[4] Philip Davis. Amer. Math. Monthly, 1981, 88:311.

[5] D. Shanks. Fibonacci Quarterly, 1974, 12:271.

[6] 普里戈金.时间的再发现.科学,1987,39:243.

关于七巧板的数学问题*

七巧板是我国一种传统的智力拼图游戏，它是用 7 块可以拼成一个正方形的板(1 个正方形、1 个平行四边形、5 个三角形，如图 1) 以各种不同的巧妙方法拼凑出千变万化的形象图案，如人形、鸟兽、花草、房屋等. 在各种各样的现代智力玩具占领着市场的今天，这种貌似简单的游戏恐已得不到当代年轻人和少年儿童的青睐了，但它的魅力似乎仍然存在. 一个明显的例证就是，中央电视台仍以“七巧板”作为它少儿益智节目的专栏名称.

七巧板既然是一种智力游戏，那它应该与集中反映人类智力水平的数学有着某种联系. 事实上，这种图形拼砌的思想早已在我国传统数学的基本原理——出入相补原理[1]中得到反映.

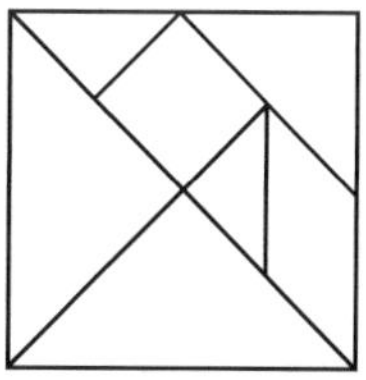

图 1

在由鲍尔(W. W. R. Ball) 著、科克瑟特(H. S. M. Coxeter) 修订的那本著名的《数学游戏与小品》[2] 1944 年版中，专门列了一小段文字，标以“七巧板”；但是他们又认为这种游戏是“非数学的”，故“仅提一下聊以自慰”. 这点恐不太确切. 远的不说，就在 1942 年，我国浙江大学的王福春和熊全治就在《美国数学月刊》上发表了题为《关于七巧板的一个定理》的文章[3]，证明了一个关于凸形七

* 曹希斌，钱颂光:《关于七巧板的数学问题》,《自然杂志》1990 年第 13 卷第 4 期.

巧图的有趣的定理. 本文就是从王、熊的文章出发，结合作者最近看到的著作[4]，向读者介绍一些关于七巧板的数学问题.

一、凸形七巧图

如果在一个图形之中取任意两点，在这两点连线上的所有的点都含于这个图形之中，那么，这个图形就称为凸形. 比方说满月就是凸形，而新月就不是凸形.

由七巧板拼成的凸形称为凸形七巧图. 一个自然的问题是：一共有多少个凸形七巧图？文[3]回答了这个问题：一共有 13 个凸形七巧图. 证明的思路大致如下.

七巧板的 7 块板的大小形状不一致，直接讨论由它们拼成的图形是否为凸形比较困难，所以首先将七巧板划分为 16 个小等腰直角三角形，称它们为基三角形，并称基三角形的两条直角边为有理边，斜边为无理边，如图 2.

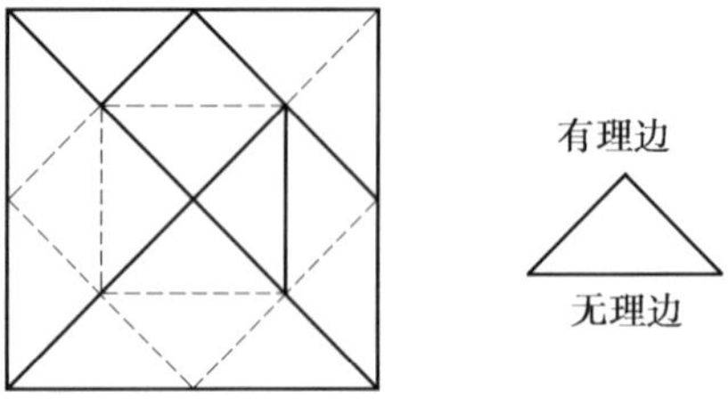

(a)　　(b)

图 2

现在我们退而求其次，问由这 16 个基三角形可以拼成多少个凸多边形(由七巧板或基三角形拼成的凸形总是凸多边形). 显然这些凸多边形中包括了所有由七巧板拼成的凸多边形，即凸形七巧图. 因此只要逐一考察这些凸多边形，把那些不可能由七巧板拼出的凸多边形剔除即可.

容易证明，当 16 个基三角形拼成一个凸多边形时，基三角形的有理边总是与有理边相拼，无理边也总是与无理边相拼. 因而这个由基三角形拼合而成的凸多边形的每一条边，都是由同类型的基三角形边接成的，或者全由有理边接成，或者全由无理边接成.

如果我们把凸多边形的由基三角形的有理边接成的边称为直边，仿此把凸多边形的由基三角形的无理边接成的边称为斜边，那么，在这样的凸多边形中，夹角为直角的两条邻边总是同类的，亦即，要么都是直边，要么都是斜边；而夹角为 45° 或 135° 的两条邻边必然是不同类的，亦即一条是直边，另一条是斜边.

假设这个凸多边形有 n 个角，其中 p 个是 45°，q 个是直角，r 个是 135°，且根

据凸多边形的性质——所有内角之和等于$(n-2)\times 180°$,我们就得到

$$p+q+r=n$$
$$p\times 45°+q\times 90°+r\times 135°=(n-2)\times 180°$$

从而得到

$$2p+q=8-n$$

由 p 和 q 大于或者等于零,推出这种多边形最多只能有 8 条边,特别对于 p,q,r 和 n,只有如下的可能值:

8 边形　　8 个 135°;

7 边形　　6 个 135°,1 个直角;

6 边形　　4 个 135°,2 个直角,或 5 个 135°,1 个 45°;

5 边形　　2 个 135°,3 个直角,或 3 个 135°,1 个直角,1 个 45°;

4 边形　　4 个直角(长方形),或 2 个 135°,2 个 45°(平行四边形或梯形),或 1 个 135°,2 个直角,1 个 45°(直角梯形);

3 边形　　1 个直角,2 个 45°(直角三角形).

显然,这样的每一个凸多边形都可以画在长方形 $PQRS$ 之中,使得多边形 $ABCDEFGH$ 的直边落在这个长方形的边上,如图 3.

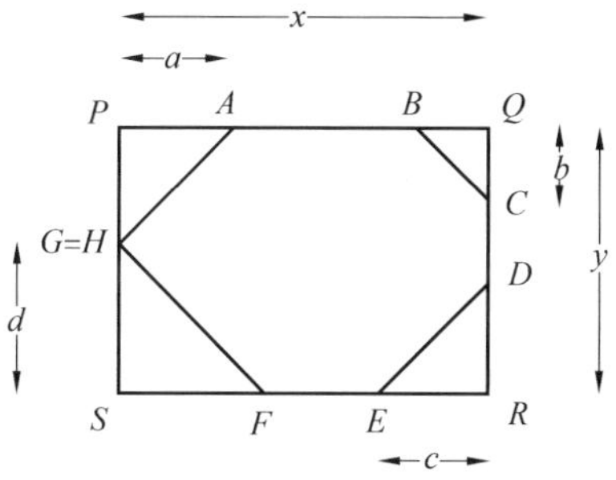

图 3

如果我们假设长方形的边 PQ 和 QR 分别等于基三角形的有理边的 x 和 y 倍(注意 x,y 必定是正整数),那么长方形的面积就等于基三角形面积的 $2xy$ 倍.如果这凸多边形的斜边 HA,BC,DE 和 FG 分别等于基三角形无理边的 a,b,c 和 d 倍(注意 a,b,c 和 d 都是非负整数,但都有可能等于零),那么 $\triangle PAH$,$\triangle BQC$,$\triangle ERD$ 和 $\triangle FSG$ 的面积分别等于 a^2,b^2,c^2 和 d^2 个基三角形的面积.

由于凸多边形的面积是 16 个基三角形的面积,于是推出,在 $a+b\leqslant x$,$c+d\leqslant x$,$a+d\leqslant y$,$b+c\leqslant y$ 的条件下,有

$$a^2+b^2+c^2+d^2=2xy-16$$

现在通过解这个带有附加条件的方程,原先的问题就可完全解决了.选取 x 和 y 的可能值,文[3]证得,16 个基三角形能拼成 20 个凸多边形,其中的 13 个

系由七巧板拼成,即凸形七巧图.如表 1.

表 1

x	y	a	b	c	d
*1	8	0	0	0	0
*1	9	1	0	1	0
*1	9	1	0	0	1
*8	9	8	0	8	0
*4	6	4	0	4	0
2	6	2	0	2	0
2	6	2	0	0	2
*5	5	4	1	4	1
*5	5	5	0	3	0
3	5	3	0	1	2
3	5	3	0	2	1
2	5	1	1	1	1
2	5	2	0	0	0
4	4	2	2	2	2
4	4	4	0	0	0
3	4	2	0	2	0
3	4	2	0	0	2
2	4	0	0	0	0
3	3	1	0	1	0
3	3	1	0	0	1

* 非凸形七巧图

二、1—凸形七巧图

我们把由七巧板拼成的图形统称为七巧图,现在我们来考虑稍微复杂一点的七巧图,即所谓 1—凸形七巧图.首先介绍格点七巧图的概念.

格点乃是指在 xy 坐标平面上坐标均取整数值的点.格点七巧图就是这样的一种七巧图,拼成它的七块板的每个顶点都是格点.

每个格点七巧图只要加上若干个基三角形就能成为凸多边形.为把格点七

巧图变成一个凸多边形所需要加上的最少的基三角形的个数,我们称为这个格点七巧图的凸性数,与之相对应的凸多边形则称为这个格点七巧图的凸壳.例如,凸形七巧图(注意它必是格点七巧图)的凸性数为零,本身就是它的凸壳.

凸性数为1的格点七巧图就是1－凸形七巧图.类似地可以定义n－凸形七巧图.图4就是一个19－凸形七巧图.

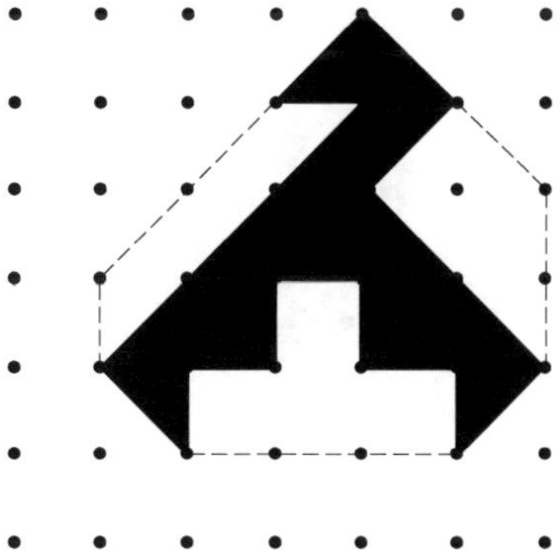

图4

从一个由17个基三角形拼成的凸多边形中取掉一个基三角形,得到的可能是七巧图.以这样的方式,我们就可以得到所有的凸形七巧图和1－凸形七巧图.因此为了找出所有的1－凸形七巧图,我们可以采用找凸形七巧图的方法,只要先以17个基三角形代替16个基三角形就成了.

首先,我们有方程

$$\begin{cases}a^2+b^2+c^2+d^2=2xy-17\\ a+b\leqslant x, c+d\leqslant x\\ a+d\leqslant y, b+c\leqslant y\end{cases}$$

然后用完全类似于文[3]的方法(个别细节上稍复杂些)解上述方程,我们可以得到,由17个基三角形组成的凸多边形共9个,如表2.

表2

x	y	a	b	c	d
** 1	9	1	0	0	0
2	5	1	1	1	0
3	3	0	0	0	1
** 9	9	9	0	8	0
3	4	2	1	1	1
3	5	3	0	2	0
3	5	3	0	0	2
4	4	3	1	2	1
5	5	4	1	4	0

** 取去任何一个基三角形都不可能由七巧板拼成

这样，1－凸形七巧图就可以先从上述每一个凸多边形中以各种可能的不同方法取去一个基三角形，然后剔除那些凸形七巧图和非七巧图而求得. 例如，对于 $x=2,y=5,a=b=c=1,d=0$ 的凸多边形，求得 28 个 1－凸形七巧图，如图 5. 最后可得，1－凸形七巧图共 133 个.

图 5

三、凸性数的上限

我们看到，1－凸形七巧图比凸形七巧图多得多. 可以料想，2－凸形七巧图比 1－凸形七巧图多得多，3－凸形七巧图将更多……. 事实上，随着凸性数 n 的上升，相应的 n－凸形七巧图可以分成相互远离的各个部分而呈现出各种不同的形状. 为了避免这种令人乏味的现象，我们对格点七巧图加上一个条件：连通. 所谓连通即指图形中的任意两点都有一条完全在图形内的曲线把它们相连.

连通的格点七巧图的凸性数是否有上限？直觉的回答，是肯定的. 下面让我们对这个问题做进一步的探讨.

我们把基三角形的边简称为基边，把一列相连的基边称为路径. 连通的格点七巧图总具有一条边界，这就是说七巧板中每一块都位于由七巧图的 16 个基三角形的基边所组成的封闭路径之内.

很有可能，七巧图的边界恰好与它的凸壳的边界（称为廓线）重合. 如果不是这样，那么七巧图的边界就由两种路径所组成：一种与廓线重合，另一种只有它的两端点落在廓线上. 在后一种情况下，廓线的两条相连的基边不会形成互为 45° 或 90° 的角，否则就有更小的凸壳存在. 同样原因，廓线的这一部分也只能有一个 135° 的夹角. 因而廓线的这条路径要不是一条直线，就是夹角为 135°

的两条直线.两种情况之中无论哪一种,廓线的这条路径总是在两端点之间取最短的基边连线.这意味着,构成这部分廓线的基边数目与构成七巧图相应边界的基边数目相同或前者比后者更少.

由此可知,构成整条廓线的基边数目,与构成七巧图边界的基边数目相同或前者比后者更少.然而,七巧图的边界,最多由 18 条基边构成,这是因为 7 块板算在一起总共只有 30 条基边,其中至少有两倍于 6 条的基边不属于边界(因为要服从连通这个条件).结论是,连通的格点七巧图的凸壳的边界最多由 18 条基边构成.现在的问题是:有 18 条基边的凸多边形最大面积该是多少(显然构成边界线的基边越少,最大面积也越小)?

让我们看前面提到的长方形 $PQRS$(图 3),其中已画出一个七巧图的凸壳,由 18 条基边构成它的边界.因为有理边与长方形的边界重合,所以长方形的周长是 $2(x+y)=18+(a+b+c+d)$.此外,由于这个凸多边形的面积等于 $2xy-(a^2+b^2+c^2+d^2)$,如果无理边的数目是给定的(即若 $a+b+c+d$ 是已知数),那么 a,b,c 和 d 的值越接近,$a^2+b^2+c^2+d^2$ 就越小;当 x 和 y 的差越小时,xy 的值就越大.

对于无理边数目不相同的各种七巧图,其面积都可以简单地计算出来.结果表明面积随着无理边的数目的增加而增大.

因而,当 $a+b+c+d=18$,$x=y=9$,$a=b=4$,以及 $c=d=5$ 时,凸多边形面积达到最大.这最大面积是 $2\times 81-16-16-25-25=80$(个)基三角形.

为取得更小的凸性数上限,我们利用这样的事实:七巧图的边界最多包含 10 条无理边.廓线可能有比七巧图边界更多的无理边.但廓线比七巧图边界每多一条无理边,就会少两条有理边.这样,廓线上基边的总数就达不到 18 条,因而也就不可能达到最大面积.

于是我们得到由 72 个基三角形构成的凸多边形,实现最大面积(其边界由 10 条无理边与 8 条有理边构成).这意味着连通格点七巧图的凸性数最大只能是 56.但这个 56 似乎是达不到的,目前人们只找到 41 — 凸形七巧图.

四、可分格点七巧图

格点七巧图的个数是颇为庞大的.为了对这么多的数目有个印象,我们考虑其中能满足较强条件的一部分,也就是,能分为形状等同的两部分的七巧图 —— 可分格点七巧图.

可分格点七巧图是由两个完全相同的部分合起来构成的.这样的孪生图形共有 65 个,其中的 29 个如图 6.

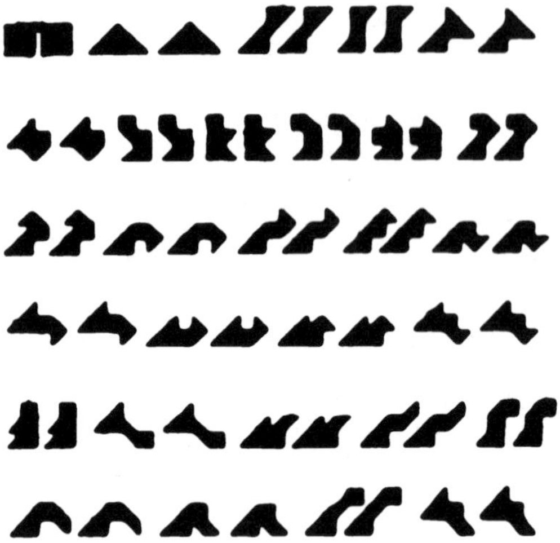

图 6

由于等同的两部分七巧图可以用种种不同的结合方式连在一起，因而可分格点七巧图有上千个.

你若有兴趣还可以解决其他类似问题，比方说，可分格点七巧图的最大凸性数是多少？

由上可见，七巧板不仅是一种智力游戏玩具，而且由它可产生许多难度较大的数学问题，更重要的是它还有许多实际应用，如设计师可用它来设计商标，心理学家可用它来搞心理测验，甚至教师也可用它来改进图形识别训练，以提高教学质量.

参考资料

[1] 许莼舫. 中国几何故事. 北京：中国青年出版社，1965.

[2] W. W. R. Ball, H. S. M. Coxeter. Mathematical Recreations and Essays. New York: Macmillan, 1944: 113.

[3] F. T. Wang, C. C. Hsiung. Amer. Math. Monthly, 1942, 49: 596.

[4] J. Elffers. Tangram, Penguin Books, 1976.

贪小(有时)失大*

一、引　言

经济理论中或现实生活中的许多分析都试图通过考虑局部的效益来得到总体的最优化.通过个别参与者自行决定的策略去调整整个经济便是这样的例子.在现实世界中,不用说全球的热核对抗,这种理论也算是热烈争论的题目了.在数学里,我们有时也发现一些例子,其中局部的有利条件会产生总体的最优化这一(好像合理的)论点并不为事实所证实.

我们将要论述一些几何的情形,在其中我们寻求用一系列步骤使得效益尽可能最优.但在有些情况下,每一步选择最好的行动并不产生出总体的最优.一个简单的例子是,要求从矩形中切除不重叠的正方形,使得所切除的总面积达到最大值.

定义 1　从几何图形中切除面积时,贪心策略是指一个在每一步都切除最大可能面积的策略.

定义 2　边长为 s 的正方形,无论在什么位置,都表作 Q_s.

例　从 6×7 的矩形中切除 5 个正方形时,用贪心策略切除了 1 个 Q_6 和 4 个 Q_1,总面积计 40.相比之下,切除 1 个 Q_4、2 个 Q_3 和 2 个 Q_2 则得到了总计 42 的切除面积,为可以允许的最大值.

* 阿纳托尔·贝克(Anatole Beck):《贪小(有时)失大》,《自然杂志》1991 年第 14 卷第 7 期.

定义 3　如果对于每个自然数 n，对图形 S 切除指定种类的 n 个图形总是能为贪心策略所最好地完成，则称 S 为粗糙的(gross). 如果对于某个自然数 n，某种别的选择更好，那么 S 称为精细的(subtle). 在这样的情况下，n 称为 S 的一个精细化子(subtlizer).

自然要问：就切除圆来说正方形是粗糙的还是精细的呢？这个问题已长期在口头上流传了. 在这里我们并不试图去回答这个问题. 可是，在对偶的问题中，即在从圆中切除正方形的问题中，圆却有无穷多个精细化子.

6×7 矩形不是唯一的精细矩形. 首先，每个与它足够接近的矩形都有同样的性质，更为有意义的是，几乎每一个矩形都有无穷多个精细化子.

二、三角形

我们从在等腰直角三角形(直角边边长设为 1) 中切除正方形的问题开始. 根据所切除的正方形的数目，考虑最初几个正方形的一种特殊的放置可能是值得的. 如图 1，我们看到 3 个 $Q_{\frac{1}{3}}$、3 个 $Q_{\frac{1}{6}}$ 和 6 个 $Q_{\frac{1}{12}}$，总计 12 个正方形. 除边长为 $\frac{1}{12}$、总面积为 $12\times\frac{1}{2}\times\left(\frac{1}{12}\right)^2=\frac{1}{24}$ 的 12 个三角形之外，其他全被上述正方形切除. 对于同一个三角形，贪心策略切除了 1 个 $Q_{\frac{1}{2}}$、2 个 $Q_{\frac{1}{4}}$、4 个 $Q_{\frac{1}{8}}$ 和 5 个 $Q_{\frac{1}{16}}$. 这时留下边长为 $\frac{1}{8}$ 的 3 个三角形和边长为 $\frac{1}{16}$ 的 10 个三角形，总面积为 $3\times\frac{1}{2}\times\left(\frac{1}{8}\right)^2+10\times\frac{1}{2}\times\left(\frac{1}{16}\right)^2=\frac{11}{2^8}$，它大于 $\frac{1}{24}$. 于是对于等腰直角三角形，12 是精细化子. 注意，我们没有证明前一个策略是最好的，而只证明了对于 $n=12$ 它比贪心策略更为有效.

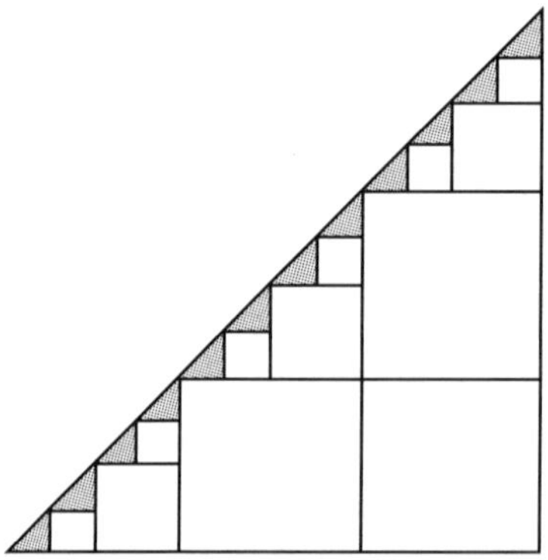

图 1

我们接着考虑直角边分别为 1 和 $1+\varepsilon$ 的直角三角形,它的面积 $A=\frac{1+\varepsilon}{2}$. 它包含的最大正方形边长 $a=\frac{1}{2}+\frac{\varepsilon}{2\varepsilon+4}$,而切除 Q_a 后,它剩下相似比为 a 与 $b=\frac{1}{2}-\frac{\varepsilon}{2\varepsilon+4}$ 之比的两个相似三角形. 它们的面积分别是 a^2A 和 b^2A. 贪心策略现在选取最大的正方形,首先就是 Q_{a^2}. 我们将假定 ε 足够小使得 $a^3<b^2$,于是有 $a^2<b$. 这样第三个贪心的正方形应是出自较小的三角形中的 Q_{ab}. 其次的 4 个贪心正方形应是:1 个 Q_{a^3}、2 个 Q_{a^2b} 和 1 个 Q_{ab^2};再次的 5 个(因为 $a^4<ab^2$)是:1 个 Q_{a^4}、3 个 Q_{a^3b} 和 1 个 $Q_{a^2b^2}$. 切除这 12 个正方形将剩下下列大小的三角形:2 个 ab^2A、1 个 b^3A、1 个 a^4A、4 个 a^3bA、4 个 a^2b^2A 及 1 个 ab^3A. 于是,用贪心策略所留下的总面积应是这些项的和,当 $\varepsilon\to 0$ 时它收敛于 $\frac{11}{2^8}$. 另一方面,用前一个策略所选择的与前述同样的正方形将留下 $\frac{1}{24}+\frac{\varepsilon}{2}$ 以上的面积,它收敛于 $\frac{1}{24}$. 因此,对于足够小的 ε,直角边分别为 1 和 $1+\varepsilon$ 的直角三角形是精细的,它具有精细化子 12.

12 不是唯一的精细化子. 同样的现象在正方形个数 $n=24,48$ 等时也会出现. 此外,贪心策略当 $n=25$ 时获得一个另外的 $Q_{\frac{1}{32}}$,而前一个策略只得到 $Q_{\frac{1}{48}}$,但这不足以将它们的差距拉近,对于 $n=26$ 也不行,不过在 $n=27$ 时,它们同等地好. 类似的分析适用于 $n=49$,等等.

实际上,只要

$$\frac{1}{3\times 2^{n+1}}-\frac{k}{(3\times 2^{n+1})^2}<\frac{1}{2^{n+3}}+\frac{1}{2^{n+4}}-\frac{k+1}{2^{2n+4}}$$

即 $0\leqslant k<\frac{3\times 2^n-9}{5}$,$3\times 2^n+k$ 就是精细化子. 同样的计算说明只要

$$\frac{1}{3\times 2^{n+1}}+\frac{k}{(3\times 2^n)^2}<\frac{1}{2^{n+3}}+\frac{1}{2^{n+4}}+\frac{k+1}{2^{2n+4}}$$

即 $0\leqslant k<\frac{2^n+3}{19}$,$3\times 2^n-k$ 就是精细化子. 于是,对于任何自然数 n,在 $\frac{56\times 2^n-3}{19}$ 和 $9\times\frac{2^{n+1}-1}{5}$ 之间的所有整数都是精细化子. 用 $3\times 2^{n+1}$ 除之,我们看到对于足够大的 N,最初的 N 个数之中精细化子的平均密度超过了 $\frac{1}{10}$.

在前一个策略中数 3 的作用数 5 也可以做到. 我们可从 7 个正方形——1 个 $Q_{\frac{2}{5}}$ 和 6 个 $Q_{\frac{1}{5}}$ 开始,剩下直角边为 $\frac{1}{5}$ 的 5 个三角形. 然后是 5 个 $Q_{\frac{1}{10}}$、10 个 $Q_{\frac{1}{20}}$、

20 个 $Q_{\frac{1}{40}}$ 和 40 个 $Q_{\frac{1}{80}}$，留下直角边为 $\frac{1}{80}$ 的 80 个三角形，总面积计 $\frac{1}{160}$. 实行贪心策略达 82 个正方形时，剩下直角边为 2^{-6} 的 45 个三角形和直角边为 2^{-7} 的 38 个三角形，总面积计 $\frac{109}{2^{14}}$，它多于 $\frac{1}{160}$. 除 3，5 外，我们还可以做出基于所有奇数的例子.

我们的下一个例子关系到凸图形，这个凸图形是用圆弧代替斜边从直角边分别为 1 和 $1+\varepsilon$ 的三角形变化而来的. 如果曲率充分小，则由贪心策略给出的最初 n 个正方形就大小和位置而论，是与原来那个三角形中的正方形任意接近的(所要求的小曲率取决于 n 和所希望的近似程度). 于是，如果 ε 小到使 12 对于三角形成为精细化子，那么当曲率很小时对于这凸图形 12 也是精细化子. 作为使曲率小的替代办法，我们可以使直角边短，但应成相同的比率. 为让 ε 保持同一个值(就是使 12 对于直角三角形成为精细化子的那个值)，我们可选取一个小的 $\delta>0$，而在半径为 1 的圆内作长度为 $\delta\sqrt{2+2\varepsilon+\varepsilon^2}$ 的弦. 以长度 δ 和 $\delta+\delta\varepsilon$ 分别为直角边作成一个三角形，我们便得到一个与前述图形之一相似的图形，如果 δ 足够小，12 就是精细化子.

三、圆

我们接着研究从圆中切除正方形的问题. 切除的第一个正方形内接在圆中，而它的边决定了所有其余正方形的位置. 遵照贪心策略，下一个正方形是有一边在第一个正方形的边上，以圆的弦为对边的 4 个正方形中的一个，而第三、第四和第五个是其他的 3 个. 切除了这 5 个正方形，在圆内便剩下 12 块面积，其中 4 个是弓形，而 8 个是在前一节中描述过的那种凸图形. 第六个正方形是从这些凸图形之一中按下述方法得到：两条边在凸图形的直线边界上，而一个顶点在圆弧上(这么做只有一种方法). 其次的 7 个正方形从其余的 7 个凸图形中用同样的方法得到，这样现在就剩余 20 个图形，其中 4 个是弓形. 贪心策略就是这样挑选出了它的正方形.

当剩余的部分变小时，我们特别对在圆周上某一特定部分的那些图形感兴趣. 考虑第一个正方形的 4 个顶点，并注意到在每一个顶点附近，有这样一段圆弧，在这圆弧上的任一点，圆的切线同正方形的一边构成了一个角，这个角的正切 m 是如此接近于 1 以至于直角边分别为 1 和 m 的直角三角形是精细的，且有精细化子 12. 当继续施行贪心策略时，留下的图形正是这种三角形，只是斜边由圆弧替代. 当这些三角形足够小，且进入圆周切线的斜率与 1 足够近的圆内部分时，图形将是精细的，并有精细化子 12.

如果我们现在选择这些图形中的一个，设为 T，并求出正方形个数 n 的第一个值，到这个 n 贪心策略从 T 中取出了 12 个正方形，那么把这 12 个正方形改变成另外的 12 个，将增加所切去的面积，从而使 n 对于圆成为精细化子. 显然，这对于 n 的无穷多个值都会发生.

结果是贪心策略最终将沿上述圆弧留下精细图形. 对于任何这样的图形，贪心策略最终将挑选 12 个正方形，而且如果没有别的选择余地，则必定有它将挑选的 12 个正方形. 其他正方形将在挑选这 12 个正方形时间插着选择与这一事实是不相干的. 不管多久，只要选择了那第 12 个正方形，总共选取的正方形个数对于圆就是精细化子，因为用另外 12 个正方形代替那 12 个正方形(保持所有其他正方形不变) 已经比贪心策略更有效了.

当然，这个分析没有给出哪个 n 是第一个精细化子的提示，的确也不曾知道实际的精细化子，但显然有无穷多个.

四、矩　形

如果说圆(那些令人厌恶的圆周) 是复杂的，那么大概矩形是最简单的了，我们已经从 6×7 的矩形看到，它们不全是粗糙的. 一般说来，$(n^2+n)\times(n^2+n+1)$ 的矩形可以被 $2n+1$ 个正方形所切除完(1 个 Q_{n^2}、n 个 Q_n 和 n 个 Q_{n+1})，但没有一个是用贪心策略(假如那样便只得到 1 个 Q_{n^2+n} 和 $2n$ 个 Q_1). 但这些是非常特别的情况. 注意若 ε 足够小，则 $6\times(7-\varepsilon)$ 的矩形也是精细的. 实际上，我们可用 1 个 Q_4、2 个 Q_2 和 2 个 $Q_{3-\varepsilon}$ 切除这个矩形而剩下 $6\varepsilon-2\varepsilon^2$. 贪心策略(1 个 Q_6 和 4 个 $Q_{1-\varepsilon}$) 则剩下 $(2+4\varepsilon)(1-\varepsilon)=2+2\varepsilon-4\varepsilon^2$. 这比 $6\varepsilon-2\varepsilon^2$ 大，除非 $\varepsilon>\sqrt{2}-1$，但 ε 就相当大了. 即每个边长比在 $\frac{6}{7}$ 与 $d=\frac{6}{8-\sqrt{2}}$ 之间的矩形都是精细的，而同样的分析适用于上面提到的 $(n^2+n)\times(n^2+n+1)$ 的矩形.

另一方面，我们可考察 $(6-\varepsilon)\times 7$ 的矩形，这里用 1 个 $Q_{4-\frac{5\varepsilon}{4}}$、2 个 $Q_{2+\frac{\varepsilon}{4}}$ 和 2 个 $Q_{3-\frac{\varepsilon}{2}}$ 使矩形剩下 $\left(4-\frac{5\varepsilon}{4}\right)\times\frac{7\varepsilon}{4}=7\varepsilon-\frac{35\varepsilon^2}{16}$. 贪心策略给出了 1 个 $Q_{6-\varepsilon}$ 和 4 个 $Q_{1+\varepsilon}$，剩下的面积为 $(1+\varepsilon)(2-5\varepsilon)=2-3\varepsilon-5\varepsilon^2$，这比 $7\varepsilon-\frac{35\varepsilon^2}{16}$ 大，除非 $\varepsilon>\frac{28\sqrt{10}-80}{45}$，即边长比在 $c=\frac{50-4\sqrt{10}}{45}$ 与 $\frac{6}{7}$ 之间的矩形是精细的. 于是，每个边长比在 c 与 d 之间的矩形都是精细的.

然而，还有另外的精细矩形. 如果 $0<\alpha<1$ 是矩形的边长比，而 $1=n\alpha+\beta$，这里 $0\leqslant\beta<\alpha$，那么 $\alpha\times\beta$ 的矩形是具有精细化子 n_1 的精细矩形，可得 $n+n_1$

是原矩形的精细化子. 同样，如果 $\alpha\times(\alpha+\beta)$ 的矩形是具有精细化子 n_2 的精细矩形，那么 $n+n_2-1$ 是原矩形的精细化子. 这些评述允许我们做出下述结论：如果矩形 R 的边长比 x 在 c 与 d 之间，那么它就是精细的，而且，如果 $\frac{1}{x}=n_1+r_1$，这里 $0\leqslant r_1<1$，那么由 $c<r_1<d$ 可得 R 是精细的. 递推地说，设 $\frac{1}{r_{j-1}}=n_j+r_j$，这里 $0\leqslant r_j<1$，如果对于某一自然数 j，有 $c<r_j<d$，则 R 就是精细的.

五、余　论

我们现在回到老问题. 在从正方形中切除圆时，正方形是粗糙的还是精细的？据我所知，尚不知道解答. 甚至贪心策略将切除 100% 面积的事实也是一个有趣味的问题，而且有初等的解法.

定理　如果用贪心策略从正方形中切除不重叠的开圆，所切除的无穷多个圆的面积总和将等于正方形的面积.

证明　在用贪心策略切除的圆之中，(首先) 是内切于正方形的圆，然后是在 4 个角中的 4 个圆，接着(但不直接) 又是这些角中的 4 个，更后也是这些角中的 4 个，以至无穷. 这些显然并不能切完正方形的面积，而剩下无穷多个“拟三角形”：两边是相切的圆弧，第三边是与这两圆相切的圆弧或直线. 我们期望的结果由下述事实得出：如果每个这样的拟三角形如同图 2 所显示的那样用圆切除，那么这些圆的总面积将超过拟三角形面积的一半，并留下新的拟三角形，对它们做同样处理. 既然我们切除的这些圆被包括在按贪心策略(最终) 所切除的那些圆之中，我们看出无限多次施行这个过程将剩下面积为零的集合.

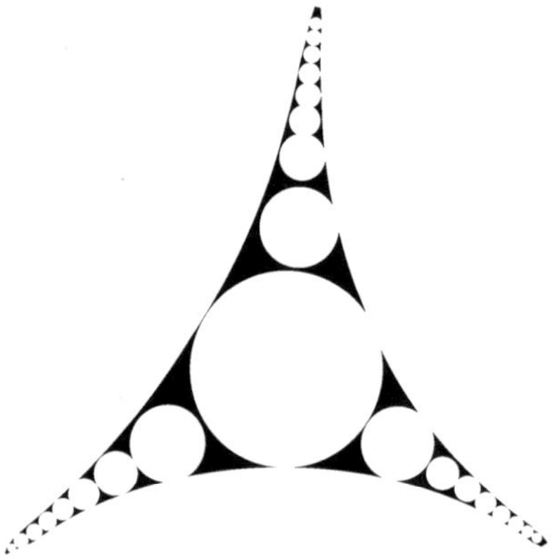

图 2

为证明所切除的圆的面积大于拟三角形的一半，我们只需证明图 3 所示的“拟四边形”的有关事实就行了. 如果原来的拟三角形所有的边都是圆弧，那么这事实将从下面的引理得出，它的证明我们留给读者消遣.

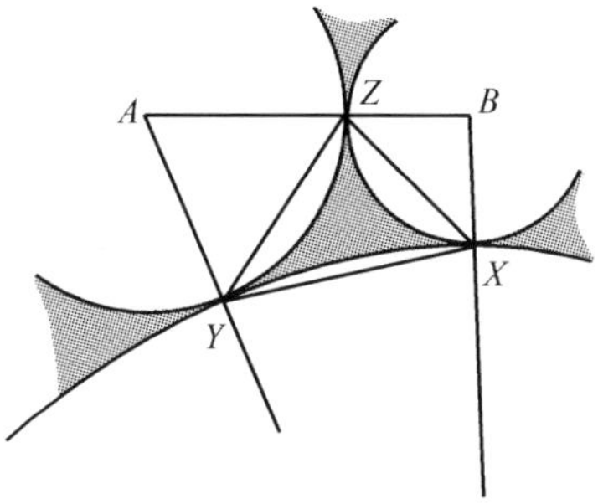

图 3

引理 在三角形 ABC 中，如果内切圆与三角形切于点 X，Y 和 Z（$AZ = AY$，$BZ = BX$，$CX = CY$），那么面积（XYZ）$\leqslant \left(\frac{1}{2}\right)$面积（$AYXB$）.

如果拟三角形的一边是直线段，那么同样的事实就用极限过程（或类似的论证）而得出. 于是我们用初等几何得到了这个定理的证明.

（廖锡斌译自 *Amer. Math. Monthly*，1990，97(4)：289. 淑生校. 对原文有所删改. 校者对原文的几处计算错误做了纠正.）

费马数*

哪些数学理论最终是有用的，以及有何用法，这是无法预言的.

——L. A. 斯蒂恩

一、费马的错误断言与洪斯贝格的解释

1640年，法国的一位律师、著名的业余数学家费马(Pierre de Fermat)在他写给法国僧侣、也是一位业余数学家的梅森(Marin Mersenne)的一封信中，提到了一种后来以他的名字命名的数——费马数(Fermat numbers)

$$F_n = 2^{2^n} + 1 \quad (n = 0, 1, 2, \cdots)$$

容易验证，F_0，F_1，F_2，F_3，F_4 都是素数，据此费马宣称：对所有的自然数 n，F_n 都是素数. 但没过 100 年，即到 1732 年，大数学家欧拉(Leonhard Euler)就指出：F_5 是合数，它可做如下分解

$$F_5 = 4\ 294\ 967\ 297 = 641 \times 6\ 700\ 417$$

这段史实可算是众所周知的了，但不知读者有没有想过：费马作为最伟大的业余数学家怎么会仅凭5个数就大胆地提出这样的断言呢？ 对此，美国著名的趣味数学专家洪斯贝格(R. Honsberger)在他1973年出版的《数学珍宝》(*Mathematical Gems*)中做出了如下的解释.

早在 2 500 年前，中国古代学者就仅通过数值检验而确信了这样一条“定理”：若正整数 $n > 1$，而 $n \mid (2^n - 2)$，则 n 一定

* 刘培杰：《费马数》，《自然杂志》1991 年第 14 卷第 8 期.

为素数. 这可以看作费马小定理(若 p 是素数,a 为整数,则 $p \mid (a^p - a)$)当 $a = 2$ 时的逆命题. 现代的计算已经证明:当 $1 < n < 300$ 时,这个命题是正确的,但对超过这个范围的数就不一定了. 例如 $n = 341$ 就是一个反例. 人们将满足 $n \mid (2^n - 2)$ 的合数称为伪素数. 我们还能用 341 构造出无穷多个奇伪素数. 1950 年,美国数论专家莱默(D. H. Lehmer) 还找到了偶伪素数 161 038,紧接着 1951 年荷兰的比格(N. G. W. H. Beeger) 证明了偶伪素数有无穷多个.

当然这些都是后话,当年由于计算工具的落后,人们并不知道这些情况. 就连莱布尼兹这样的大数学家在研究了中国古代典籍上的有关记载之后都相信了这一结果,所以费马很可能也听说了这个中国古老的数论"定理",并且信以为真,用它来检验 F_n.

我们只需注意到,当 $n > 1$ 时,$n + 1 < 2^n$. 所以 $2^{n+1} \mid 2^{2^n}$,于是知一定存在一个整数 k,使得 $2^{2^n} = 2^{n+1} \cdot k$,从而

$$2^{F_n} - 2 = 2(2^{2^{n+1} \cdot k} - 1) = 2((2^{2^{n+1}})^k - 1)$$

故由 $(2^{2^{n+1}} - 1) \mid ((2^{2^{n+1}})^k - 1)$,$F_n = (2^{2^n} + 1) \mid (2^{2^{n+1}} - 1)$(因为 $2^{2^{n+1}} - 1 = (2^{2^n})^2 - 1 = (2^{2^n} + 1)(2^{2^n} - 1)$),得 $F_n \mid (2^{F_n} - 2)$.

于是,费马就根据中国古代的那个"定理" 提出了 F_n 都是素数的断言.

洪斯贝格的这个解释是否令人信服,读者尽可见仁见智,我们不敢妄加评论. 但需要指出的是:用这个"定理" 来判别素数虽然可能出错(遇到伪素数),但出错的概率是相当小的,有人计算过在 $n < 2 \times 10^{10}$ 的范围内出错的概率小于 0.000 002 5. 因此费马的错误断言实属不幸之至.

二、费马数与 $k \cdot 2^n + 1$ 型数

前面提到,1732 年,欧拉成功地分解了 F_5,从而否定了费马的断言,但欧拉是怎样得到 F_5 的分解的呢? 难道这位大数学家会用"逐一试除" 这样的"笨" 方法吗? 直到 1747 年,欧拉才在一篇论文中向世人公布了他所使用的方法. 原来他的方法主要基于以下的定理:

定理 1 不论费马数 F_n 是否为素数,其素因数一定形如 $k \cdot 2^{n+1} + 1$,其中 k 为正整数.

证明 设 p 是 F_n 的素因数,即 $2^{2^n} \equiv -1 \pmod p$,则有 $2^{2^{n+1}} \equiv 1 \pmod p$.

设 $h = \min\{m : 2^m \equiv 1 \pmod p\}$,则一定有 $h \mid 2^{n+1}$.

注意到 2^{n+1} 的最大因数 2^n 不能使 2^{2^n} 和 1 同余,故 $h = 2^{n+1}$.

又由费马小定理,得 $2^{p-1} \equiv 1 \pmod p$,从而 $2^{n+1} \mid (p - 1)$,即 $p \equiv 1 \pmod{2^{n+1}}$,亦即 $p = k \cdot 2^{n+1} + 1$,其中 k 为正整数.

卓越的法国数论专家吕卡(Edward Lucas) 于 1877 年改进了欧拉的结果,

他证明了定理 1 中 $k \cdot 2^{n+1}+1$ 的 k 总是偶数,即:

定理 2 F_n 的每个素因数都为 $k \cdot 2^{n+2}+1$ 型,其中 k 为正整数.

现在我们就用定理 2 来寻找 F_5 的素因数.

根据定理 2,F_5 的可能的素因数为 $1\times 2^7+1, 2\times 2^7+1, 3\times 2^7+1, 4\times 2^7+1, 5\times 2^7+1, \cdots$,即 129,257,385,513,641,….其中 129,385,513 是合数,删去.另外由于任两个不同的费马数都互素(后面将给出证明),而 $F_3=257$,故 257 也应删去.所以可能的第一个素因数便是 641,用它试除 F_5,一试即中.另一个因子 6 700 417 可写成 $52\ 347\times 2^7+1$.

正是利用以上有效的方法,1880 年,兰德利尔(Landry) 发现了

$$F_6=274\ 177\times 67\ 280\ 421\ 310\ 721$$

它的两个素因数可表为

$$274\ 177=1\ 071\times 2^8+1$$

$$67\ 280\ 421\ 310\ 721=262\ 814\ 145\ 745\times 2^8+1$$

1878 年,俄国数学家证明了 F_{12} 能被 $7\times 2^{14}+1=114\ 689$ 整除,而 F_{23} 则能被 $5\times 2^{25}+1=167\ 772\ 161$ 整除.这是非常不容易的,因为 F_{23} 写成十进制数共有 2 525 223 位.若用普通铅字将其排印出来,长度达 5 公里;若印成书将会是一部 1 000 页的巨册.更令人吃惊的是 1886 年数学家西尔霍夫(Seelhoff) 证明了 F_{36} 能被 $10\times 2^{38}+1=2\ 748\ 779\ 069\ 441$ 整除.为了帮助人们想象数字 F_{36} 的巨大,有人计算出:F_{36} 的位数比 200 亿还多,排成一行铅字的话,将比赤道还长.

三、费马数的素性判别法

欧拉和吕卡的定理(定理 1,2) 的作用仅限于当 F_n 是合数时去寻找它的素因数,那么如何去判别 F_n 是素数还是合数呢? 现在人们所使用的判别法是 1877 年由皮平(T. Pepin) 提出的.

定理 3 F_n 为素数的充要条件是 F_n 整除 $3^{\frac{F_n-1}{2}}+1$.

利用这一判别法,到目前为止我们所知道的费马素数仅仅是费马宣布的那 5 个:F_0, F_1, F_2, F_3 和 F_4.此外还发现了 84 个费马合数:

当 $n=$ 5,6,7,8,9,10,11,12,13,14,15,16,17,18,19,21,23,25,26,27,29,30,32,36,38,39,42,52,55,58,62,63,66,71,73,75,77,81,91,93,99,117,125,144,147,150,201,205,207,215,226,228,250,255,267,268,275,284,287,298,316,329,334,398,416,452,544,556,637,692,744,931,1 551,1 945,2 023,2 089,2 456,3 310,4 724,6 537,6 835,9 428,9 448,23 471 时,F_n 都是合数.

但需要说明的是,对于一些 F_n,如 F_5,F_6,F_7,我们可以得到其标准分解式,但对另一些 F_n 如 $F_{1\,945}$,我们仅知道其部分因数.就是对相对较小的 F_8,虽然早在1909年就知道它是合数,但直到1975年才发现了它的一个因数.甚至还有至今都没发现其任一个因数的,如 F_{14},尽管早在 1963 年就已经知道它是合数了.

四、费马数的分解与电子计算机的应用

对费马数的研究基本上是属于素数判定和大数分解问题,这类问题在数论中占有重要地位,远古时代人们就重视对它们的研究.近年来,由于计算机科学的发展,这些古老的问题重新焕发了青春,并形成了数论中的一个新分支——计算数论.

利用电子计算机分解费马数最先是从 F_7 开始的.F_7 是一个 39 位数,早在 1905 年莫尔黑德(J. C. Morehead) 和韦斯顿(A. E. Western) 就证明了它是合数,然而直到 1971 年布里尔哈特(J. Brillhart) 和莫里森(Morrison) 在加利福尼亚大学洛杉矶分校的一台 IBM360－91 型电子计算机上使用莱默和鲍尔斯(Powers) 的连分数法计算了 1.5 小时后,人们才知道它是两个分别具有 17 位数字和 22 位数字的素因数之积.

与 F_7 类似,1909 年还是由莫尔黑德和韦斯顿用同样的方法证明了78位的 F_8 也是合数.1981 年,布伦特(Brent) 和波拉德(Pollard) 用波拉德的灵巧方法,在 1 100/42 型通用电子计算机上计算了 2 个小时才发现了 F_8 的第一个 16 位的素因数,但他们未能证明另一个 62 位的因数是素数.后来,威廉斯(H. Williams) 解决了这一问题.

我们以 F_7 为例来介绍一下莫尔黑德和韦斯顿所用的方法.

要判定 F_7 是合数,由皮平的判别法(定理 3),只需要确定 F_7 是否能整除 $3^{\frac{F_7-1}{2}}+1=3^{2^{127}}+1$.注意到 F_7 是 39 位数,比 F_7 大的 3^{2^n} 的诸值中最小者是 3^{2^7},这是一个 61 位数.设 r 是 3^{2^7} 被 F_7 除的余数,如果用 $Q(r)$ 表示 r 可能具有的最大位数,则 $Q(r)=39$.由 $3^{2^7}\equiv r(\bmod F_7)$,两边平方可得 $(3^{2^7})^2=r^2(\bmod F_7)$,这里 $Q(r^2)=78$.设 r_1 满足

$$(3^{2^7})^2\equiv 3^{2^8}\equiv r^2\equiv r_1(\bmod F_7)$$

这里 $Q(r_1)=39$,再次平方又给出

$$(3^{2^8})^2\equiv 3^{2^9}=r_1^2\equiv r_2(\bmod F_7)$$

这里 $Q(r_1^2)=78$,$Q(r_2)=39$.

由此可见,如果我们具备作两个39位数的积的能力,并能用一个39位数去

除一个 78 位数，我们就可将上述过程一直进行下去，直至得到

$$3^{2^{127}} \equiv r_{120} \pmod{F_7}$$

此处 $Q(r_{120})=39$. 于是

$$3^{2^{127}}+1\equiv 0 \pmod{F_7} \Leftrightarrow r_{120}=F_7-1$$

因此要做的事就是计算 r_{120}，看其是否为 F_7-1. 这项工作在一台 1905 年的台式计算机上进行，真好比愚公移山，但莫尔黑德和韦斯顿终于成功了.

在今天的大型机上用完全相同的方法人们证明了 $F_{1\,945}$ 是合数. $F_{1\,945}$ 是非常巨大的，光是它的位数本身就是一个 580 位数，但同用来检验它的大数 $3^{\frac{F_{1\,945}-1}{2}}+1$ 比真是小巫见大巫了. 1957 年，鲁宾逊(R. M. Robinson) 发现 $5\times 2^{1\,947}+1$ 是它的一个因数. 目前人们所发现的最大的费马合数是 $F_{23\,471}$，它约有 $3\times 10^{7\,067}$ 位.

但计算机的能力并非是无限的. 目前就连 F_9 和 F_{13} 这样的“小”费马数计算机都没能进行完全分解，尽管已经知道 F_9 有素因数 2 424 833，而且 F_{13} 也有一个 13 位的因数.

五、费马数与二进制数

受电子计算机迅猛发展的影响，二进制数的概念及方法越来越多地渗透到现代数学中. 费马数的定义容易使人联想到二进制数. 王勤国最先在费马数的研究中引进了二进制数的方法. 我们将通过几个简单的例子做一介绍.

命题 1 当 $n\geqslant 2$ 时，总有 $F_n\equiv 7 \pmod{10}$.

证明 转化为二进制只需证：当 $n\geqslant 2$ 时，$(1\underbrace{00\cdots0}_{2^n\text{个}}1)_2$ 被 $(1010)_2$ 除时余数恒为 $(111)_2$.

考察算式

$$\begin{array}{r}
11 \\
1010\overline{)1000000\cdots01} \\
\underline{1010} \\
1100 \\
\underline{1010} \\
10\cdots
\end{array}$$

从以上两步试除可见，余数总为 $(10)_2$，这意味着将出现循环，因此每次除时相当于删去 4 个零而余数不变. 设去零的过程终止后，被除数中零的个数为 m，即 $(1\underbrace{0\cdots0}_{m\text{个}}1)_2$，其中 $0\leqslant m\leqslant 3$，则

$$m=\min_{\substack{n\geqslant 2\\k\geqslant 0}}\{(2^n-1)-4k\}=\min_{\substack{n\geqslant 2\\k\geqslant 0}}\{4(2^{n-2}-k)-1\}=3$$

再注意到$(10001)_2=1\times(1010)_2+(111)_2$,故得 $F_n\equiv 7(\mathrm{mod}\ 10)$.

命题 2 由吕卡定理(定理 2)知 F_n 的素因数都是$k\cdot 2^{n+2}+1$型.试用二进制数求所有满足$(2^{n+2}+1)\mid F_n$ 的正整数 n.

解 我们先考察两个形如$(1\underbrace{0\cdots0}_{k个}1)_2$,$(1\underbrace{0\cdots0}_{l个}1)_2$的数的除法规律,并注意到

$$1+1\underbrace{0\cdots0}_{k个}1+1\underbrace{0\cdots0}_{k个}10+\cdots+1\underbrace{0\cdots0}_{k个}1\underbrace{0\cdots0}_{k个}=1\underbrace{0\cdots0}_{2k个}$$

即每施行 k 步除法,余数又重复为 1.由此可知被除数中每次删除 $2k$ 个零仍将保持整除结论不变.故$(1\underbrace{0\cdots0}_{l个}1)_2$ 能被$(1\underbrace{0\cdots0}_{k个}1)_2$ 整除的充要条件为

$$l+1=2kp+(k+1)\text{ 或 }l=k(2p+1)$$

其中 p 为正整数.

令 $l=2^n$,$k=n+2$,则有 $2^n=(n+2)(2p+1)$,显然有 $p=0$.再由 $2^n=n+2$,可得唯一解 $n=2$.

因此分解 F_n 时,完全可不必用 $2^{n+2}+1$ 试除.

命题 3 若 $m\neq n$,则必有$(F_m,F_n)=1$.

证明 此题的通常证明如下.

不失一般性,可以设 $m>n\geqslant 0$,$m=n+k$,$k>0$,而 $l\mid F_n$,$l\mid F_{n+k}$.如果令 $x=2^{2^n}$,则我们有

$$\frac{F_{n+k}-2}{F_n}=\frac{2^{2^{n+k}}-1}{2^{2^n}+1}=\frac{x^{2^k}-1}{x+1}=x^{2^k-1}-x^{2^k-2}+\cdots-1$$

故 $F_n\mid(F_{n+k}-2)$,而由 $l\mid F_{n+k}$,$l\mid(F_{n+k}-2)$,可推出 $l\mid 2$,注意到 F_n 是奇数,故 $l=1$.

利用二进制数证明时,要用到命题 2 的证明中得到的结论:$l=k(2p+1)$.若 $l=2pk$,则得 $k=0$,故余数为 $1+1=(10)_2=2$.又由 $2^m=2^{m-n}\cdot 2^n$(假设 $m>n$)可知$(F_m,F_n)\mid 2$,因 F_m,F_n 皆为奇数,故$(F_m,F_n)=1$.

六、推广的费马数

由于计算机的引入,我们有可能将费马数推广为关于 x 的多项式

$$F_n(x)=x^{2^n}+1\quad(n=0,1,2,\cdots)$$

显然通常的费马数是其当 $x=2$ 时的特例.

1983 年,布里尔哈特等 5 位美国数学家联合研究了 $x=2,3,5,6,7,10,11,$

12 时的情形,并进行了素因数分解.

1986 年 1 月,日本上智大学理工学部的森本光生利用 PC9801 微机对 $F_n(x)$ 当 $n=0,1,2,3,4,5,6,7$, $x=2,3,4,5,\cdots,1\ 000$ 时是否为素数进行了研究.因为当 x 是奇数时,$F_n(x)$ 为偶数,所以他同时观察了 $\frac{F_n(x)}{2}$ 的情形.

设 $A_n=\{x:2\leqslant 1\ 000$,且 $F_n(x)$ 是素数$\}$,$B_n=\{x:2\leqslant x\leqslant 1\ 000$,且 $\frac{F_n(x)}{2}$ 是素数$\}$,则 A_n,B_n 中元素的个数 $|A_n|$,$|B_n|$ 如表 1 所示.

表 1

n	$F_n(x)$	$\lvert A_n \rvert$	$\lvert B_n \rvert$
0	$x+1$	167	95
1	x^2+1	111	129
2	x^4+1	110	110
3	x^8+1	40	41
4	$x^{16}+1$	48	40
5	$x^{32}+1$	22	20
6	$x^{64}+1$	8	16
7	$x^{128}+1$	7	3
8	$x^{256}+1$	4	4

当 x 值超过 1 000 时,早在 1967 年就有人计算并列出了 $F_2(x)=x^4+1$ 在 $2\leqslant x\leqslant 4\ 004$ 区间内的 376 个素数,所得到的最大素数不超过 $4\ 002^4+1$,有关计算是在 3 台 1960 年生产的 IBM1620 上进行的.森本光生利用先进的 PC9801 发现了 9 个 300 位以上的广义费马素数,它们是:$F_7(234)$,304 位;$F_7(506)$,347 位;$F_7(532)$,349 位;$F_7(548)$,351 位;$F_7(960)$,382 位;$F_8(278)$,626 位;$F_8(614)$,714 位;$F_8(892)$,756 位;$F_8(898)$,757 位.

七、费马数与费马大定理

真正使费马闻名于世的是他提出的:

费马大定理 不定方程 $x^n+y^n=z^n(n>2)$ 没有正整数解.

这个定理自 1637 年提出到现在已过去 300 多年,人们没能证明它也没能推翻它.

由于 $n>2$,故必有 $4\mid n$ 或 $p\mid n$,这里 p 为奇素数,于是只需对 $n=4$ 或 $n=p$ 证明就够了.因为欧拉和莱布尼兹已分别对 $n=3,4$ 的情况给出了证明,所以只

需证方程

$$x^p + y^p = z^p \quad (p > 3 \text{ 是素数}) \tag{1}$$

无正整数解就足够了.

20世纪40年代,德国著名数学家富特夫伦勒(Furtwängler)用简单同余法证明了:若方程(1)有解,则同余式 $2^{p-1} \equiv 1(\mathrm{mod}\ p^2)$ 一定成立.据此1974年佩里萨特里(Perisatri)首先建立起费马数与费马大定理间的关系,给出了如下的定理:

定理4 设 p 是费马素数,则方程(1)没有 $p \nmid xyz$ 的解.

证明 我们仅需要一个简单的事实:$x^t(t > 1)$ 一定可表为

$$x^t = (x - \alpha)^2 g(x) + t\alpha^{t-1}x + \alpha^t(1 - t) \tag{2}$$

这里 $g(x)$ 是整系数多项式,α 是任意整数.

事实上,x^t 一定可写成

$$x^t = (x - \alpha)^2 g(x) + ax + b \tag{3}$$

对式(3)两端求导,得

$$tx^{t-1} = (x - \alpha)((x - \alpha)g'(x) + 2g(x)) + a \tag{4}$$

令 $x = \alpha$,则由式(4)立得 $a = t\alpha^{t-1}$,再代入式(3)可得 $b = \alpha^t(1 - t)$,所以式(2)成立.

当 p 为费马素数时,如果在式(2)中取 $t = \dfrac{p-1}{2^n}$,$\alpha = -1$,$x = 2^{2^n}$,并注意到 t 是偶数,则得

$$2^{p-1} = p^2 g(2^{2^n}) - \frac{p-1}{2^n}p + 1$$

两端取模 p^2,得

$$2^{p-1} \not\equiv 1(\mathrm{mod}\ p^2)$$

故由富特夫伦勒的结果知定理4成立.

当350年前费马把费马数作为一个不是很引人注目的小问题提出来的时候,他无论如何也不会想到关于费马数的研究有今天如此丰富的内容.事实上,除了本文所介绍的内容,还有一些有关的研究和应用,如关于 $k \cdot 2^n + 1$ 型数的研究,以及费马数在尺规等分圆周中和数论变换中的应用,限于篇幅,就不一一介绍了.

迷人的"骑士旅游世界"问题*

一、问题的提出

这是一个著名的问题：在 8×8 格的国际象棋棋盘上，象棋马能否从某个格子出发一次不重复地跳遍所有 64 个格子最后再回到出发的那个格子？

国际象棋中的马，英语为 knight，恰好又指中世纪西方世界的"骑士""骑士游侠"，因此，这个问题又被称为"骑士旅游世界"问题.

同样的问题可以对中国象棋棋盘上的马提出. 在国际象棋中，马每次跳 1×2 格；在中国象棋中，马每次跳 1×2 格点. 但两者并无本质区别，因为我们可以在 8×8 格的国际象棋棋盘上将每个格子的中心点与其上下左右格子的中心点用直线相连，得到一个 8×8 的格点阵图，这样国际象棋的马的跳法与中国象棋的马就完全一样了. 只不过这时国际象棋棋盘是 8×8 的格点阵图，而中国象棋棋盘是 9×10 的格点阵图.

数学家喜欢将问题一般化. 一般化的"骑士旅游世界"问题是在 $m\times n$ 的格点阵图上，一个每次跳 1×2 格点的"马"能否从某个格点出发一次不重复地"跳"遍所有的格点最后再回到出发的格点？

---

* 孙自行：《迷人的"骑士旅游世界"问题》，《自然杂志》1991 年第 14 卷第 9 期.

在图论中,这个问题有一个较为专门的名称:$m \times n$ 棋盘上马步的哈密尔顿问题.为什么这样称呢?让我们从图的哈密尔顿问题谈起.

二、图的哈密尔顿问题

1857 年,著名的英国数学家哈密尔顿(W. R. Hamilton,1805—1865)发明了一种称为"周游世界"的游戏:在一个正十二面体的 20 个顶点上分别标以被认为是世界上具有代表意义的 20 个城市的名称(阿姆斯特丹、安阿伯、柏林、布达佩斯、都柏林、爱丁堡、耶路撒冷、伦敦、墨尔本、莫斯科、新西伯利亚、纽约、巴黎、北京、布拉格、里约热内卢、罗马、旧金山、东京和华沙),正十二面体的 30 条棱看作连接这些城市的道路.游戏的要求是:从某个城市出发,你能找到一条经过每个城市恰好一次最后再回到出发点的路线吗(图 1)?

同年,在都柏林召开的英国皇家数学会议上,哈密尔顿发表了这个游戏的一个答案.由于问题的实质与所选择路线的长短并无关系,因此我们可设想这是一个由橡皮作成的正十二面体.把这个正十二面体沿某一个面剪开,扯大,展平,使之成为一张平面,如图 2.一条成功的路线如图上按标号 1 ~ 20 的顺序所示.

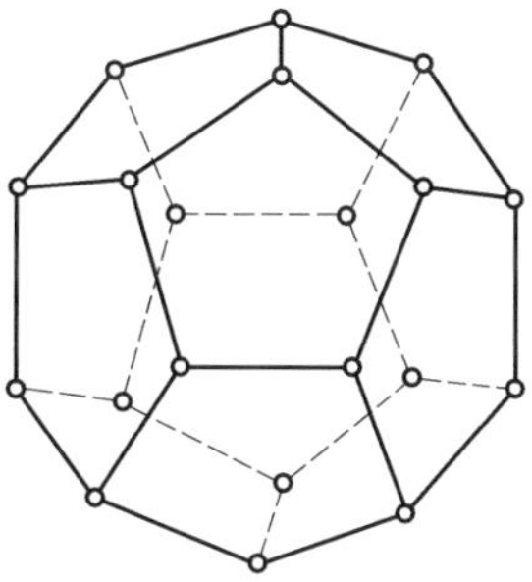

图 1

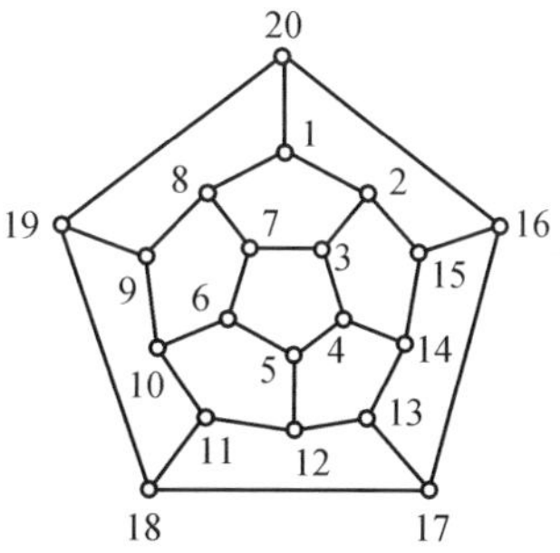

图 2

正是由于哈密尔顿的这个"周游世界"的游戏,图论中,要在一个(连通)图中一次不重复地走遍所有顶点最后再回到出发点的问题便被称为哈密尔顿回路问题,一次不重复地走遍所有顶点(不一定要求能够回到出发点)的问题被称为哈密尔顿链问题,这两类问题统称为图的哈密尔顿问题.有意思的是,100 多年来,虽然数学界天才辈出,群星璀璨,但什么样的图具有哈密尔顿回路,什么样的图不具有哈密尔顿回路,却无人能给出一个非常有效的判据,从而这个问题便一直成为数学王国中一个难解的史芬克斯之谜.

$m \times n$ 棋盘上象棋马不重复地走遍所有格点最后再回到出发点的"骑士旅游世界"问题是图论中一般哈密尔顿问题的特例,自然被称作 $m \times n$ 棋盘上马步的哈密尔顿问题.

需要指出的是,“骑士旅游世界”问题作为图的一般哈密尔顿问题的特例,它所要考虑的“图”并不是那个 $m \times n$ 棋盘(格点阵图),而是以格点为顶点,在每对可以构成马步(即 1×2 格点)的格点之间连一条边而形成的图. 对于 8×8 的国际象棋棋盘来说,这个图有 64 个顶点、168 条边. 对于 9×10 的中国象棋棋盘来说,这个图有 90 个顶点、254 条边. 这些图虽然具有对称的美,但十分复杂,令人眼花缭乱. 因此在研究“骑士旅游世界”问题时,我们宁愿在 $m \times n$ 棋盘上思考. 对于最简单的 3×3 棋盘,相应的图可在本文图 8 的中心部分找到. 注意它甚至不是一个连通图,这说明不是对所有不小于 3 的 m 和 n,“骑士旅游世界”问题都有解.

三、存在性:方法与构造

同一般的哈密尔顿问题相比较,8×8 国际象棋棋盘上的“骑士旅游世界”问题可能要幸运一些,而且在历史上出现得也早. 有文献认为,远在 14 世纪,关于“骑士旅游世界”问题的一个解就已经被给出了,如图 3,而关于解这个问题的方法一般地被认为是在 17 世纪末由数学家棣孟特摩(de Montmort)和棣莫弗(A. de Moivre)给出的. 不过,最早使用数学方法系统地探讨这个问题的似乎应是大数学家欧拉. 在相当长的一段时间内欧拉对此问题产生了很大的兴趣,并就此问题曾经分别和德国数学家哥德巴赫及其他数学家在通信中进行过讨论[1,2]. 1757 年 4 月 26 日,欧拉在写给哥德巴赫的信中曾经给出这个问题的一个解[3]. 若做出马步的路线来即如图 4. 图 3、图 4 都是非常精美的,不难看出,在几何上它们都是绝对的中心对称图形(图中各点相当于国际象棋棋盘上各格子的中心点).

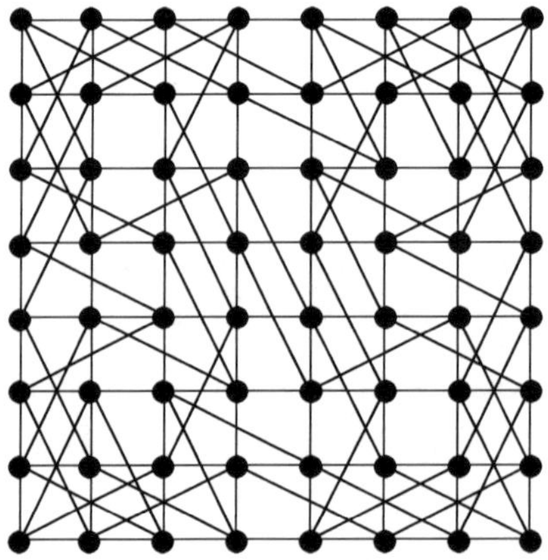

图 3

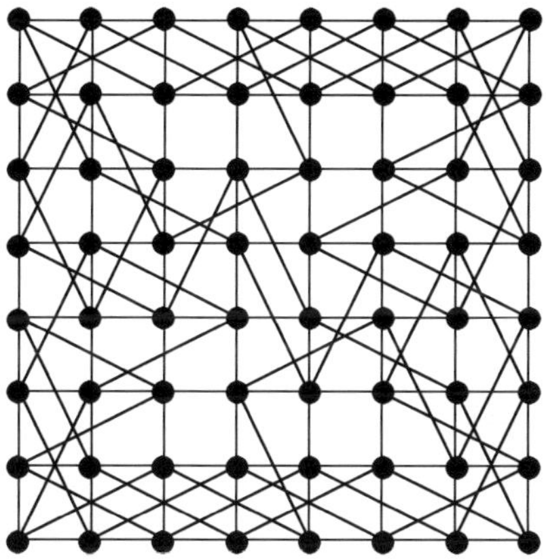

图 4

1759 年,欧拉关于此问题曾经写过一篇文章.在这篇文章里欧拉讨论了各式各样的棋盘.特别地,他指出了对于那种具有奇数个格子的棋盘"骑士旅游世界"问题是无解的.

接着的重要进展发生在 1771 年. 当时, 数学家范德蒙特(A.T. Vandermonde)在巴黎的法国皇家科学院的一份学报上发表了一篇论文,这篇论文的主要内容之一是关于解"骑士旅游世界"问题的一般方法.他的做法是拿两个或更多的独立的"路"去覆盖棋盘,同时在棋盘上引入坐标的概念.他引入符号$\binom{a}{b}$以表示自某相同的边角数起的第 a 行、第 b 列的格子.马的一步相当于自$\binom{a}{b}$格至$\binom{a\pm 1}{b\pm 2}$或$\binom{a\pm 2}{b\pm 1}$格.当然,这里 a 和 b 是对称的,也就是说两者具有同等的地位.范德蒙特参考了 1759 年欧拉的文章后认为,对于一个设想的足够大的几何棋盘,他总可以化归为简单的算术问题.他的这种有效方法与欧拉的方法相类似且只适用于偶数阶的正方形棋盘.他给出的 8×8 棋盘上的一条哈密尔顿回路用其定义的坐标表示如下:$\binom{5}{5}$,$\binom{4}{3}$,$\binom{2}{4}$,$\binom{4}{5}$,$\binom{5}{3}$,$\binom{7}{4}$,$\binom{8}{2}$,$\binom{6}{1}$,$\binom{7}{3}$,$\binom{8}{1}$,$\binom{6}{2}$,$\binom{8}{3}$,$\binom{7}{1}$,$\binom{5}{2}$,$\binom{6}{4}$,$\binom{8}{5}$,$\binom{7}{7}$,$\binom{5}{8}$,$\binom{6}{6}$,$\binom{5}{4}$,$\binom{4}{6}$,$\binom{2}{5}$,$\binom{1}{7}$,$\binom{3}{8}$,$\binom{2}{6}$,$\binom{1}{8}$,$\binom{3}{7}$,$\binom{1}{6}$,$\binom{2}{8}$,$\binom{4}{7}$,$\binom{3}{5}$,$\binom{1}{4}$,$\binom{2}{2}$,$\binom{4}{1}$,$\binom{3}{3}$,$\binom{1}{2}$,$\binom{3}{1}$,$\binom{2}{3}$,$\binom{1}{1}$,$\binom{3}{2}$,$\binom{1}{3}$,$\binom{2}{1}$,$\binom{4}{2}$,$\binom{3}{4}$,$\binom{1}{5}$,$\binom{2}{7}$,$\binom{4}{8}$,$\binom{3}{6}$,$\binom{4}{4}$,$\binom{5}{6}$,$\binom{7}{5}$,$\binom{8}{7}$,$\binom{6}{8}$,$\binom{7}{6}$,$\binom{8}{8}$,$\binom{6}{7}$,$\binom{8}{6}$,$\binom{7}{8}$,$\binom{5}{7}$,$\binom{6}{5}$,$\binom{8}{4}$,$\binom{7}{2}$,$\binom{5}{1}$,$\binom{6}{3}$.

以后又有许多数学家在这方面进行了更深入的研究.我们不拟详细地介绍所有的结果和方法,而只是指出,在棋盘上寻找象棋马的哈密尔顿回路的方法(或链)大体上可以归纳为以下4种[4].

(1)每次将马放到这样的位置,使它能走到的(尚未走过的)方格最少.即先走"出路"少的方格,后走出路多的方格.例如,在图5中,1只有两条出路(至2或64),应当先走,3的出路只剩下3条(走到4,12,14),少于5,17,63的出路,所以应从2走到3(同样的道理,走到29也可以),而不是从2走到5,17或63.当然图5并未完全遵照这一方法.

56	41	58	35	50	39	60	33
47	44	55	40	59	34	51	38
42	57	46	49	36	53	32	61
45	48	43	54	31	62	37	52
20	5	30	63	22	11	16	13
29	64	21	4	17	14	25	10
6	19	2	27	8	23	12	15
1	28	7	18	3	26	9	24

图5

(2)将棋盘分为几个部分,在每个部分中找一条哈密尔顿链,然后把它们连接起来.例如,在图6中,就是在两个4×8棋盘中各找一条哈密尔顿链,然后拼接起来,得到一条哈密尔顿回路.

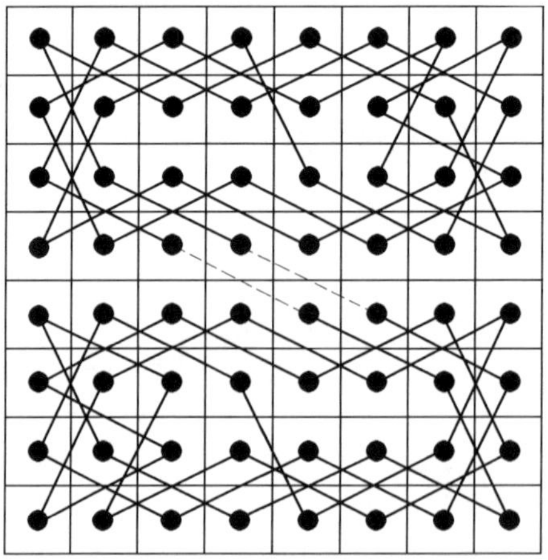

图6

(3) 在棋盘中找几个回路(链),注意是指“小的”回路(或链)而不是步数达到棋盘总格数的哈密尔顿回路(或链).例如,在图 7 中,相同的字母构成一个小回路,共有 A,B,C,D 4 个小回路,然后将 A,B,C,D 4 个小回路顺次连接起来即得到一条 4×8 棋盘上的哈密尔顿链,即图 6 上半部分.

A	*D*	*B*	*C*	*A*	*D*	*B*	*C*
B	*C*	*A*	*D*	*B*	*C*	*A*	*D*
D	*A*	*C*	*B*	*D*	*A*	*C*	*B*
C	*B*	*D*	*A*	*C*	*B*	*D*	*A*

图 7

(4) 将一个较小的棋盘镶上边,以产生一个大棋盘上的哈密尔顿回路(或链).如 7×7 棋盘上的一条哈密尔顿链可以由如图 8 示意的方法得到:中间的 3×3 棋盘上有一个回路(不包含中心点),四周的“边”中有两个回路,按虚线所示的连接方式可将这 3 个回路连成一个大回路,把中心点与这个大回路按马步连接起来,便得到一条哈密尔顿链.

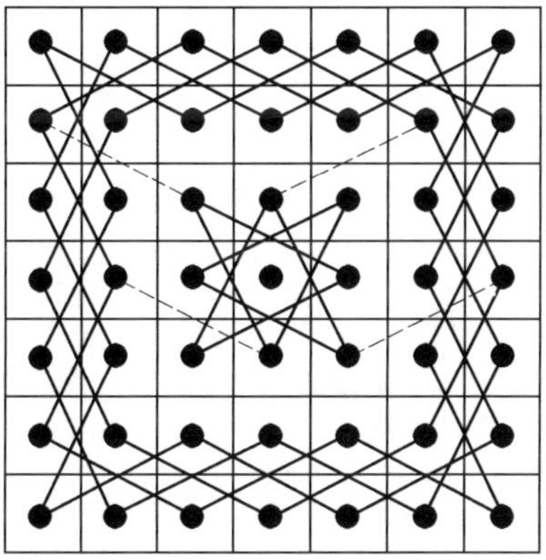

图 8

用这种方法,不难得出如下结论.

定理 1 如果 n 是大于 4 的偶数,则 $n\times n$ 棋盘上存在哈密尔顿回路,如果 n 是大于 3 的奇数,则 $n\times n$ 棋盘上存在哈密尔顿链.

上述 4 种方法貌似简单,但富有启发性.一般来说,如果用穷举的方式,即使是寻求 8×8 国际象棋棋盘上的一条哈密尔顿回路,也是十分困难的.那么用电子计算机来寻求将会怎样呢?有人曾经用穷举法编写了一个解决这个问题的 BASIC 程序,在 Apple－Ⅱ 型机上运行数小时也只能走到 58 ～ 60 步;他们又用同样算法编写了一个 PL/1 程序,在相当于 IBM－360 的大型机上运行数十小时仍未得到任何哈密尔顿回路.当他们采用"分治－合并"的思想编写了一个BASIC程序后,Apple－Ⅱ型机便很快地找到了8×8棋盘上的10条哈密尔顿回路[5].由此可见在"骑士旅游世界"问题中方法的极端重要性.

对于9×10的中国象棋棋盘上的"骑士旅游世界"问题,笔者先构造出3×10棋盘上的一条哈密尔顿回路,然后用拼接的方法,构造出了9×10棋盘上的至少300条哈密尔顿回路[6].

作为本节的结束,我们要指出,围绕着棋盘上哈密尔顿回路的寻求,人们意外地得到了一些有趣的结果,同时又带出了一些难解之谜.一个特别令人感兴趣的结果是,8×8棋盘上马步跳成的一条哈密尔顿回路恰好可以形成一个8×8的"准"幻方,即若把图3用数字(图9)标出,这恰好是一个每行、每列数字和都为260(可惜两条对角线上的数字和不是260)的8阶方阵,真是不可思议!对于图3是否从任何一点标起都保持这种神奇性?例如,图10是图3的另一种顺序标法,结果是每行上的8个数字和仍为260,但列上出现两个数值196和324,这两个数字恰好是260 ± 64.是什么因素在影响着行或列上8个数字和的变化?是因为图3是中心对称图形吗?若是,则对中心对称图形图4又如何?

260	50	11	24	63	14	37	26	35
260	23	62	51	12	25	34	15	38
260	10	49	64	21	40	13	36	27
260	61	22	9	52	33	28	39	16
260	48	7	60	1	20	41	54	29
260	59	4	45	8	53	32	17	42
260	6	47	2	57	44	19	30	55
260	3	58	5	46	31	56	43	18
	260	260	260	260	260	260	260	260

图 9

31	6	57	18	3	44	55	46	260
58	19	30	5	56	47	2	43	260
7	32	17	60	41	4	45	54	260
20	59	8	29	48	53	42	1	260
33	10	21	16	61	40	27	52	260
22	13	36	9	28	49	64	39	260
11	34	15	24	37	62	51	26	260
14	23	12	35	50	25	38	63	260
196	196	196	196	324	324	324	324	

图 10

四、不存在性:染色与奇偶性

前面我们已经提到,不是对所有不小于3的m和n,$m\times n$棋盘上的"骑士旅游世界"问题都有解.这样我们就涉及这个问题的另一个方面:对于哪些m和n,$m\times n$棋盘上不存在哈密尔顿回路?

我们已经看到,要找到一条哈密尔顿回路是相当困难的,而要确定一个棋盘上不存在哈密尔顿回路同样是困难和重要的.在这方面,又是伟大的欧拉首先以非常简单、非常精彩的巧妙方法解决了一类不存在问题，这就是如下的定理 2.

定理 2　对任意奇数 m 和 n，$m \times n$ 棋盘上不存在马的哈密尔顿回路.

证明　首先把 $m \times n$ 棋盘上的格点作黑白相间染色(因国际象棋棋盘是黑白格相间染色的，这已形成了习惯和自然，故这种染色方案亦称为"自然染色")，如图 11. 马自黑点"•"起跳一步必跳至白点"○"；自白点"○"起跳一步必跳至黑点"•". 因此马跳的步子必然按图 12 的规律.

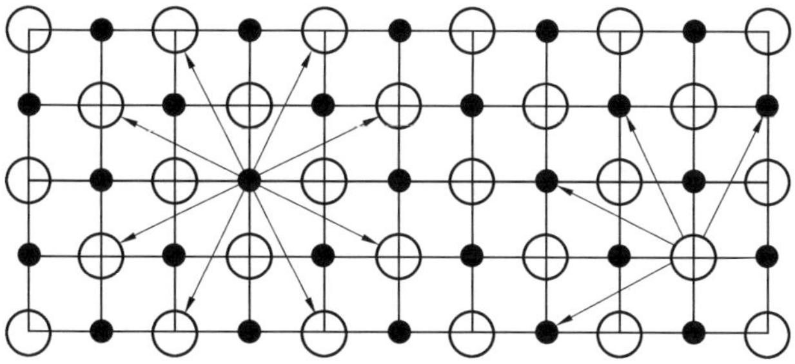

图 11

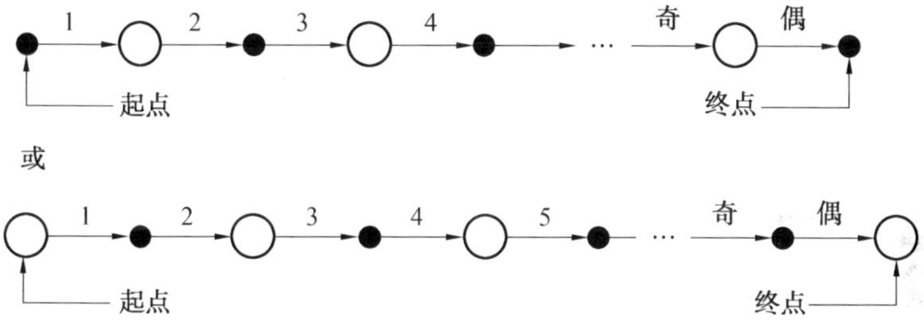

图 12

即奇数步全跳至白点(或相反)，偶数步全跳至黑点"•"(或相反). 假定存在 $m \times n$ 棋盘上的哈密尔顿回路，于是起点和终点成为同一点. 注意到跳至终点(即起点)时总是偶数步，但另一方面要跳成哈密尔顿回路(即不重复地跳遍棋盘上所有的格点最后再回到出发点)所需的总步数应为 $m \times n$，当 m 和 n 为奇数时这个数字是奇数，与上面所说的偶数步发生矛盾. 这表明假定根本不成立.

这个定理表明，对所有具有奇数个格子(或格点)的棋盘，按马跳格(或格点)的方法，你不要指望能找到一条不重复地走遍所有格子(或格点)而回到出发格子(或格点)的路线来. 例如，在 5×9 的半个中国象棋棋盘上，在 19×19 的围棋棋盘上，用马步是无论如何也走不出一条哈密尔顿回路来的.

下面的定理 3 是这类不存在问题的又一个典型，它的证明同样是很精彩的.

定理 3　设 n 为任意自然数，则 $4 \times n$ 棋盘上不存在马步的哈密尔顿回路.

证明[4]　假定存在哈密尔顿回路，我们从两个角度来考察马的一条这样的回路.

(1) 先把 $4\times n$ 棋盘作自然染色(图 13(a)). 如定理 2 证明的分析，不妨假设

{奇数步跳至的点} = {白点}，{偶数步跳至的点} = {黑点}

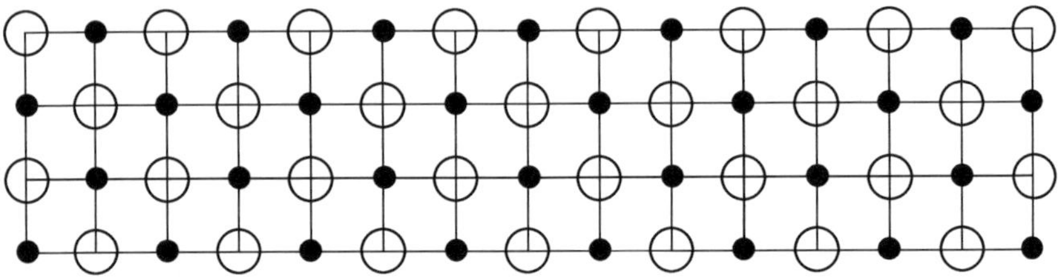

(a)

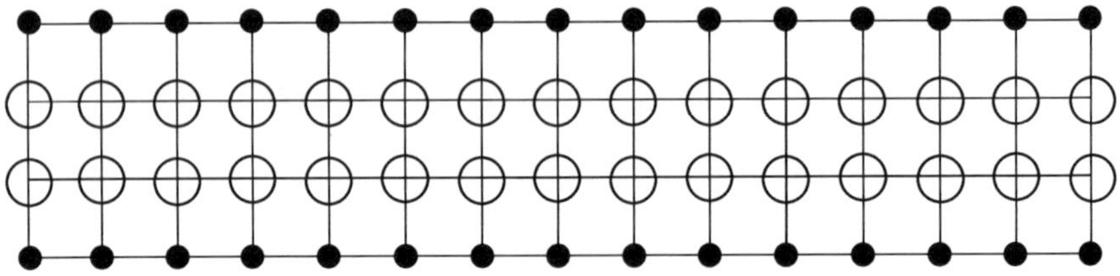

(b)

图 13

(2) 再把 $4\times n$ 棋盘上的格点按边点和内点两组分类，如图 13(b)(请注意，虽然在图 13(b) 中我们仍然用黑白点"•""○"表示，但这只是一种区别)，在此图中马自边点"•"起跳，一步必跳至内点"○". 马自内点"○"起跳，虽然一步可跳至边点"•"也可跳至内点"○"，但因假定具有哈密尔顿回路，在一条这样的回路上，内点总数必定等于边点总数，都为 $2n$，因此马自内点"○"必跳至边点"•"，即这条哈密尔顿回路也必呈现，如图 14：

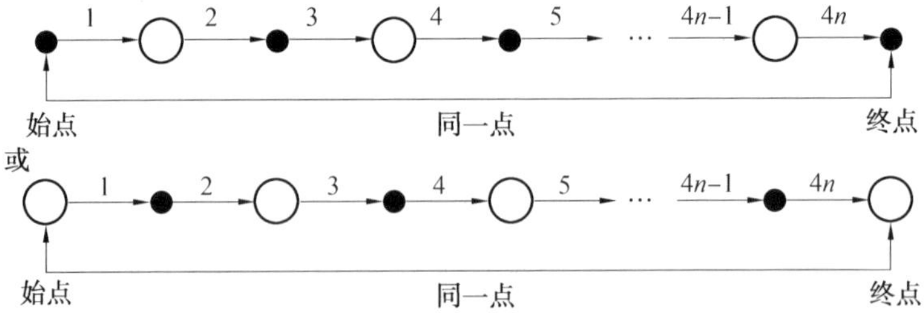

图 14

注意此图中的"•"和"○"分别代表边点和内点.

综合(1) 与(2)，得到{奇数步跳至的点} = {边点}或{内点}，即{白点"○"} = {边点}或{内点}. 这显然是矛盾的，因为无论是边点的集合还是内点的集合，在图 13(a) 中都不是同色的. 所以，假设不成立.

五、问题的解决

现在,我们可以问:对任意不小于 3 的自然数 m,n,哪些 $m\times n$ 棋盘上存在马步的哈密尔顿回路(或链)? 哪些 $m\times n$ 棋盘上不存在马步的哈密尔顿回路?

根据前面介绍的定理 1 ~ 3,我们只可以做如表 1 的回答.

表 1

$m\times n$ n / m	3	4	5	6	7	8	9	10	11	12	…
3	⊗	⊗	⊗		⊗		⊗		⊗		…
4		⊗	⊗	⊗	⊗	⊗	⊗	⊗	⊗	⊗	…
5			△		⊗		⊗		⊗		…
6				○							…
7					△		⊗		⊗		…
8						○					…
9							△		⊗		…
10								○			…
11									△		…
12										○	…
⋮	⋮	⋮	⋮	⋮	⋮	⋮	⋮	⋮	⋮	⋮	…

○ 表示存在哈密尔顿回路

△ 表示不存在哈密尔顿回路,但存在哈密尔顿链

⊗ 表示不存在哈密尔顿回路,但不知是否存在哈密尔顿链

表中用省略号略去的部分可用表中所显示出的明显规律类推. 由于 m,n 地位的等同性,此表关于主对角线是相对称的,因此主对角线以下的部分也略去未标出

表 1 中,由定理 1 确定了主对角线上的情况,由定理 2 确定了奇数行与奇数列交叉处的情况,而由定理 3 确定了表心部分第 2 行和第 2 列(即 m 或 $n=4$)的情况. 现在剩下的问题是:(1) 表 1 中那些空白处情况如何? (2) 表 1 中 ⊗ 处是否存在哈密尔顿链? (3) 在存在哈密尔顿回路(或链)时能否给出简单的构造方法?

1990 年 8 月，在中国合肥召开的国际组合数学学术会议上，笔者的论文《任意 $m\times n$ 方格图上马步的哈密尔顿回路(链)的存在性及简单构作(英文)》完全地解决了上述这 3 个问题. 根据这篇文章的主要结果，可以把表 1 改为表 2.

表 2

$m\times n$ （n / m）	3	4	5	6	7	8	9	10	11	12	…
3	×	△	×	×	△	△	△	○	△	○	…
4		×	△	△	△	△	△	△	△	△	…
5			△	○	△	○	△	○	△	○	…
6				○	○	○	○	○	○	○	…
7					△	○	△	○	△	○	…
8						○	○	○	○	○	…
9							△	○	△	○	…
10								○	○	○	…
11									△	○	…
12										○	…
⋮	⋮	⋮	⋮	⋮	⋮	⋮	⋮	⋮	⋮	⋮	⋮

× 表示既不存在哈密尔顿回路，也不存在哈密尔顿链，其余说明如表 1

对照表 1，除去表的左上角一小块(包括 3×8)，表 2 相当于把表 1 中那些空白处补以 ○，而将表 1 中的 ⊗ 改为 △.

用文字表述，笔者的主要结果是：

定理 4 设 $m\geqslant 3(m\neq 4,5,8)$，$n\geqslant 7$，$m$，$n$ 均为自然数. 对 $m\times n$ 棋盘，当 m，n 均为奇数或 $m=3$，$n=8$ 时，存在马步的哈密尔顿链(但不存在哈密尔顿回路)；当 m，n 不全是奇数(3×8 除外) 时，存在马步的哈密尔顿回路.

对于存在哈密尔顿回路(或链) 的情况，笔者给出的构造方法十分简单.

至此，“骑士旅游世界” 问题完全解决.

参考资料

[1] W. W. R. Ball, H. S. M. Coxeter. Mathematical Recreations and Essays. New York: Macmillan, 1944: 174.

[2] N. L. Bigggs, et al. Graph Theory 1736～1936. Oxford: Clarendon Press, 1976.

[3] E. И. 伊格拉季耶夫. 在趣味数学的王国中. 肖果能，肖双发，译. 长沙：湖南科学技术出版社，1986：93.

[4] 单墫，程龙. 棋盘上的数学. 上海：上海教育出版社，1987.

[5] 曹新谱，肖宝麟. 国际象棋棋盘上马的周游路线问题. 重庆大学学报，1988，11(4)：63.

[6] 孙自行. 中国象棋盘上 400 条 Hamilton－回路的简单构作. 池州师专学报，1990(4)：20.

有表示素数的公式吗*

人们为想象中的事物而工作比为实际问题而工作更努力，人的心理就是这样奇怪.

——I. 里查兹

一、问题的提出

当人类产生了自然数的概念并规定了它们之间的四则运算，特别是除法运算之后，素数的概念便自然而然地产生了. 据史料记载，最早明确给出素数定义的是公元前 300 年左右的欧几里得. 这位伟大的古希腊数学家在他的不朽名著《原本》(*Element*) 的第七卷开头，就定义道："素数是只能用单位度量的数."[1] 用现在的说法就是："素数是这样一种自然数：在小于它的自然数中，只有 1 能整除它."这同素数的现代定义完全一致. 欧几里得还证明了素数的一些基本性质，其中包括"素数有无穷多个".

素数在数论研究中的重要性表现于著名的"算术基本定理"：任何非 1 之自然数皆可分解为素数之积；若不计分解式中素数的次序，则这种分解是唯一的[2]. 基于这一定理，对自然数性质的研究，绝大部分可化归为对素数性质的研究. 这就使得从古到今数论中的许多重大研究课题均围绕着素数这个中心. 关于素数的猜想层出不穷，如著名的哥德巴赫猜想、孪生素数

* 淑生：《有表示素数的公式吗》，《自然杂志》1991 年第 14 卷第 11 期.

猜想等,但能圆满解决的却寥若晨星.

既然素数有无穷多个,那么我们可把它们按从小到大的次序排成一个无穷的素数数列$\{p_n\}(n=1,2,\cdots)$

$$p_1=2, p_2=3, p_3=5, \cdots, p_n, \cdots$$

一个油然而生的想法是:如果我们能够把这个数列的通项公式找出来,那该多好!可不是?如果有一个这样的公式,设为 $p_n=f(n)$,哥德巴赫猜想就有可能通过解决"$f(n)+f(m)$ 当 n,m 取遍正整数时是否给出所有偶数"这一问题而得到解决,孪生素数猜想就有可能通过解决"方程 $f(n+1)-f(n)=2$ 的解是否有无穷多个"这一问题而得到解决.最为直截了当的应用是:当我们想要知道第 n 个素数 p_n,比方说第 10 000 个素数 $p_{10\,000}$ 是什么时,通过这个公式一下子就可以计算出来.

有这样的通项公式吗?答曰:有!但是,没有用.什么叫"没有用"?什么叫"有用"?暂且不答.那么,"有用"的通项公式找到了吗?答曰:从古到今,没有人找到,而且也没有人证明这种"有用"的通项公式不存在.

虽然人们找不到素数数列的一个"有用"的通项公式,但是有一个求出这个数列各项的方法.这个方法比逐个试除自然数而找出素数的方法要"好".这就是公元前约 250 年由古希腊的埃拉托斯特尼(Eratosthenes)提出的"筛法".关于埃拉托斯特尼筛法,介绍已经很多了,此处仅简单说一下:要得到不大于某个自然数 N 的所有素数,只要在 $2\sim N$ 中将不大于 $\sqrt{N}$ 的素数的倍数全画去即可[2].应该指出的是,近代以来人们构造素数表时所用的方法本质上仍然是埃拉托斯特尼筛法.可见2 000多年以来,求出素数数列的方法并没有本质上的改进,之所以能造出越来越大的素数表,主要原因在于计算工具的革新.

既然找不到素数数列的一个"有用"的通项公式,人们便退而求其次:能不能找到一个表示素数的公式?也就是说,能不能找到这样一个公式:当这个公式中的变量取正整数时,通过这个公式计算出来的值总是素数,当变量取遍正整数时,计算出来的值取遍所有素数,哪怕是有重复,哪怕是不按大小次序,也好.

结果是:找到了,但是,仍然没有用,而且,也没有人证明这种"有用"的公式不存在.这是怎么回事?

二、从计算复杂度的角度看

数学家在研究一个数学对象时,首先必须给这个数学对象下一个明确的定义.上文中提到的"公式"这一概念,实在是很不明确.

什么是"公式"?照一般理解,"公式"是其变量的一个计算式,其中的运算可以各种各样，不必限于加、减、乘、除等初等运算，但一般要求这个计算式具有所谓“封闭形式”，即计算式的形式不随变量取值的不同而发生变化，或者至多随变量取值范围的不同而发生有限的变化（如变量为奇数时是一种形式，变量为偶数时是另一种形式. 但这种情况大多可通过初等技巧化归为前一种情况）. 特别是对于数列的通项公式，要求不能含有省略号“…”，因为省略号意味着公式的形式将随着变量取值的不同而不断发生变化. 在中学里，人们就是按着这种理解去要求学生求出数列的前 n 项和的公式的.

但是，这样的理解大可商榷.

首先，人们已发明了许多数学符号，这些符号中就隐含着省略号. 最简单的例子就是乘方，事实上它是连乘的简写. 此外，阶乘“！”、求和式“$\sum$”以及排列数、组合数等，无一不隐含省略号. 因此包含这些符号的公式看来具“封闭形式”而事实并非如此.

其次，按通项公式去计算数列的通项有时反而比按数列的原始定义去计算更为复杂. 最明显的例子就是著名的斐波那契(Fibonacci)数列，它的递归定义是

$$u_0=0, u_1=1, u_{n+1}=u_n+u_{n-1} \quad (n=1,2,\cdots)$$

它有一个漂亮的通项公式

$$u_n=\frac{1}{\sqrt{5}}\left(\left(\frac{1+\sqrt{5}}{2}\right)^n-\left(\frac{1-\sqrt{5}}{2}\right)^n\right)$$

但是用这个公式去算 u_n，要做 $2n$ 次无理数的乘法，加上一次减法和一次除法，远不如按其递归定义做 n 次整数的加法来得容易. 难怪这个公式不要说用来计算，就是用来进行理论证明也显得价值不大.

因此，现代数学家更倾向于使用有明确定义的“算法”概念. 粗略地说，“算法”是指对一类问题的机械的计算程序，从已知数据出发，通过这些计算程序，总可以求得问题的解，或证明问题无解. 一般理解的“公式”是一种“算法”，但“算法”不一定是“公式”，如求两个正整数的最大公约数的“欧几里得算法”就不是“公式”.

算法有好有坏，好坏的量度就是算法的“计算复杂度”. 计算复杂度分为空间复杂度和时间复杂度，粗略地说，空间复杂度就是待计算的中间数据的量，时间复杂度就是计算量.

从计算复杂度的角度看，数列的一个通项公式是否“有用”，就在于它的计算复杂度是否比其他算出这个数列通项的算法小.

这样，寻找素数数列的一个通项公式就应表达为：寻找一个算法，通过它可从有限个自然数出发求得素数数列中一个指定项次的素数. 我们已知埃拉托斯特尼筛法就是这样一个算法，而且易知它的计算复杂度比“试除”方法小. 因

此,从计算复杂度的角度看,素数数列的一个"有用"的通项公式,就应是一个比埃拉托斯特尼筛法的计算复杂度小的算出素数数列通项的算法.

事实上,当代著名数学家哈代(G. H. Hardy)和赖特(E. M. Wright)在他们的名著《数论导引》[3]早就指出,所谓"第 n 个素数 p_n 的一个简单的一般公式",是指"对任何给定的 n,我们用这个公式计算出 p_n 所花的劳动比用埃拉托斯特尼筛法小".

哈代和赖特还指出:"可以设计出许多计算 p_n 的'公式'.但是其中一些只是中看不中用的摆设,因为它们用 p_n 本身来确定 p_n,用它们不会得到任何未知的 p_n.……其他一些可以在理论上使我们能计算出 p_n,但是要以比用埃拉托斯特尼筛法多得多的劳动为代价."

关于前一种情况,我们在下一节中介绍.这里我们给出后一种情况的一个例子,为此先介绍两个定理.

定理 1 p 为素数的充要条件是

$$(p-1)! \equiv -1 \pmod p$$

此即著名的威尔逊(Wilson)定理.

定理 2 设 $n \geqslant 1$,则至少存在一个素数 p,满足

$$n < p \leqslant 2n$$

此即著名的贝特朗(Bertrand)假设.

这两个定理的证明见于许多数论教材,比方说文[2],此处略.

由定理 1 可知,当 p 为素数时,有

$$((p-1)!)^2 \equiv 1 \pmod p \tag{1}$$

另外,当 p 为非素数的正整数时,易证有

$$((p-1)!)^2 \equiv 0 \pmod p \tag{2}$$

由定理 2 可知,若 p_r 为第 r 个素数,则

$$p_{r+1} < 2p_r$$

由此可得,对任何正整数 n

$$p_n < 2^n \tag{3}$$

定义函数 $r(y,x)$ 为用 x 除 y 后的余数,对于 $x=0$ 的特殊情况,补充定义 $r(y,0)=0$.

再定义真减(proper subtraction)运算"$\dot{-}$"如下

$$y \dot{-} x = \begin{cases} y-x & (\text{若 } y \geqslant x) \\ 0 & (\text{若 } y < x) \end{cases}$$

现在给出素数数列的一个通项公式[4]

$$p_n = \sum_{i=0}^{2^n} \left(1 \dot{-} \left(\left(\sum_{j=0}^{i} r(((j \dot{-} 1)!)^2, j)\right) \dot{-} n\right)\right)$$

要证明这确实是素数数列的一个通项公式，只要注意到，根据式(1)与式(2)，有

$$\sum_{j=0}^{i} r(((j \dot{-} 1)!)^2, j) = \pi(i)$$

其中 $\pi(i)$ 是不超过 i 的素数的个数. 而由真减运算的定义，可知该公式中对 i 求和时诸 i 项当 $\pi(i) \leqslant n$ 时为 1，当 $\pi(i) > n$ 时为 0，即得 $\sum_{i=0}^{p_n - 1} 1 = p_n$（由式(3)可知使 $\pi(i) = n$ 的那项必在诸 i 项中）. 由此得证.

我们来看一下这个公式的计算复杂度. 事实上，这个公式先用威尔逊定理对自然数逐个检验是否为素数，然后通过计数看是否已经检验出了第 n 个素数. 由于用威尔逊定理检验素数时需做阶乘运算，计算复杂度很大，因此这个公式看似简单，其实它的计算复杂度远大于埃拉托斯特尼筛法，同"试除"方法差不多，从而是一个"没有用"的公式.

至于上节提到的那种只表示素数而且能表示出所有素数的公式，也可以从计算复杂度的角度来审视. 下面举一个例子[5].

令

$$f(x, y) = (y-1)(1 \dot{-} (x(y+1) - (y! + 1))^2) + 2$$

则当 x, y 取正整数时，$f(x, y)$ 只给出素数，而且能给出所有的素数，除了多次重复地给出唯一的偶素数 2，每个奇素数只给出一次. 这真是太好了！难怪它的介绍者说这是"一项振奋人心的进展"[5].

让我们来看看这个公式是怎样给出素数的.

首先，注意到总有

$$(x(y+1) - (y! + 1))^2 \geqslant 0$$

于是分两种情况：

(1) 当 $x(y+1) - (y! + 1) = 0$ 时，有

$$y! \equiv -1 (\mathrm{mod}(y+1))$$

由威尔逊定理（定理 1）知 $y+1$ 是素数，而这时

$$f(x, y) = y + 1$$

(2) 当 $(x(y+1) - (y! + 1))^2 \geqslant 1$ 时，由真减运算的定义，有

$$f(x, y) = 2$$

也是素数.

在第一种情况中，y 取定，x 也便取定，因此这个公式对每个奇素数 $y+1$ 只给出一次.

这个公式确实很简单，但其实质也同前面那个通项公式一样，是用威尔逊定理对自然数逐个检验是否为素数. 若是，就给出，若不是，就给出 2. 因此，从

计算复杂度的角度看，这也是一个“没有用”的公式.

三、从构造性数学的角度看

在介绍表示素数的公式时，人们往往要提到米尔斯(W. H. Mills)的下述定理.

定理3[6] 存在一个正实数 θ，使得对所有正整数 n，$\lfloor \theta^{3^n} \rfloor$ 都表示素数，其中记号“$\lfloor\ \rfloor$”表示取整.

但是，对于这个定理，人们在介绍完毕后总要加一句：不幸的是，没有人知道 θ 等于多少[7]. 既然存在，怎么会“没有人知道”?

事实上，这正是哈代和赖特所指出的第一种情况：用素数本身来确定素数.

这一类定理很多，比方说，有人证明米尔斯定理中的3可以推广为任何不小于3的整数 c，后来又有人把 c 的下界推进到 $\frac{8}{3}$，$\frac{77}{29}$ 和 $\frac{98}{37}$，而且 c 可为实数. 尼文(I. Niven)则另辟蹊径，他证明了，对任何大于1的实数 c，存在正实数 θ，使得对所有正整数 n，$\lfloor c^{\theta^n} \rfloor$ 都表示素数[8]. 实在是热闹了一阵子.

由于米尔斯定理的证明涉及本文未提及的预备知识，为节省篇幅，我们另选一个例子，看一看这类定理的实质是什么.

定理4[3] 令

$$\alpha = \sum_{m=1}^{\infty} p_m 10^{-2^m} = 0.020\ 300\ 05\cdots$$

则我们有素数数列的通项公式

$$p_n = \lfloor 10^{2^n}\alpha \rfloor - 10^{2^{n-1}} \lfloor 10^{2^{n-1}}\alpha \rfloor$$

证明 由贝特朗假设(定理2)，有

$$p_m < 2^m < 2^{2^m} = 4^{2^{m-1}}$$

因此定义 α 的级数收敛，而且有

$$0 < 10^{2^n} \sum_{m=n+1}^{\infty} p_m 10^{-2^m} < \sum_{m=n+1}^{\infty} 4^{2^{m-1}} 10^{-2^{m-1}} =$$

$$\sum_{m=n+1}^{\infty} \left(\frac{2}{5}\right)^{2^{m-1}} < \left(\frac{2}{5}\right)^{2^n} \frac{1}{1-\frac{2}{5}} < \frac{4}{15} < 1$$

从而

$$\lfloor 10^{2^n}\alpha \rfloor = 10^{2^n} \sum_{m=1}^{n} p_m 10^{-2^m}$$

类似地，有

$$\lfloor 10^{2^{n-1}}\alpha \rfloor = 10^{2^{n-1}} \sum_{m=1}^{n-1} p_m 10^{-2^m}$$

由此得

$$\lfloor 10^n\alpha\rfloor - 10^{2^{n-1}}\lfloor 10^{2^{n-1}}\alpha\rfloor =$$

$$10^{2^n}\left(\sum_{m=1}^{n}p_m 10^{-2^m}-\sum_{m=1}^{n-1}p_m 10^{-2^m}\right)=p_n$$

这个通项公式也十分简单，而且它的计算复杂度也不大，对 10 进行乘方运算只不过是在数字的尾部添加零罢了. 但这也是一个“没有用” 的公式，因为我们要用这个公式计算 p_n，就必须精确地知道 α 的第 $1\sim 2^n$ 位小数，这样就必须知道 $p_1\sim p_n$. 简单地说，要计算 p_n，必须已知 p_n. 不能不说这实在是个笑话.

米尔斯定理及其他类似的定理从本质上看也就是这么回事. 这不禁使人想到布劳威尔直觉主义学派的构造性数学[9].

在为解决第三次数学危机而兴起的数学基础三大学派中，直觉主义学派的观点最不能为数学家所接受(另两大学派是以罗素为代表的逻辑主义学派和希尔伯特为代表的形式公理学派)，因为这个学派的著名口号是:“存在必须是被构造.” 从这个构造性观点出发，直觉主义学派排斥作为现代集合论基础的实无穷概念，不能无条件地接受在现代数学中用来证明许多存在性定理的逻辑规则 —— 排中律. 接受了直觉主义学派的构造性观点，许多已成为数学常识的结论将不再成立，数学家将寸步难行.

但是近年来，数学家们对构造性数学的看法逐渐有了改变，甚至出版了纯粹用构造性观点来叙述的高等数学教材. 这是因为随着计算机理论科学的兴起，计算机科学家和数学家发现直觉主义学派的某些思想可以应用到计算机软件的设计方法学中[10]. 至少在数学家中间，这样的一种价值观已经确立:一个存在性定理的构造性证明比非构造性证明更有价值.

事实上，人们早应该注意到构造性数学的某些合理性. 就拿定理 4 来说，它的证明从非构造性数学的角度来看，一点没有破绽，但是从构造性数学的角度来看，那个 α 根本就不能说它存在. 因为这个 α 是用素数数列 $\{p_n\}$ 构造出来的，但是在 p_n 没有被完全掌握的情况下，怎么去构造? 又怎么能说它存在?

四、数学家的回答

那么，到底有没有表示素数的“有用” 的公式? 哈代和赖特说:“没有发现这样的公式，而且也不可能存在这样的公式.”[3] 我国著名数学家陈景润也说:“人们至今没有找到，大概也不可能找到一个可以表示全体素数的有用公式.”[11] 但这只能说是一种信念，而不是一个数学意义下的结论. 事实上，除了证明过一些函数类不可能总给出素数[12]，没有人像证明高次代数方程不存在求根公式那样证明过上述论断. 而且除了数学业余爱好者，大概也不会有专业数学家在进行着这方面的研究.为什么?这里涉及数学家的课题选择的规律性问题.

如果说应用科学家的课题选择应围绕着生产实践的话,那么理论科学家的课题选择则强烈地受到理论发展背景的制约.纯粹数学家自不例外.著名的约当(Jordan)曲线定理——平面上的一条简单的封闭曲线将平面分成内外两个区域——在很长时期内被看成当然的事实而不予证明,但当几何学理论发展到一定阶段时,数学家不得不去证明这个定理.同样,著名的哥德尔(Gödel)不完备性定理也只有在希尔伯特想把全部数学纳入他的形式公理框架中而不能成功的背景下产生.

从这个观点看,上述数学家的回答就十分合理:长期的数学实践已使这一点成为数学家的共识,而且客观上也没有必要用数学逻辑去证明这一点.

参考资料

[1] M. Kline. Mathematical Thought from Ancient to Modern Times. Oxford: Oxford Uni. Press, 1972: 78.

[2] 华罗庚. 数论导引. 北京:科学出版社, 1975.

[3] G. H. Hardy, E. M. Wright. An Introduction to the Theory of Numbers. Oxford: E. L. B. S. & Oxford Uni. Press, 1981.

[4] J. P. Jones. Canadian Math. Bull., 1975, 18.

[5] R. Honsberger. 数学译林(江嘉禾,译,胡师度,校), 1984(3): 282.

[6] W. H. Mills. Bull. Amer. Math. Soc., 1947, 53: 604.

[7] T. M. Apostol. Introduction to Analytic Number Theory. New York: Springer, 1976: 8.

[8] U. Dudley. Amer. Math. Monthly, 1969, 76: 23.

[9] 徐利治. 数学方法论选讲. 武汉:华中科技大学出版社, 1983.

[10] 章远阳. 当代软件设计方法学发展的哲学与数学背景. 自然杂志, 1991, 14: 93.

[11] 华罗庚,苏步青. 中国大百科全书·数学. 北京:中国大百科全书出版社, 1988: 628.

[12] J. P. Jones, el al. Amer. Math. Monthly, 1976, 38: 449.

从鸽笼原理到拉姆齐定理*

在数学中，技能比仅仅掌握一些知识要重要得多.

——G. 波利亚

一、从鸽笼原理谈起

数学中有许多令人惊奇的结果，往往是根据一些极简单的基本原理而得到的. 鸽笼原理便是一例.

鸽笼原理，又称抽屉原理，据说是由 19 世纪的著名德国数学家狄利克雷(P. G. L. Dirichlet) 在研究用有理数逼近无理数时首先明确地加以使用的. 称之为鸽笼原理，是因为它可通俗地叙述为：如果有很多鸽子要飞进不太多的鸽笼，那么至少有一个鸽笼要飞进相当数量的鸽子. 称之为抽屉原理，也是同样的意思.

这个原理简单明了，甚至可以说十分平凡，但是用它可以推断出许多出人意料的结果，这里，显示出高度智慧的技巧起到了关键性的作用. 因此，要用鸽笼原理来解决的题目往往用来作为大中学生数学奥林匹克的竞赛题. 另一方面，这个原理通俗易懂，因此可以用来作为引导人们窥探神秘的数学大厦的少数几个窗孔之一.

鸽笼原理有简单形式和加强形式两种.

* 蒋星耀：《从鸽笼原理到拉姆齐定理》，《自然杂志》1991 年第 14 卷第 12 期.

1. **鸽笼原理的简单形式**

如果要把 $n+1$ 件东西放入 n 个盒子,则至少有一个盒子要放入两件以上的东西. 这就是鸽笼原理的简单形式.

借用集合论的语言,可把这一形式改述成:如果要把一个$(n+1)-$集合 S 划分成 n 个不相交的子集,即令 $S=S_1\cup S_2\cup\cdots\cup S_n$,$S_i\cap S_j=\varnothing(i\neq j)$,则必存在 k,$1\leqslant k\leqslant n$,$|S_k|\geqslant 2$.

这里,我们把含有 m 个元素的集合简称为 $m-$集合,把集合 S 的元素个数(即 S 的基数)简记为 $|S|$. 以后这些简称和记号将不加说明地使用.

运用这一形式可以得到一些直接的结论,如"13 个人中必有两人同月出生""在 10 双不同的鞋子中任取 11 只鞋子,其中必有两只能配对"等. 但这些都是一些简单的应用例子. 复杂的例子则需要用到许多高级的技巧. 这类例子多见于关于鸽笼原理或数学奥林匹克的小册子,此处我们只介绍一个有趣的例子.

例 1 有一位象棋大师准备参加正式比赛,他有 11 周准备时间. 在这 11 周中,他决定每天至少进行一次热身赛. 但为了不使自己太疲倦,他又决定每周热身赛不超过 12 次. 证明存在相继的若干天,在这些天中这位象棋大师恰好进行了 21 次热身赛.

设 a_1 是这位象棋大师第一天热身赛的次数,a_2 是前两天热身赛的次数,a_3 是前 3 天热身赛的次数 …… . 因为他每天至少进行热身赛一次且每周至多 12 次,于是有 $1\leqslant a_1<a_2<\cdots<a_{77}\leqslant 12\times 11=132$,从而 $a_1+21<a_2+21<\cdots<a_{77}+21\leqslant 132+21=153$. 于是由鸽笼原理的简单形式,$a_1,a_2,\cdots,a_{77},a_1+21,a_2+21,\cdots,a_{77}+21$ 这 154 个都在 1 和 153 之间的整数必有两个是相等的. 但由于 $a_1,a_2,\cdots,a_{77}$ 中任何两个都不相等,$a_1+21,a_2+21,\cdots,a_{77}+21$ 也彼此不相等,所以一定存在 $j<i$,使 $a_i=a_j+21$,即 $a_i-a_j=21$. 也就是说在第 $j+1,j+2,\cdots,i$ 这 $i-j$ 天中他共进行了 21 次热身赛.

注意在这个例子中,鸽子、鸽子数、鸽笼和鸽笼数,都不是现成的,而是通过对题意的深刻分析,根据求证的要求设计出来的. 用鸽笼原理解题的关键即在于此,高度的技巧也即用于此.

2. **鸽笼原理的加强形式**

设 $q_1,q_2,\cdots,q_n$ 是正整数. 如果把 $q_1+q_2+\cdots+q_n+1$ 件东西放入 n 个盒子中,则或者第一个盒子中至少有 q_1+1 件东西,或者第二个盒子中至少有 q_2+1 件东西,…… 或者第 n 个盒子中至少有 q_n+1 件东西. 这就是鸽笼原理的加强形式.

借用集合论的语言,可把这一形式改述成:如果要把一个$(q_1+q_2+\cdots+q_n+1)-$集合 S 划分成 n 个不相交的子集,即令 $S=S_1\cup S_2\cup\cdots\cup S_n$,$S_i\cap$

$S_j = \varnothing (i \neq j)$，即必存在 k，$1 \leqslant k \leqslant n$，$|S_k| \geqslant q_k + 1$.

显然，鸽笼原理的简单形式是上述加强形式当 $q_1 = q_2 = \cdots = q_n = 1$ 时的特殊情况.

鸽笼原理的加强形式虽然比其简单形式复杂一些，但也是不难理解的. 读者若有兴趣，可用反证法较容易地把它证出来.

鸽笼原理经如此加强后，运用起来技巧性也就更强了. 早在 1928 年，后来成为著名代数学家的范·德·瓦尔登(B. L. van der Waerden，当时还是一位初出茅庐的青年）运用鸽笼原理天才地证明了所谓关于算术级数的范·德·瓦尔登定理[1]：设 k 和 l 是任意自然数，则存在自然数 $n(k,l)$，使得将 $n(k,l)$ 个连续自然数任意分成 k 类后，其中至少有一类含有由 l 个自然数组成的算术级数. 范德瓦尔登在证明中显示出的对鸽笼原理应用的高度技巧性以及这个定理本身对自然数性质反映的深刻性，使得人们至今还对此津津乐道.

下面是一个由著名匈牙利数学家厄多斯（P. Erdös）和塞克雷斯（A. Szekeres）发现的例子.

例 2　假定有 n^2+1 个人并肩排成一行，那么总能从他们中挑选出 $n+1$ 个人，使得若令他们向前走一步并靠拢后排成新的一行，他们的身高自左向右不是递增就是递减. 设这 n^2+1 个人的身高分别为 $a_1, a_2, \cdots, a_{n^2+1}$，则问题可转化为如下形式：给定任意 n^2+1 个实数 $a_1, a_2, \cdots, a_{n^2+1}$ 的序列，证明它必含有一个长为 $n+1$ 的递增子序列或长为 $n+1$ 的递减子序列.

对每个 $k = 1, 2, \cdots, n^2+1$，令 m_k 表示从 a_k 开始的最长递增子序列的长度. 若 $m_1, m_2, \cdots, m_{n^2+1}$ 中有一个不小于 $n+1$，则长度为 $n+1$ 的递增子序列存在，命题已成立. 否则有 $1 \leqslant m_1, m_2, \cdots, m_{n^2+1} \leqslant n$. 由鸽笼原理的加强形式（$q_1 = q_2 = \cdots = q_n = n$），$m_1, m_2, \cdots, m_{n^2+1}$ 中必有 $n+1$ 个相等. 设 $m_{k_1} = m_{k_2} = \cdots = m_{k_{n+1}}$，其中 $1 \leqslant k_1 < k_2 < \cdots < k_{n+1} \leqslant n^2+1$，则对每个 $i = 1, 2, \cdots, n$，都有 $a_{k_i} \geqslant a_{k_{i+1}}$. 否则，设有 $a_{k_i} < a_{k_{i+1}}$，则取从 $a_{k_{i+1}}$ 开始的最长递增子序列，然后再把 a_{k_i} 放在该子序列的前面，就得到一个从 a_{k_i} 开始的更长的递增子序列. 这意味着 $m_{k_i} > m_{k_{i+1}}$，与假设 $m_{k_i} = m_{k_{i+1}}$ 矛盾. 于是有 $a_{k_1} \geqslant a_{k_2} \geqslant \cdots \geqslant a_{k_{n+1}}$，从而 $a_{k_1}, a_{k_2}, \cdots, a_{k_{n+1}}$ 就是长为 $n+1$ 的递减子序列.

二、拉姆齐定理

鸽笼原理的深刻而重要的推广是由英国逻辑学家拉姆齐（F. P. Ramsey）根据数学基础的研究得到的.

拉姆齐定理　设 $q_1, q_2, \cdots, q_n, t$ 是正整数，且 $t \leqslant q_i$，对 $i = 1, 2, \cdots, n$，那么存在最小正整数 $N(q_1, q_2, \cdots, q_n; t)$，使得对 $m \geqslant N(q_1, q_2, \cdots, q_n; t)$，当将任意

m－集合 S 的所有 t－子集所组成的集合 $P_t(S)$ 分布在 n 个盒子中时，或者 S 中有一个 q_1－子集，它的全部 t－子集都在第 1 个盒子中，或者有一个 q_2－子集，它的所有 t－子集都在第 2 个盒子中，…… 或者有一个 q_n－子集，它的所有 t－子集都在第 n 个盒子中.

这里，数 $N(q_1,q_2,\cdots,q_n;t)$ 称为具有参数 $q_1,q_2,\cdots,q_n,t$ 的拉姆齐数.

不难看出：这个定理当 $q_1=q_2=\cdots=q_n=t=1$ 时，就变成鸽笼原理的简单形式，此时 $N(\underbrace{1,1,\cdots,1}_{n个};1)=n+1$；当 $t=1$ 时，就变成鸽笼原理的加强形式，此时 $N(q_1,q_2,\cdots,q_n;1)=q_1+q_2+\cdots+q_n-n+1$. 因此鸽笼原理是拉姆齐定理的简单特例.

一般读者要理解拉姆齐定理是有困难的. 这与鸽笼原理形成鲜明的对照. 为此让我们来考虑 $n=t=2$，$q_1,q_2\geqslant 2$ 时的拉姆齐定理.

考虑三维空间中任何 3 点都不共线的 m 个点的集合 S. 于是每对点确定唯一的线段，我们把这些线段任意涂上红色或蓝色. 涂红的线段相当于把 S 的 2－子集放入一个“红”盒子里，而涂蓝色的线段相当于把 S 的 2－子集放入一个“蓝”盒子里. 拉姆齐定理断言：如果点数 m 充分大（即 m 不小于已断定存在的整数 $N(q_1,q_2;2)$），那么或者存在 q_1 个点，它们之间的全部线段都是涂红色的（即这 q_1 个点的所有 2－子集都在“红”盒子中），或者存在 q_2 个点，它们之间的全部线段都是涂蓝色的（即这 q_2 个点的所有 2－子集都在“蓝”盒子中）. 特别地，当 $q_1=q_2=3$ 时，存在一个数 $N(3,3;2)=6$，使得对任意 6 个点的集合 S，把联结这 6 点的所有线段任意涂成红色或蓝色后，这些线段中必有 3 条形成一个边全为红色的三角形或一个边全为蓝色的三角形.

现在让我们来证明 $N(3,3;2)=6$.

考虑 S 的任意一点 P，在以 P 为端点的 5 条线段中，或者至少有 3 条涂红色或者至少有 3 条涂蓝色（鸽笼原理的加强形式）. 为确定起见，设 P_1,P_2,P_3 为 S 的 3 个点，PP_1,PP_2,PP_3 都涂红色（图 1）. 现考虑 P_1,P_2,P_3 这 3 个点. 如果 P_1P_2,P_2P_3,P_3P_1 这 3 条线段中有一条涂红色，设为 P_1P_2，则 PP_1P_2 就是一个红色三角形. 否则，如果 P_1P_2,P_2P_3,P_3P_1 没有一条是红色的，则必都是蓝色的. 这样 $P_1P_2P_3$ 就是一个蓝色三角形. 这就证明了 $N(3,3;2)\leqslant 6$.

另一方面，我们可以举出 5 个点的集合，并将这些点所确定的线段分别涂上红或蓝色，使得既没有红色三角形也没有蓝色三角形. 如图 2，其中实线表示红色，虚线表示蓝色. 因此 $N(3,3;2)>5$.

综合以上两方面，$N(3,3;2)=6$.

一般拉姆齐定理的证明，广泛地使用了递推的技巧. 有兴趣的读者可参阅文[2].

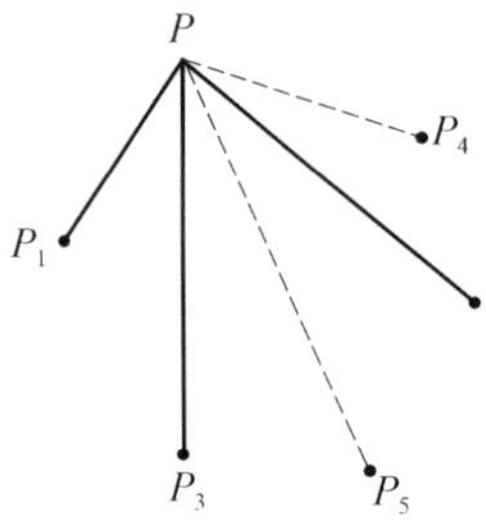

图 1

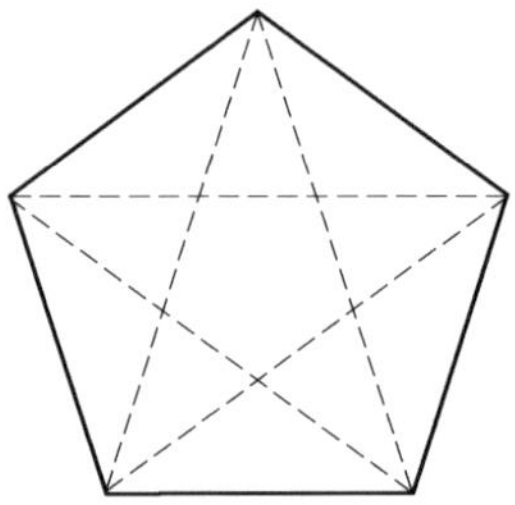

图 2

拉姆齐数 $N(q_1,q_2,\cdots,q_n;t)$ 具有深刻的组合意义. 遗憾的是我们尚不知道有关这些数的任何递推公式,而有些递推不等式又不够精确. 因此计算拉姆齐数非常困难. 目前已知的仅很少几种:$N(3,3;2)=6$,$N(3,4;2)=9$,$N(3,5;2)=14$,$N(4,4;2)=18$,$N(3,3,3;2)=17$.

不过厄多斯和塞克雷斯给出了 $N(p,q;2)$ 的上界

$$N(p,q;2)\leqslant\binom{p+q-2}{p-1}$$

三、拉姆齐定理与大基数的研究

在数学基础的研究中,大基数的研究是非常重要和活跃的一个领域. 所谓大基数研究就是给出了关于基数 κ 的一个有趣性质 P,研究 $P(\kappa)$ 是否对部分或所有基数 κ 成立. 有时我们发现某一特殊性质 P,使 $P(\kappa)$ 成立的最小的 κ 是难以置信的大,以致我们不能从通常的集合论公理出发证明存在一个 κ 使 $P(\kappa)$ 成立. 在这种情况下,"存在一个基数 κ 使得 $P(\kappa)$ 成立"这一命题就被称为大基数公理. 引进大基数公理的目的是研究它对集合论的作用和影响,特别是它与集合论其他公理的相容性、它对连续统假设和选择公理的影响等. 现在简短地介绍一下通过拉姆齐定理引出的大基数公理. 为了便于讨论与描述,先引进一些记号,并用这些记号来陈述拉姆齐定理. 注意这里的基数是以集合的面貌出现的,读者不妨可把它理解为具有此基数的集合.

(1) 设 S 是一个集合,令 $[S]^n=\{F\subseteq S;\ |F|=n\}$,即 $[S]^n$ 是由 S 的 n — 子集组成的集合类.

(2) 如果 σ 是一个基数,则称函数 $P:[S]^n\rightarrow\sigma$ 为 $[S]^n$ 的一个 σ — 划分.

(3) 设有 $P:[S]^n\rightarrow\sigma$,我们称 $H\subseteq S$ 对 P 为齐次的充要条件是 P 在 $[H]^n$ 上取值相同.

(4) 用 $\kappa\rightarrow(\lambda)^n_\sigma$ 表示命题:每当 $P:[\kappa]^n\rightarrow\sigma$,存在一个基数为 λ 的 $H\subseteq\kappa$,它对 P 是齐次的.

这样,拉姆齐定理可改述成:对每个 $n,\sigma,\lambda\in\omega$,存在一个 $\kappa\in\omega$ 使得 $\kappa\to(\lambda)^n_\sigma$,其中 ω 为自然数集合(的基数).

前面我们曾经指出,求使 $\kappa\to(\lambda)^n_\sigma$ 成立的最小的 κ 在 n,σ,λ 都有穷的情况下是一个非常困难的问题.有趣的是在无穷的情况下,借助于基数算术,往往反而容易.

厄多斯和雷多(Rado)在1952年证明了在选择公理下,对任何 $\kappa,\kappa\not\to(\omega)^\omega_2$.因此今后假设 n 是有穷的,而 κ,λ,σ 则可以是无穷基数.

拉姆齐证明了一个有趣的定理:对任何 $n,\sigma\in\omega,\omega\to(\omega)^n_\sigma$.令 $n=\sigma=2$,我们得到 $\omega\to(\omega)^2_2$.这一事实通俗地说就是:将可数完全图的边用红色或蓝色任意染色,则一定可以找到一个可数的红色完全子图或一个蓝色的可数完全子图.在 $\kappa\to(\lambda)^2_2$ 中,当 κ,λ 有限时,κ 往往比 λ 大得多,λ 越大这种情况越明显.但是当 $\lambda=\omega$ 时,居然有 $\kappa=\lambda=\omega$.是否这一奇特的性质对其他无穷基数也会发生?但是有定理告诉我们:对任何 $\kappa,2^\kappa\not\to(3)^2_\kappa,2^\kappa\not\to(\kappa^+)^2_2$,其中 κ^+ 是 κ 的后继基数.由此可以推出在 $\omega\to(\omega)^n_\sigma$ 中如将 ω 换成 ω_1,就有 $\omega_1\not\to(\omega_1)^n_\sigma$,其中 ω_1 是 ω 的后继基数,在连续统假设下,ω_1 即连续统.同理对任何 ω_n 都有 $\omega_n\not\to(\omega_n)^n_\sigma$,因此我们自然要问是否存在这样的基数 κ,使得性质 $P(\kappa):\kappa>\omega$ 且 $\kappa\to(\kappa)^n_\sigma$ 成立?研究表明从集合论的公理出发我们不能证明这样的基数存在,但也没有证据可以否定这种基数的存在性.因此我们把命题:"存在一个基数 $\kappa>\omega$ 使得 $\kappa\to(\kappa)^n_\sigma$"称为大基数公理,并把满足上述公理的最小基数 κ 称为弱紧致基数.

为了研究比弱紧致基数更大的基数,让我们用 $\kappa\to(\lambda)^{<\omega}_\sigma$ 表示命题:每当给出 $\{P_n;n\in\omega\}$,这里 $P_n:[\kappa]^n\to\sigma$,存在一个基数为 λ 的 $H\subseteq\kappa$,它对每个 P_n 都是齐次的.

称 κ 是拉姆齐基数的充要条件是 $\kappa\to(\kappa)^{<\omega}_2$.同时命题"存在一个拉姆齐基数"就成为一条大基数公理.

上述两种大基数在大基数的家族中比上不足比下有余,即有下列关系

$$\text{不可达基数}\leqslant\text{弱紧致基数}\leqslant\text{拉姆齐基数}\leqslant\text{可测基数}$$

参考资料

[1] A.Я.辛钦.数论的三颗明珠.王志雄,译.上海:上海科学技术出版社,1984.

[2] H.J.Ryser.Combinatorial Mathematics.The Mathematical Association of America,1963:29.

编辑手记

本套书是上海《自然杂志》的资深编辑朱惠霖先生将历年发表于其中的数学科普文章的汇集本.

《自然杂志》是笔者非常喜爱的一本杂志，最早接触到它是在20世纪80年代初.笔者还在读高中，在报刊门市部偶然买到一本.上课时在课桌下偷偷阅读，记得那一期有篇是张奠宙教授写的介绍托姆的突变理论的文章，其中那个关于狗的行为描述的模型引起了笔者极大的兴趣.至今想起来还历历在目，特别是惊叹于数学在描述自然现象时的能力之强.在后来笔者养犬十年的过程中观察发现，许多细节还是很富有解释力的.

当年在《自然杂志》上写稿的既有居庙堂之高的院士、教授，如陈省身先生写的微分几何，谷超豪先生写的偏微分方程，张景中先生写的几何作图问题等，也有处江湖之远的小人物，比如笔者给《自然杂志》投稿时只是上海华东师范大学数学系应用数学助教班的一名学员而已.

介绍一下本套书的作者朱惠霖先生，他既是数学家，又是数学教育家，曾出版数学著作多部.

如:《虚数的故事》(美)纳欣著，朱惠霖译，上海教育出版社，2008.

《蚁迹寻踪及其他数学探索(通俗数学名著译丛)》(美)戴维·盖尔编著，朱惠霖译，上海教育出版社，2001.

《数学桥:对高等数学的一次观赏之旅》斯蒂芬·弗莱彻·休森著，朱惠霖校(注释，解说词)，邹建成，杨志辉，刘喜波等译，上海科技教育出版社，2010.

他还写过大量的科普文章，如：

《埃歇尔的〈圆的极限 Ⅲ〉》	朱惠霖	自然杂志	1982-08-29
《"公开密码"的破译》	朱惠霖	自然杂志	1983-01-31
《微积分学的衰落——离散数学的兴起》	安东尼·罗尔斯顿；朱惠霖	世界科学	1983-10-28
《单叶函数系数的上界估计》	李江帆；朱惠霖	自然杂志	1983-10-28
《莫德尔猜想解决了》	Gina Kolata；朱惠霖	世界科学	1984-01-31
《一个古老猜想的意外证明》	Gina Kolata；朱惠霖	世界科学	1985-11-27
《从哈代的出租车号码到椭圆曲线公钥密码》	朱惠霖	科学	1996-03-25
《找零钱的数学》	朱惠霖	科学	1996-09-25
《墨菲法则趣谈》	朱惠霖	科学	1996-11-25
《找零钱的数学》	朱惠霖	数学通讯	1998-04-10
《关于"跳槽"的数学模型》	朱惠霖	数学通讯	1998-06-10
《扫雷高手的百万大奖之梦》	朱惠霖	科学	2001-07-25

其中《单叶函数系数的上界估计》是一个研究简讯. 他们将比勃巴赫猜想的系数估计在前人工作的基础之上又改进了一步. 这当然很困难. 朱先生 1982 年毕业于复旦大学，比勃巴赫猜想在中国的研究者大多集中于此. 前不久复旦旧书店的老板还专门卖了一批任福尧老先生的藏书给笔者，其中以复分析方面居多. 这一重大猜想后来在 1985 年由美国数学家德·布·兰吉斯完美的解决了.

数学科普对于现代社会很重要，因为要在高度现代化的社会中生存，不了解数学，更进一步不了解近代数学是不行的，那么究竟应该了解多少？了解到什么程度呢？在网上有一个网友恶搞的小文章.

民科自测卷(纯数学卷)

注：此份试卷主要用于自测对数学基础知识的熟悉程度. 如果自测者分数不达标，则原则上可认为其尚不具备任何研究数学的基本能

力，是民科的可能性比较大，从而建议其放弃数学研究. 测试达标为60分，满分100分. 测试应闭卷完成.

Part 1，初等部分(20分)

(1) 设有一个底面半径为 r，高为 a 的球缺. 现有一个垂直于其底面的平面将其分成两部分，这个平面与球缺底面圆心的距离为 h. 请用二重积分求出球缺被平面所截较小那块图形的体积(3分).

(2) 已知 Zeta 函数 $\zeta(s)=\sum_{n=1}^{\infty}\frac{1}{n}$. 请问双曲余切函数 coth 的泰勒展开式系数和 $\zeta(2n)$ 有什么关系? 其中 n 是正整数(3分).

(3) 求 n 阶 Hilbert 矩阵 $\boldsymbol{H}$ 的行列式，其中 $H_{i,j}=\frac{1}{i+j-1}$(4分).

(4) 叙述拓扑空间紧与序列紧的定义，在什么条件下这两者等价? 并给出一个在不满足此条件下两者并不等价的例子(3分).

(5) 对实数 t，求极限 $\lim_{A\to\infty}\int_{-A}^{A}\left(\frac{\sin x}{x}\right)^{2}\mathrm{e}^{\mathrm{i}tx}\,\mathrm{d}x$(3分).

(6) 阶为 pq，p^2q，p^2q^2 的群能否成为单群，证明你的结论(4分).

Part 2，基础部分(40分)

(1) 叙述 Sobolev 嵌入定理，并给出证明(5分).

(2) 李代数 $so(3)$ 和 $su(2)$ 之间有什么关系? 证明你的结论(5分).

(3) 亏格为2的曲面被称为双环面，其可以看作是两个环面的连通和. 请计算双环面 $T^1\# T^1$ 除去两点的同调群(5分).

(4) 证明对于半单环 R，我们有 $R\cong Mat_{n_1}(\Delta_1)\times\cdots\times Mat_{n_k}(\Delta_k)$，其中 Δ_k 是除环(5分).

(5) 证明 Dedekind 环是 UFD 当且仅当它是 PID(5分).

(6) 给出概复结构和复结构的定义，并给出例子说明有概复结构的流形不一定有复结构(5分).

(7) 给定光滑曲面 M 上的一点 P，假设以 P 为中心，r 为半径的测地圆周长为 $C(r)$. 求曲面在点 P 的高斯曲率 $K(P)$(5分).

(8) 证明 n 维向量空间 V 的正交群 $O(V)$ 的每一个元素都可以看作不超过 n 个反射变换的积(5分).

Part 3，提高部分(40分)

(1) 我们已知椭圆(长半轴为 a，短半轴为 b)的周长公式不能用初等函数表示. 请证明这一点(12分).

(2)47 维球面 S^{47} 上存在多少组不同的向量场，使得其为点态线性独立的? 证明你的结论(13分).

(3) 证明：多项式环上的有限生成投射模都是自由模(15 分).

此文章据说是一位女性朋友写的，在微信圈中广为流传. 在笔者混迹其中的几个数学圈中，许多很有功力的中年数学工作者都表示无能为力，也有的只是在自己所擅长的专业分支上能解出一道半道. 所以可见数学分支众多，且每一分支都不容易，要做个鸟瞰式的人物几乎不可能. 所以还是爱因斯坦有远见，他认为如果他要搞数学一定会在某一个分支的一个问题上耗费终生，而不会像在物理学中那样有一个对全局决定性的贡献.

数学普及是不易的. 著名数学家项武义先生曾在一次访谈中指出：

> 不管是中国也好，美国也好，关于普度众生的应用数学，是一大堆不懂数学的人要搞数学教育，而懂数学的人拒绝去做这个. 也许其原因是此事其实也不简单. 基础数学你要懂得更深一步都很难，吃力不讨好，所以不做. 现在全世界现况就跟金融风暴一样，苦海无边. 数学教育目前在全世界不仅没有普度众生，反而是苦海无边. 我跟张海潮[①]都觉得不忍卒睹，却无能为力，人太少了. 你跟搞数学教育的讲，他们根本不听也不懂，反而说："你伤害到我的利益，你知道吗？ 你给我滚远点."你跟数学家讲，像陈先生[②]反对我做这事，就跟我说："武义，你完全浪费青春."而且他一定讲："这事情是纯政治的，纯政治的事，你去搞它干嘛？ 你的才能应该好好拿来做数学的研究."这还是为了我好. 有些数学家，他如果不去做这些基础的数学，其实要让他做数学教育是不行的，因为他没有懂透彻，他以偏概全地说："这种东西我还不懂吗？ 这是没什么道理的东西！"他不懂才讲没道理，这就是现况！ 还有一个笑话，现在给我总的感觉，因为基础数学没人下功夫，数学研究跟基础数学脱节了，脱节久了，数学研究必然趋于枯萎，因为离根太远的东西是长不好的. 譬如说做弦理论(string theory)，弦理论老天一定不用的嘛，因为老天爷没懂嘛，我们生活的空间世界是精而简的，他竟然说："要他来指挥老天爷，精简的地方，我不要做，我一定要去做十维卷起来的东西，这十维是什么东西都搞不清楚，这种数学越来越烦，有点像当年托勒密的周转圆(epicycles). 我去复旦，和忻元龙[③]边喝咖啡边聊，他说："你是一个比较奇怪的数学家，前沿的数

---

① 张海潮，交通大学应用数学系教授.

② 陈省身.

③ 忻元龙，复旦大学教授.

学跟基础的数学是连起来的,但大部分的数学家不把它们连起来."

许多数学教科书并不能代替科普书,因为它们写的过于抽象.项武义先生讲了一个《群论》的例子.《群论》那一章定义了什么叫群,定义了什么叫群的同构(isomorphic).然后呢,证明了三个定理,第一个:G 跟 G 是同构的;第二个:若 G_1 跟 G_2 是同构的,则 G_2 跟 G_1 也是同构的;第三个:若 G_1 跟 G_2 是同构的,G_2 跟 G_3 是同构的,则 G_1 跟 G_3 是同构的.完了,整个就结束了,《群论》全教完了.

说实话,在现在这个功利至上的社会,端出这么一大套东西是不切实际的.但是我们坚持:诗和远方是留给有梦想的人的精神食粮,眼前的苟且是留给芸芸众生的麻醉剂.

刘培杰
2018 年 10 月 25 日
于哈工大

刘培杰数学工作室
已出版(即将出版)图书目录——高等数学

书　　名	出版时间	定　价	编号
距离几何分析导引	2015－02	68.00	446
大学几何学	2017－01	78.00	688
关于曲面的一般研究	2016－11	48.00	690
近世纯粹几何学初论	2017－01	58.00	711
拓扑学与几何学基础讲义	2017－04	58.00	756
物理学中的几何方法	2017－06	88.00	767
几何学简史	2017－08	28.00	833

复变函数引论	2013－10	68.00	269
伸缩变换与抛物旋转	2015－01	38.00	449
无穷分析引论(上)	2013－04	88.00	247
无穷分析引论(下)	2013－04	98.00	245
数学分析	2014－04	28.00	338
数学分析中的一个新方法及其应用	2013－01	38.00	231
数学分析例选:通过范例学技巧	2013－01	88.00	243
高等代数例选:通过范例学技巧	2015－06	88.00	475
基础数论例选:通过范例学技巧	2018－09	58.00	978
三角级数论(上册)(陈建功)	2013－01	38.00	232
三角级数论(下册)(陈建功)	2013－01	48.00	233
三角级数论(哈代)	2013－06	48.00	254
三角级数	2015－07	28.00	263
超越数	2011－03	18.00	109
三角和方法	2011－03	18.00	112
随机过程(Ⅰ)	2014－01	78.00	224
随机过程(Ⅱ)	2014－01	68.00	235
算术探索	2011－12	158.00	148
组合数学	2012－04	28.00	178
组合数学浅谈	2012－03	28.00	159
丢番图方程引论	2012－03	48.00	172
拉普拉斯变换及其应用	2015－02	38.00	447
高等代数.上	2016－01	38.00	548
高等代数.下	2016－01	38.00	549
高等代数教程	2016－01	58.00	579
数学解析教程.上卷.1	2016－01	58.00	546
数学解析教程.上卷.2	2016－01	38.00	553
数学解析教程.下卷.1	2017－04	48.00	781
数学解析教程.下卷.2	2017－06	48.00	782
函数构造论.上	2016－01	38.00	554
函数构造论.中	2017－06	48.00	555
函数构造论.下	2016－09	48.00	680
函数逼近论(上)	2019－02	98.00	1014
概周期函数	2016－01	48.00	572
变叙的项的极限分布律	2016－01	18.00	573
整函数	2012－08	18.00	161
近代拓扑学研究	2013－04	38.00	239
多项式和无理数	2008－01	68.00	22

刘培杰数学工作室
已出版(即将出版)图书目录——高等数学

书　　名	出版时间	定　价	编号
模糊数据统计学	2008－03	48.00	31
模糊分析学与特殊泛函空间	2013－01	68.00	241
常微分方程	2016－01	58.00	586
平稳随机函数导论	2016－03	48.00	587
量子力学原理.上	2016－01	38.00	588
图与矩阵	2014－08	40.00	644
钢丝绳原理:第二版	2017－01	78.00	745
代数拓扑和微分拓扑简史	2017－06	68.00	791
半序空间泛函分析.上	2018－06	48.00	924
半序空间泛函分析.下	2018－06	68.00	925
概率分布的部分识别	2018－07	68.00	929
Cartan 型单模李超代数的上同调及极大子代数	2018－07	38.00	932
纯数学与应用数学若干问题研究	2019－03	98.00	1017
受控理论与解析不等式	2012－05	78.00	165
不等式的分拆降维降幂方法与可读证明	2016－01	68.00	591
实变函数论	2012－06	78.00	181
复变函数论	2015－08	38.00	504
非光滑优化及其变分分析	2014－01	48.00	230
疏散的马尔科夫链	2014－01	58.00	266
马尔科夫过程论基础	2015－01	28.00	433
初等微分拓扑学	2012－07	18.00	182
方程式论	2011－03	38.00	105
Galois 理论	2011－03	18.00	107
古典数学难题与伽罗瓦理论	2012－11	58.00	223
伽罗华与群论	2014－01	28.00	290
代数方程的根式解及伽罗瓦理论	2011－03	28.00	108
代数方程的根式解及伽罗瓦理论(第二版)	2015－01	28.00	423
线性偏微分方程讲义	2011－03	18.00	110
几类微分方程数值方法的研究	2015－05	38.00	485
N 体问题的周期解	2011－03	28.00	111
代数方程式论	2011－05	18.00	121
线性代数与几何:英文	2016－06	58.00	578
动力系统的不变量与函数方程	2011－07	48.00	137
基于短语评价的翻译知识获取	2012－02	48.00	168
应用随机过程	2012－04	48.00	187
概率论导引	2012－04	18.00	179
矩阵论(上)	2013－06	58.00	250
矩阵论(下)	2013－06	48.00	251
对称锥互补问题的内点法:理论分析与算法实现	2014－08	68.00	368
抽象代数:方法导引	2013－06	38.00	257
集论	2016－01	48.00	576
多项式理论研究综述	2016－01	38.00	577
函数论	2014－11	78.00	395
反问题的计算方法及应用	2011－11	28.00	147
数阵及其应用	2012－02	28.00	164
绝对值方程—折边与组合图形的解析研究	2012－07	48.00	186
代数函数论(上)	2015－07	38.00	494
代数函数论(下)	2015－07	38.00	495

刘培杰数学工作室
已出版(即将出版)图书目录——高等数学

书　　名	出版时间	定　价	编号
偏微分方程论:法文	2015－10	48.00	533
时标动力学方程的指数型二分性与周期解	2016－04	48.00	606
重刚体绕不动点运动方程的积分法	2016－05	68.00	608
水轮机水力稳定性	2016－05	48.00	620
Lévy 噪音驱动的传染病模型的动力学行为	2016－05	48.00	667
铣加工动力学系统稳定性研究的数学方法	2016－11	28.00	710
时滞系统:Lyapunov 泛函和矩阵	2017－05	68.00	784
粒子图像测速仪实用指南:第二版	2017－08	78.00	790
数域的上同调	2017－08	98.00	799
图的正交因子分解(英文)	2018－01	38.00	881
点云模型的优化配准方法研究	2018－07	58.00	927
锥形波入射粗糙表面反散射问题理论与算法	2018－03	68.00	936
广义逆的理论与计算	2018－07	58.00	973
不定方程及其应用	2018－12	58.00	998
几类椭圆型偏微分方程高效数值算法研究	2018－08	48.00	1025
吴振奎高等数学解题真经(概率统计卷)	2012－01	38.00	149
吴振奎高等数学解题真经(微积分卷)	2012－01	68.00	150
吴振奎高等数学解题真经(线性代数卷)	2012－01	58.00	151
高等数学解题全攻略(上卷)	2013－06	58.00	252
高等数学解题全攻略(下卷)	2013－06	58.00	253
高等数学复习纲要	2014－01	18.00	384
超越吉米多维奇.数列的极限	2009－11	48.00	58
超越普里瓦洛夫.留数卷	2015－01	28.00	437
超越普里瓦洛夫.无穷乘积与它对解析函数的应用卷	2015－05	28.00	477
超越普里瓦洛夫.积分卷	2015－06	18.00	481
超越普里瓦洛夫.基础知识卷	2015－06	28.00	482
超越普里瓦洛夫.数项级数卷	2015－07	38.00	489
超越普里瓦洛夫.微分、解析函数、导数卷	2018－01	48.00	852
统计学专业英语	2007－03	28.00	16
统计学专业英语(第二版)	2012－07	48.00	176
统计学专业英语(第三版)	2015－04	68.00	465
代换分析:英文	2015－07	38.00	499
历届美国大学生数学竞赛试题集.第一卷(1938—1949)	2015－01	28.00	397
历届美国大学生数学竞赛试题集.第二卷(1950—1959)	2015－01	28.00	398
历届美国大学生数学竞赛试题集.第三卷(1960—1969)	2015－01	28.00	399
历届美国大学生数学竞赛试题集.第四卷(1970—1979)	2015－01	18.00	400
历届美国大学生数学竞赛试题集.第五卷(1980—1989)	2015－01	28.00	401
历届美国大学生数学竞赛试题集.第六卷(1990—1999)	2015－01	28.00	402
历届美国大学生数学竞赛试题集.第七卷(2000—2009)	2015－08	18.00	403
历届美国大学生数学竞赛试题集.第八卷(2010—2012)	2015－01	18.00	404
超越普特南试题:大学数学竞赛中的方法与技巧	2017－04	98.00	758
历届国际大学生数学竞赛试题集(1994－2010)	2012－01	28.00	143
全国大学生数学夏令营数学竞赛试题及解答	2007－03	28.00	15
全国大学生数学竞赛辅导教程	2012－07	28.00	189
全国大学生数学竞赛复习全书(第2版)	2017－05	58.00	787

刘培杰数学工作室
已出版(即将出版)图书目录——高等数学

书　　名	出版时间	定　价	编号
历届美国大学生数学竞赛试题集	2009－03	88.00	43
前苏联大学生数学奥林匹克竞赛题解(上编)	2012－04	28.00	169
前苏联大学生数学奥林匹克竞赛题解(下编)	2012－04	38.00	170
大学生数学竞赛讲义	2014－09	28.00	371
大学生数学竞赛教程——高等数学(基础篇、提高篇)	2018－09	128.00	968
普林斯顿大学数学竞赛	2016－06	38.00	669

初等数论难题集(第一卷)	2009－05	68.00	44
初等数论难题集(第二卷)(上、下)	2011－02	128.00	82,83
数论概貌	2011－03	18.00	93
代数数论(第二版)	2013－08	58.00	94
代数多项式	2014－06	38.00	289
初等数论的知识与问题	2011－02	28.00	95
超越数论基础	2011－03	28.00	96
数论初等教程	2011－03	28.00	97
数论基础	2011－03	18.00	98
数论基础与维诺格拉多夫	2014－03	18.00	292
解析数论基础	2012－08	28.00	216
解析数论基础(第二版)	2014－01	48.00	287
解析数论问题集(第二版)(原版引进)	2014－05	88.00	343
解析数论问题集(第二版)(中译本)	2016－04	88.00	607
解析数论基础(潘承洞,潘承彪著)	2016－07	98.00	673
解析数论导引	2016－07	58.00	674
数论入门	2011－03	38.00	99
代数数论入门	2015－03	38.00	448
数论开篇	2012－07	28.00	194
解析数论引论	2011－03	48.00	100
Barban Davenport Halberstam 均值和	2009－01	40.00	33
基础数论	2011－03	28.00	101
初等数论 100 例	2011－05	18.00	122
初等数论经典例题	2012－07	18.00	204
最新世界各国数学奥林匹克中的初等数论试题(上、下)	2012－01	138.00	144,145
初等数论(Ⅰ)	2012－01	18.00	156
初等数论(Ⅱ)	2012－01	18.00	157
初等数论(Ⅲ)	2012－01	28.00	158
平面几何与数论中未解决的新老问题	2013－01	68.00	229
代数数论简史	2014－11	28.00	408
代数数论	2015－09	88.00	532
代数、数论及分析习题集	2016－11	98.00	695
数论导引提要及习题解答	2016－01	48.00	559
素数定理的初等证明. 第 2 版	2016－09	48.00	686
数论中的模函数与狄利克雷级数(第二版)	2017－11	78.00	837
数论:数学导引	2018－01	68.00	849
域论	2018－04	68.00	884
代数数论(冯克勤　编著)	2018－04	68.00	885
范式大代数	2019－02	98.00	1016

刘培杰数学工作室
已出版(即将出版)图书目录——高等数学

书　　名	出版时间	定　价	编号
新编 640 个世界著名数学智力趣题	2014—01	88.00	242
500 个最新世界著名数学智力趣题	2008—06	48.00	3
400 个最新世界著名数学最值问题	2008—09	48.00	36
500 个世界著名数学征解问题	2009—06	48.00	52
400 个中国最佳初等数学征解老问题	2010—01	48.00	60
500 个俄罗斯数学经典老题	2011—01	28.00	81
1000 个国外中学物理好题	2012—04	48.00	174
300 个日本高考数学题	2012—05	38.00	142
700 个早期日本高考数学试题	2017—02	88.00	752
500 个前苏联早期高考数学试题及解答	2012—05	28.00	185
546 个早期俄罗斯大学生数学竞赛题	2014—03	38.00	285
548 个来自美苏的数学好问题	2014—11	28.00	396
20 所苏联著名大学早期入学试题	2015—02	18.00	452
161 道德国工科大学生必做的微分方程习题	2015—05	28.00	469
500 个德国工科大学生必做的高数习题	2015—06	28.00	478
360 个数学竞赛问题	2016—08	58.00	677
德国讲义日本考题.微积分卷	2015—04	48.00	456
德国讲义日本考题.微分方程卷	2015—04	38.00	457
二十世纪中叶中、英、美、日、法、俄高考数学试题精选	2017—06	38.00	783

博弈论精粹	2008—03	58.00	30
博弈论精粹.第二版(精装)	2015—01	88.00	461
数学 我爱你	2008—01	28.00	20
精神的圣徒　别样的人生——60 位中国数学家成长的历程	2008—09	48.00	39
数学史概论	2009—06	78.00	50
数学史概论(精装)	2013—03	158.00	272
数学史选讲	2016—01	48.00	544
斐波那契数列	2010—02	28.00	65
数学拼盘和斐波那契魔方	2010—07	38.00	72
斐波那契数列欣赏	2011—01	28.00	160
数学的创造	2011—02	48.00	85
数学美与创造力	2016—01	48.00	595
数海拾贝	2016—01	48.00	590
数学中的美	2011—02	38.00	84
数论中的美学	2014—12	38.00	351
数学王者　科学巨人——高斯	2015—01	28.00	428
振兴祖国数学的圆梦之旅:中国初等数学研究史话	2015—06	98.00	490
二十世纪中国数学史料研究	2015—10	48.00	536
数字谜、数阵图与棋盘覆盖	2016—01	58.00	298
时间的形状	2016—01	38.00	556
数学发现的艺术:数学探索中的合情推理	2016—07	58.00	671
活跃在数学中的参数	2016—07	48.00	675

刘培杰数学工作室
已出版(即将出版)图书目录——高等数学

书　　名	出版时间	定　价	编号
格点和面积	2012－07	18.00	191
射影几何趣谈	2012－04	28.00	175
斯潘纳尔引理——从一道加拿大数学奥林匹克试题谈起	2014－01	28.00	228
李普希兹条件——从几道近年高考数学试题谈起	2012－10	18.00	221
拉格朗日中值定理——从一道北京高考试题的解法谈起	2015－10	18.00	197
闵科夫斯基定理——从一道清华大学自主招生试题谈起	2014－01	28.00	198
哈尔测度——从一道冬令营试题的背景谈起	2012－08	28.00	202
切比雪夫逼近问题——从一道中国台北数学奥林匹克试题谈起	2013－04	38.00	238
伯恩斯坦多项式与贝齐尔曲面——从一道全国高中数学联赛试题谈起	2013－03	38.00	236
卡塔兰猜想——从一道普特南竞赛试题谈起	2013－06	18.00	256
麦卡锡函数和阿克曼函数——从一道前南斯拉夫数学奥林匹克试题谈起	2012－08	18.00	201
贝蒂定理与拉姆贝克莫斯尔定理——从一个拣石子游戏谈起	2012－08	18.00	217
皮亚诺曲线和豪斯道夫分球定理——从无限集谈起	2012－08	18.00	211
平面凸图形与凸多面体	2012－10	28.00	218
斯坦因豪斯问题——从一道二十五省市自治区中学数学竞赛试题谈起	2012－07	18.00	196
纽结理论中的亚历山大多项式与琼斯多项式——从一道北京市高一数学竞赛试题谈起	2012－07	28.00	195
原则与策略——从波利亚"解题表"谈起	2013－04	38.00	244
转化与化归——从三大尺规作图不能问题谈起	2012－08	28.00	214
代数几何中的贝祖定理(第一版)——从一道 IMO 试题的解法谈起	2013－08	18.00	193
成功连贯理论与约当块理论——从一道比利时数学竞赛试题谈起	2012－04	18.00	180
素数判定与大数分解	2014－08	18.00	199
置换多项式及其应用	2012－10	18.00	220
椭圆函数与模函数——从一道美国加州大学洛杉矶分校(UCLA)博士资格考题谈起	2012－10	28.00	219
差分方程的拉格朗日方法——从一道 2011 年全国高考理科试题的解法谈起	2012－08	28.00	200
力学在几何中的一些应用	2013－01	38.00	240
高斯散度定理、斯托克斯定理和平面格林定理——从一道国际大学生数学竞赛试题谈起	即将出版		
康托洛维奇不等式——从一道全国高中联赛试题谈起	2013－03	28.00	337
西格尔引理——从一道第 18 届 IMO 试题的解法谈起	即将出版		
罗斯定理——从一道前苏联数学竞赛试题谈起	即将出版		
拉克斯定理和阿廷定理——从一道 IMO 试题的解法谈起	2014－01	58.00	246
毕卡大定理——从一道美国大学数学竞赛试题谈起	2014－07	18.00	350
贝齐尔曲线——从一道全国高中联赛试题谈起	即将出版		
拉格朗日乘子定理——从一道 2005 年全国高中联赛试题的高等数学解法谈起	2015－05	28.00	480
雅可比定理——从一道日本数学奥林匹克试题谈起	2013－04	48.00	249
李天岩－约克定理——从一道波兰数学竞赛试题谈起	2014－06	28.00	349
整系数多项式因式分解的一般方法——从克朗耐克算法谈起	即将出版		

刘培杰数学工作室
已出版(即将出版)图书目录——高等数学

书　　名	出版时间	定　价	编号
布劳维不动点定理——从一道前苏联数学奥林匹克试题谈起	2014－01	38.00	273
伯恩赛德定理——从一道英国数学奥林匹克试题谈起	即将出版		
布查特－莫斯特定理——从一道上海市初中竞赛试题谈起	即将出版		
数论中的同余数问题——从一道普特南竞赛试题谈起	即将出版		
范·德蒙行列式——从一道美国数学奥林匹克试题谈起	即将出版		
中国剩余定理:总数法构建中国历史年表	2015－01	28.00	430
牛顿程序与方程求根——从一道全国高考试题解法谈起	即将出版		
库默尔定理——从一道 IMO 预选试题谈起	即将出版		
卢丁定理——从一道冬令营试题的解法谈起	即将出版		
沃斯滕霍姆定理——从一道 IMO 预选试题谈起	即将出版		
卡尔松不等式——从一道莫斯科数学奥林匹克试题谈起	即将出版		
信息论中的香农熵——从一道近年高考压轴题谈起	即将出版		
约当不等式——从一道希望杯竞赛试题谈起	即将出版		
拉比诺维奇定理	即将出版		
刘维尔定理——从一道《美国数学月刊》征解问题的解法谈起	即将出版		
卡塔兰恒等式与级数求和——从一道 IMO 试题的解法谈起	即将出版		
勒让德猜想与素数分布——从一道爱尔兰竞赛试题谈起	即将出版		
天平称重与信息论——从一道基辅市数学奥林匹克试题谈起	即将出版		
哈密尔顿－凯莱定理:从一道高中数学联赛试题的解法谈起	2014－09	18.00	376
艾思特曼定理——从一道 CMO 试题的解法谈起	即将出版		
一个爱尔特希问题——从一道西德数学奥林匹克试题谈起	即将出版		
有限群中的爱丁格尔问题——从一道北京市初中二年级数学竞赛试题谈起	即将出版		
贝克码与编码理论——从一道全国高中联赛试题谈起	即将出版		
帕斯卡三角形	2014－03	18.00	294
蒲丰投针问题——从 2009 年清华大学的一道自主招生试题谈起	2014－01	38.00	295
斯图姆定理——从一道“华约”自主招生试题的解法谈起	2014－01	18.00	296
许瓦兹引理——从一道加利福尼亚大学伯克利分校数学系博士生试题谈起	2014－08	18.00	297
拉姆塞定理——从王诗宬院士的一个问题谈起	2016－04	48.00	299
坐标法	2013－12	28.00	332
数论三角形	2014－04	38.00	341
毕克定理	2014－07	18.00	352
数林掠影	2014－09	48.00	389
我们周围的概率	2014－10	38.00	390
凸函数最值定理:从一道华约自主招生题的解法谈起	2014－10	28.00	391
易学与数学奥林匹克	2014－10	38.00	392
生物数学趣谈	2015－01	18.00	409
反演	2015－01	28.00	420
因式分解与圆锥曲线	2015－01	18.00	426
轨迹	2015－01	28.00	427
面积原理:从常庚哲命的一道 CMO 试题的积分解法谈起	2015－01	48.00	431
形形色色的不动点定理:从一道 28 届 IMO 试题谈起	2015－01	38.00	439
柯西函数方程:从一道上海交大自主招生的试题谈起	2015－02	28.00	440

刘培杰数学工作室
已出版(即将出版)图书目录——高等数学

书　　名	出版时间	定　价	编号
三角恒等式	2015－02	28.00	442
无理性判定:从一道 2014 年“北约”自主招生试题谈起	2015－01	38.00	443
数学归纳法	2015－03	18.00	451
极端原理与解题	2015－04	28.00	464
法雷级数	2014－08	18.00	367
摆线族	2015－01	38.00	438
函数方程及其解法	2015－05	38.00	470
含参数的方程和不等式	2012－09	28.00	213
希尔伯特第十问题	2016－01	38.00	543
无穷小量的求和	2016－01	28.00	545
切比雪夫多项式:从一道清华大学金秋营试题谈起	2016－01	38.00	583
泽肯多夫定理	2016－03	38.00	599
代数等式证题法	2016－01	28.00	600
三角等式证题法	2016－01	28.00	601
吴大任教授藏书中的一个因式分解公式:从一道美国数学邀请赛试题的解法谈起	2016－06	28.00	656
易卦——类万物的数学模型	2017－08	68.00	838
“不可思议”的数与数系可持续发展	2018－01	38.00	878
最短线	2018－01	38.00	879

从毕达哥拉斯到怀尔斯	2007－10	48.00	9
从迪利克雷到维斯卡尔迪	2008－01	48.00	21
从哥德巴赫到陈景润	2008－05	98.00	35
从庞加莱到佩雷尔曼	2011－08	138.00	136

从费马到怀尔斯——费马大定理的历史	2013－10	198.00	Ⅰ
从庞加莱到佩雷尔曼——庞加莱猜想的历史	2013－10	298.00	Ⅱ
从切比雪夫到爱尔特希(上)——素数定理的初等证明	2013－07	48.00	Ⅲ
从切比雪夫到爱尔特希(下)——素数定理 100 年	2012－12	98.00	Ⅲ
从高斯到盖尔方特——二次域的高斯猜想	2013－10	198.00	Ⅳ
从库默尔到朗兰兹——朗兰兹猜想的历史	2014－01	98.00	Ⅴ
从比勃巴赫到德布朗斯——比勃巴赫猜想的历史	2014－02	298.00	Ⅵ
从麦比乌斯到陈省身——麦比乌斯变换与麦比乌斯带	2014－02	298.00	Ⅶ
从布尔到豪斯道夫——布尔方程与格论漫谈	2013－10	198.00	Ⅷ
从开普勒到阿诺德——三体问题的历史	2014－05	298.00	Ⅸ
从华林到华罗庚——华林问题的历史	2013－10	298.00	Ⅹ

数学物理大百科全书.第 1 卷	2016－01	418.00	508
数学物理大百科全书.第 2 卷	2016－01	408.00	509
数学物理大百科全书.第 3 卷	2016－01	396.00	510
数学物理大百科全书.第 4 卷	2016－01	408.00	511
数学物理大百科全书.第 5 卷	2016－01	368.00	512

朱德祥代数与几何讲义.第 1 卷	2017－01	38.00	697
朱德祥代数与几何讲义.第 2 卷	2017－01	28.00	698
朱德祥代数与几何讲义.第 3 卷	2017－01	28.00	699

刘培杰数学工作室
已出版(即将出版)图书目录——高等数学

书　　名	出版时间	定　价	编号
闵嗣鹤文集	2011—03	98.00	102
吴从炘数学活动三十年(1951～1980)	2010—07	99.00	32
吴从炘数学活动又三十年(1981～2010)	2015—07	98.00	491
斯米尔诺夫高等数学.第一卷	2018—03	88.00	770
斯米尔诺夫高等数学.第二卷.第一分册	2018—03	68.00	771
斯米尔诺夫高等数学.第二卷.第二分册	2018—03	68.00	772
斯米尔诺夫高等数学.第二卷.第三分册	2018—03	48.00	773
斯米尔诺夫高等数学.第三卷.第一分册	2018—03	58.00	774
斯米尔诺夫高等数学.第三卷.第二分册	2018—03	58.00	775
斯米尔诺夫高等数学.第三卷.第三分册	2018—03	68.00	776
斯米尔诺夫高等数学.第四卷.第一分册	2018—03	48.00	777
斯米尔诺夫高等数学.第四卷.第二分册	2018—03	88.00	778
斯米尔诺夫高等数学.第五卷.第一分册	2018—03	58.00	779
斯米尔诺夫高等数学.第五卷.第二分册	2018—03	68.00	780
zeta 函数,q-zeta 函数,相伴级数与积分	2015—08	88.00	513
微分形式:理论与练习	2015—08	58.00	514
离散与微分包含的逼近和优化	2015—08	58.00	515
艾伦·图灵:他的工作与影响	2016—01	98.00	560
测度理论概率导论,第 2 版	2016—01	88.00	561
带有潜在故障恢复系统的半马尔柯夫模型控制	2016—01	98.00	562
数学分析原理	2016—01	88.00	563
随机偏微分方程的有效动力学	2016—01	88.00	564
图的谱半径	2016—01	58.00	565
量子机器学习中数据挖掘的量子计算方法	2016—01	98.00	566
量子物理的非常规方法	2016—01	118.00	567
运输过程的统一非局部理论:广义波尔兹曼物理动力学,第 2 版	2016—01	198.00	568
量子力学与经典力学之间的联系在原子、分子及电动力学系统建模中的应用	2016—01	58.00	569
算术域:第 3 版	2017—08	158.00	820
算术域	2018—01	158.00	821
高等数学竞赛:1962—1991 年的米洛克斯·史怀哲竞赛	2018—01	128.00	822
用数学奥林匹克精神解决数论问题	2018—01	108.00	823
代数几何(德语)	2018—04	68.00	824
丢番图逼近论	2018—01	78.00	825
代数几何学基础教程	2018—01	98.00	826
解析数论入门课程	2018—01	78.00	827
数论中的丢番图问题	2018—01	78.00	829
数论(梦幻之旅):第五届中日数论研讨会演讲集	2018—01	68.00	830
数论新应用	2018—01	68.00	831
数论	2018—01	78.00	832
测度与积分	2019—04	68.00	1059
卡塔兰数入门	2019—05	68.00	1060

刘培杰数学工作室
已出版(即将出版)图书目录——高等数学

书　　名	出版时间	定　价	编号
湍流十讲	2018—04	108.00	886
无穷维李代数:第3版	2018—04	98.00	887
等值、不变量和对称性:英文	2018—04	78.00	888
解析数论	2018—09	78.00	889
《数学原理》的演化:伯特兰·罗素撰写第二版时的手稿与笔记	2018—04	108.00	890
哈密尔顿数学论文集(第4卷):几何学、分析学、天文学、概率和有限差分等	即将出版		891
数学王子——高斯	2018—01	48.00	858
坎坷奇星——阿贝尔	2018—01	48.00	859
闪烁奇星——伽罗瓦	2018—01	58.00	860
无穷统帅——康托尔	2018—01	48.00	861
科学公主——柯瓦列夫斯卡娅	2018—01	48.00	862
抽象代数之母——埃米·诺特	2018—01	48.00	863
电脑先驱——图灵	2018—01	58.00	864
昔日神童——维纳	2018—01	48.00	865
数坛怪侠——爱尔特希	2018—01	68.00	866
当代世界中的数学.数学思想与数学基础	2019—01	38.00	892
当代世界中的数学.数学问题	2019—01	38.00	893
当代世界中的数学.应用数学与数学应用	2019—01	38.00	894
当代世界中的数学.数学王国的新疆域(一)	2019—01	38.00	895
当代世界中的数学.数学王国的新疆域(二)	2019—01	38.00	896
当代世界中的数学.数林撷英(一)	2019—01	38.00	897
当代世界中的数学.数林撷英(二)	2019—01	48.00	898
当代世界中的数学.数学之路	2019—01	38.00	899
偏微分方程全局吸引子的特性:英文	2018—09	108.00	979
整函数与下调和函数:英文	2018—09	118.00	980
幂等分析:英文	2018—09	118.00	981
李群,离散子群与不变量理论:英文	2018—09	108.00	982
动力系统与统计力学:英文	2018—09	118.00	983
表示论与动力系统:英文	2018—09	118.00	984

联系地址:哈尔滨市南岗区复华四道街10号　**哈尔滨工业大学出版社刘培杰数学工作室**

网　　址:http://lpj.hit.edu.cn/

邮　　编:150006

联系电话:0451—86281378　　13904613167

E-mail:lpj1378@163.com